臨界 —— 量變到質變，追求極致卓越的轉折點。

臨界戰略

利用精實創造競爭優勢、釋放創造力、創造持續性成長

The Lean Strategy:
Using Lean to Create Competitive Advantage, Unleash Innovation, and Deliver Sustainable Growth

譯者——**宋杰**　審閱——**李兆華**

邁可・伯樂	丹尼爾・瓊斯	賈奇・卻思	歐瑞思特・弗姆
Michael Ballé	**Daniel Jones**	**Jacques Chaize**	**Orest Fiume**

Contents

ACKNOWLEDGMENTS

致謝

邁可‧伯樂　Michael Ballé

　　首先要感謝我的父母。我的父親，弗雷迪，25 年前首先帶我去現場（げんば）看了他與豐田合作進行的實驗。從此之後，他一直在教導我「透過實踐而學習」，幫助我循序漸進地學習如何從區域主管、生產管理階層、工廠總監，以及最終 CEO 的視角觀察。我也要感謝我的母親，她教會我什麼是真正的寫作，並耐心閱讀、修正我的許多文章；這麼多年以來，但願她的引導有助於我在自己的這行中更加精進。

　　感謝Tom Ehrenfeld，多部偉大精實書籍（並八度獲新鄉卓越獎〔Shingo Prize〕）的「總工程師」——若沒有他引導論證和對文字的靈敏觸覺，我們無法完成此書。

　　感謝我的諸位老師；他們對我偶爾太倉促的結論和觀點如

此有耐性，總是將我拉回事物的核心：Dan Jones、傑夫‧萊克（Jeff Liker）、約翰‧舒克（John Shook）、歐瑞‧弗姆（Orry Fiume）、亞特‧斯莫利（Art Smalley）、Marcus Chao、亞特‧伯恩（Art Byrne）、Durward Sobek、Jim Morgan 和吉姆‧沃馬克（Jim Womack）；以及豐田專家Tracey Richardson、Peter Handlinger、Hugues Pichon、François Papin 和 Gilberto Kosaka。特別感謝 Sandrine Olivencia 針對精實與敏捷（agile）深思熟慮的建議，以及她為 www. TheLeanStrategy.com 站所做的設計。感謝 Kelly Singer，也謝謝她在她的部落格 LeanGreenInstitute.com 發表了有關精實和綠色的開創性論述。特別感謝臺灣的 TPS 老師李兆華，他挑戰我的具體和抽象思考——這是一場始於現場的對話，持續了幾個月時間，然後促成了本書的撰寫！

　　同時，我也深深地感激有幸共事的高階主管們。在他們的幫助下，我得以擁有真實環境中的第一手經驗。他們之中有好幾位現在不僅是我的朋友，也是我的同事，真是幸運，他們是：Stéphane André、Klaus Beulker、Jean-Claude Bihr、羅倫特‧波蒂爾（Laurent Bordier）、Jean-Baptiste Bouthillon、史蒂夫‧波以德（Steve Boyd）、賈奇‧卻思、法比亞諾‧克雷瑞克（Fabiano Clerico）、傅立歐‧克雷瑞克（Furio Clerico）、Cyril Dané、Patrick De Coster、Norbert Dubost、Boris Evesque、菲德力克‧菲昂賽特（Frédéric Fiancette）、Christophe Frachet、Benjamin Garel、Nicolas Guillemet、埃哈‧蓋爾頓（Evrard

Guelton）、Michael Kightley、Christophe Riboulet、Thierry Rosa、Mike Schembri 和 Pierre Vareille；還有透過他們的創造力和努力使這些變革成為可能的精實主管：Ariane Bouzette、Paul Evans、Florent Letellier、Michel Marissal、Marc Mercier、義斯‧梅若（Yves Mérel）、艾瑞克‧佩佛（Eric Prévot）、Alain Prioul、Philippe Pull 和 Cécile Roche。

我也要感謝我在法國精實企業研究院的同事；他們為我提供後援，且主動傳遞這些美妙的觀念——Godefroy Beauvallet、Yves Caseau、Catherine Chabiron、Marie-Pia Ignace、Richard Kaminski、Fabien Leroy、James Liefer、Olivier Soulié 和 Aurore Xemar。

最後，我要深深感謝 Florence、Roman 和 Alexander；他們容忍在桌邊寫書時的我，雖然我的身體在那裡，可實際上我已經神遊到了很遠的地方。我愛你們。

歐瑞思特‧弗姆（歐瑞） Orest Fiume

在精實方面促進我思維成長的人實在族繁不及備載。不過我還是要感謝 Edwards Deming 博士、Thomas Johnson 和 Robert Kaplan；他們影響了我在一九八〇年代晚期的最初冒險，我因而開始質疑我之前在管理和會計方面受過的教育和從事過的工作。聆聽 Deming 博士 4 天的指導，並閱讀 Johnson 和 Kaplan 在 1987 年的前瞻著作《*Relevance Lost: The Rise and Fall of Management Accounting*》後，我的世界被顛覆了。我也要對我在 Wiremold 公司的所有團隊成員表達謝意，特別是 1991

年至 2002 年的伙伴。這個團隊由 CEO 亞特・伯恩領導，我們了解到透過精實這種戰略，我們得以為我們的利害關係人提供更好的服務。萬事起頭難，然而，一旦開始採取不同行動，並看見隨之而來的巨大利益，我們的團隊便團結起來，成功地實施了我們的精實戰略。我還要對所有閱讀本書、最終摒棄傳統戰略思考並採納精實戰略思考的人致敬。

根據「終生學習」的精神（或者如我的一位教授所稱「防鏽處理」），我得承認我從本書合著者身上學到許多。由於有他們聯手為本書貢獻心血，許多我原本自以為知道的知識變得更為清晰。感謝你們每一位。

最後，我要感謝我的妻子 Claire，以及我們的 5 個孩子與 10 個孫子（第 11 個即將到來）。即使我已「名義上」退休，你們對本書及我在精實方面其他嘗試的支持實在是太棒了。

賈奇・卻思　Jacques Chaize

本書是一個學習旅程，這個旅程始於 10 年前邁可・伯樂幫助我和我的團隊自我改造、促成公司轉型。邁可，謝謝你這份不可思議的禮物。

我要感謝 Socla 和 Danfoss 團隊，他們分享了這段成果豐碩的旅程，特別是菲德力克・菲昂賽特、艾瑞克・佩佛（Eric Prévot）、萊恩諾・瑞貝林（Lionel Repellin）、Christian Amblard 和 Mathias Fumex。

感謝你們從未放棄！

我要感謝全球組織化學習協會（SOL）社群，他們的組織化學習方法幫助我從正確道路進入精實領域：Peter Senge、Arie de Geus、Irène Dupoux-Couturier、Heidi Guber、Odile Schmutz、Alain Gauthier 和 Gilles Gambin。

非常感謝我在 APM 的朋友──這是一個獨一無二的管理團隊；他們分享了他們自己的精實旅程：Frank Flipo、Stéphane André、Alain Genet、Philippe Counet 和 Stéphane Lequin。

感謝以下這些偉大的企業家、朋友，以及真正的精實戰略家：Sodexo 公司的創始人 Pierre Bellon，Lallemand 公司的 Jean Chagnon，Lego公司的 Jorgen Vig Knudstorp，以及 Danfoss 公司的 Niels Bjorn Christiensen。

最後，致我們的 5 位孫輩 Chloé、Quentin、Henri、Clément 和 Hugo，幾年後，願本書能成對他們將來的企業派上用場。

丹尼爾・瓊斯（丹）Daniel Jones

我想先對 Tom Ehrenfeld 致意：沒有你的幫助和耐心，就不會有這本書！接下來是我們參觀過諸多現場的所有工作人員以及耐心回答問題的許多豐田老師──他們提出更多問題讓我們思考！他們讓我們睜開眼睛，真正看見現場進行的工作。我們從他們那裡學到許多──什麼有用，什麼沒用，他們激勵我們更深入挖掘，從而了解下一場實驗

可能會有什麼成果。

接下來是精實運動的同事；多年來，他們分享了很多這類問題——包括吉姆・沃馬克、約翰・舒克、Dave Brunt、Rene Aernoudts、Wiebe Nijdam、Oriol Cuatrecases、Steve Bell、Alice Lee、Eric Buhrens 以及 LGN 研究院的領導者們——他們致力於將精實推廣到全世界。

然後是 Lean Edge （www.theLeanedge.org）、Planet Lean（www.planet-Lean.com）和 Lean Post（www.Lean.org/LeanPost/）上所有投稿參與討論的精實作者。

還有以下這些人，他們花費時間審閱文稿，並給予我們非常有價值的意見：亞特・伯恩、約翰・舒克、傑夫・萊克、Torbjorn Netland、Arnaldo Camuffo、Pierre Masai、Cliff Ransom、Ed Miller、Gary Brooks 以及 Jyrki Perttunen。

最溫暖的感謝給我的妻子 Pat，謝謝她撐過「另一本書」。

還有邁可的父親，弗雷迪・伯樂，歐洲最早的真正精實先鋒之一，沒有他就不會有這本書。

也要感謝 McGraw-Hill 的編輯 Knox Huston 和 Donya Dickerson。

最後，感謝我的作者夥伴，他們讓本書的寫作過程成為一個如此豐富的經歷——能身為如此獨一無二的團隊一員，我深感驕傲。

故事是這樣開始的……

我和 Joe Lee（李兆華）老師站在臺灣國瑞汽車中壢工廠裝配線的最終檢查站邊觀察。李老師直覺作業員仔細檢查汽車外觀的做法似乎有些不對勁。他無法明說，只感覺這個標準化的工作不對勁。我們交換了一些假設後，這個課題突然便轉為明朗。

工廠最近改用平板電腦取代紙本品質檢查表，為了處理最終檢查的品質數據的一項改善。檢查員無需像以往那樣再次將數據輸入系統中。

但數位平板也需要被管理；我們注意到檢查員需要花時間滑動螢幕才能找到進行檢查的相應位置，不像以往使用紙本檢查表時，檢查視線和檢查表內容總是在固定的地方。平板電腦容易分散檢查員注意力，讓他們無法專注於……檢查汽車外觀缺陷的工作。

接下來的討論引發我們對數位化更深層次的探索。軟體系統能幫

助我們將以往手工輸入的作業轉為自動化,這很棒;但卻也因此讓使用者分心。對於只需要簡單、直接答案的問題來說,Google 很棒;但當處理一些較複雜事務時,往往產生過多資訊而導致焦點轉移,注意力分散。像其他自動化一樣,軟體能為可預測的任務創造奇蹟;但面對不可預測事務時卻有些笨拙和麻煩,例如在汽車的表面上尋找微小的外觀缺陷。

我與李兆華老師和趙克強博士(Dr. Marcus Chao)相關的討論延續到一個更廣泛的精實話題。我們應該以現場的真實世界觀察為起點,從中構建理論?還是應該以理論為起點,尋求現場認證?這個討論讓我茅塞頓悟:大多數西方的精實形式是後者。例如繪製價值流圖(VSM)從繪製高階流程開始,然後查看損失;是從頭到手,而非從手到頭。

另一方面,精實老師們會讓你去做類似李兆華老師在最終檢查線上展示給我看的做法。他們要求你長時間仔細觀察現場作業員的實際動作,從真實的脈絡中發現浪費(日語無駄,Muda),詢問為什麼,並尋找根本原因。先動手再動腦,正如豐田的說法:「用你的腳去看,用你的雙手思考。」

當我與我的其他導師討論,包括精實運動的共同創始者丹尼爾・瓊斯、組織學習協會前 CEO 兼聯合創始人賈奇・卻思,以及 Wiremold 前 CFO 兼精實財務運動聯合創始人歐瑞・弗姆,我們得到一個結論:精實運動已經體認解決問題的重要性,但卻錯失豐田對於問題意識的

重視：在現場發現問題。

我們對戰略的直覺概念是一位有遠見的領導者提出一套出色的戰略，然後準備執行所需的資源。傳統上，精實思考模式受限於改善執行狀況的顧問──並沒有觸及戰略思考模式本身。我們也意識到成功的戰略根本不是這樣產生。應該是一小群人提出一個以前沒有人問過的問題，然後用許多具體的實驗嘗試回答，並用他們的構想原型說服其他人，尋求共識。

也就是有另一種定義戰略自身的方法：首先辨識出現場的挑戰，承諾加以解決，鼓勵大家進行實驗並合作建立可行方法。從這個意義上來說，戰略是一個學習活動，以人為本，結合其他有積極能量的人，並支持他們對新問題尋找新答案。這就是我們應用精實思考模式制定戰略的理念──精實戰略。

精實戰略不會將戰略和執行分開：它強調在現場「發現 find」問題並「面對 face」、「框定 frame」問題，以便其他員工參與，共同「形成 form」解決方案。它與傳統戰略思考模式直接跳入解決方案，並實施僵化流程的方法大相逕庭；也相異於當前商學院教授完全以財務驅動搶奪市場的戰略。精實戰略是包容性的，而非榨取性的。

正如我們隨後在書中展示的諸多案例一樣，精實戰略以在公司內創造精實學習系統為中心，藉此發展問題解決者的文化，如此戰略比傳統戰略更具適應性和有效性。它更適合市場演化，讓每個員工參與找尋創造性的解決對策──藉由減少浪費、響應客戶需求，同時降低

總成本來提高價值。這種新形式的戰略始於一種不同形式的論證，而這種論證來自現場，而非董事會的會議室中。

　　正如同我們的想法始於與李老師和趙博士共處的國瑞汽車中壢工廠現場。

邁可・伯樂

建立系統 培育人才
一陰一陽之謂道

學校畢業後，從懵懂的學徒開始社會生活。退伍後創業迄今 36 年，「小處著手，追求完美，終身學習」可說是我的生涯寫照，謹以此書分享給正在此道上奮力向前的開拓者們。

1983 年創業之初，校長兼撞鐘，張羅訂單、親自設計、現場作業、送貨、到客戶現場售後服務，面對問題滿腦子思考如何改善才會不再發生，因此練就了一身工夫，也認識了許多幫助我生意的老闆及朋友們。工廠逐漸擴大，鎮日思考是否有更好的生產方式，能「做出好的良品又能準時交貨」，而同仁們也不必這麼辛苦。

1985 年一次日本工廠觀摩之旅開拓了我的眼界，原來真的有另一種工作與生活的方法，而開始積極地學習改善現場，後來才知道這

就是「豐田生產方式」。算起來也與《臨界戰略》的作者 Mr. Michael Ballé 約莫同時開始學習，有 25 年的歷史了。藉此機會與各位讀者分享我們曲折的學習歷程，希望大家能夠因此更有效率地掌握本書所推薦的學習之道。

1997 年我們聘請「東海大學工業工程與經營資訊學系」劉仁傑教授為台灣引興同仁授課，他是我們豐田生產方式的啟蒙恩師。往後的十年間也從書本或自我學習帶領著團隊依樣畫葫蘆地土法煉鋼，雖見若干成效，但總覺得片段、拼湊，而興起更進一步學習的念頭。

2006 年與工具機暨零組件同業共組了 M-team 聯盟，我代表臺灣工具機零組件擔任創會副會長，一起學習豐田生產方式，以追求從供應商到中心廠的綜效。這時期的日本顧問武部祐三先生給我們在 TPM 方面很紮實的日式教育，奠定了日後堅實的基礎。

2013 年更因行政院長來引興訪問，我苦思多日的書面建言受到院長支持，因而有幸參與規劃由豐田汽車「在臺灣的子公司國瑞汽車」對工具機暨零組件業的直接指導，期間並獲得國瑞汽車日高董事長、星野總經理親自蒞臨現場指導。

2013 年 4 月擔當此業務的李兆華老師帶領我們重新建構豐田以「物的流動」為核心，「現場觀察到的問題」為切入點的日常改善模式，隨著一個又一個的問題解決，讓我們一次又一次茅塞頓開，現場物的流動更加明朗，同仁們也因此士氣高昂而能夠主動思考與提案改善。終於明瞭從現場的改善出發，可以啟發同仁們的潛力，更願意

投入改善，讓同仁、顧客、公司都受益，而領悟了為何豐田名言說：「製造產品就是在培育人才」。

2014 年 3 月到日本國立京都國際會館受頒「TPM 優秀賞」時，特地到「日本豐田總部」向國瑞汽車日高董事長致謝。日高董事長勉勵說 TPS 不是管理工具，而是一種信仰，您「既已入道，就要弘法」。

2014 年 4 月受邀國瑞汽車 30 週年慶酒會的場合，親自向「豐田章男社長」感謝國瑞汽車對台灣引興的協助。章男社長熱情地提醒：「豐田生產方式不是有做、會做就好，許多公司就是因此而失敗。而是要天天做、持續做，要做到今天比昨天好，明天要比今天更好」。這也是 TPS 的根本精神：「**全員參與，持續改善**」。因為今天的工作環境與挑戰不會跟昨天一樣。

2015 年來引興參觀的朋友、企業經營者與高管總人數已不計其數，大家總是在「伸縮護罩」與「排屑機」的生產現場流連忘返。對於「一進排程就百分百準時產出」卻只用生產指示看板而完全不用電腦；混線生產的能力對 100 個相同規格與 100 個完全不同規格產品的產出時間完全相同；從材料到成品的生產前置時間由原來的以「日」為單位進化到「30 分鐘」；常態在工廠的存貨，包括原物料、在製品、半成品、成品的總和，幾乎不曾超過年營收的 1%……著實讓每位貴賓對於眼前的一切嘖嘖稱奇。

綜觀其原因，實為過往 20 幾年來奠定了物與情報流動的基礎。

2016 年有感於工業 4.0、IoT、物聯網、AI 這些數位化工具的風潮

可能會誤導產業界的朋友，以為 IT 科技可以解決長久以來困擾他們的**交期與品質**問題。再加上在許多企業經營者的朋友希望能達到引興「準時將良品送到顧客線上」的水準，因而成立了「引興精實管理顧問股份有限公司」，由從國瑞汽車退休的「李兆華老師等顧問群」繼續實踐「既已入道就要弘法」的承諾，協助臺灣產業藉由以自働化與及時化❶為支柱的「豐田生產管理系統」，而建構出由顧客拉動包括供應商的「企業經營管理系統」，以實現「先幫助顧客，自己也必將受益」的信念。

本書為我的成長、學習經歷，與豐田社長等前輩的指導做了最好的註解，並提示了未來的努力方向。期待本回的贊助出版拋磚引玉，而有更多的人來參與「在現場做中學」，讓臺灣有更多持續實踐豐田生產方式的實例，來振興產業繁榮社會，點亮臺灣。

王慶華 台灣引興 董事長

---

❶ 以發生的時間序來說，自働化早於及時化；以重要度來說，自働化是及時化的基礎但卻被人忽略，因此我將其放在前面加以強調。兩者應並重，但及時化被認識與導入的程度高於自働化，這也是學不成 TPS 與及時化的原因。

推薦序

企業戰略思考模式的新探索

　　小伯樂師承他父親老伯樂現場觀察與動手試驗的本領，配合上天賜予他的妙筆生花異稟，是當今全球精實圈最多產的作家，為文數以千計，宣導正確的精實思想。

　　我和邁可相知於《金礦》翻譯，中文簡體和繁體版先後於 2006 年在北京與臺北出版，是英文原著後的第二國語言。邁可總是感歎地說：「中文《金礦》竟然比我的母語法文先問世，真是讓我感動。」不負他的期許，《金礦》中文版本迄今的銷售總量已超越全球其他語言。

　　《臨界戰略》起始於臺灣，是對企業戰略思考模式的一種新探索，可能為全球未來企業發展帶來不可預期的影響。感謝兆華兄及其他高瞻遠矚的精實先進們的努力，在臺灣翻譯出版。希望本書能發揮

臺灣精神,為本土企業領袖們帶來新的思考方式,再創臺灣經濟新
高。

趙克強 博士 精益企業中國 總裁

2019 年 9 月 25 日

勿忘初衷 支持參與 合作的旅程

2015 年 4 月，趙克強博士發來一封信，告知我所景仰的弗雷迪·伯樂和邁可·伯樂父子想專程從法國來國瑞汽車參觀，因而開啟了這趟驚奇之旅。

當時才剛審閱完他們兩位的第三本書《金礦Ⅲ：精益領導者的軟實力》（*Lead with Respect*），對於伯樂父子的經驗，敏銳的觀察力與想像力，佩服得五體投地。而其中最讓我吃驚的是，他們竟能將大家所忽略，也難以用筆墨形容的「人味」，如此自然地融入「傳統上以效率掛帥的職場」之中，讓大家對於「顧客與員工參與的團隊合作才是有效率的工作方法」有了進一步的認識。

本書也是延續邁可 25 年來的學習與實證經驗，以源自豐田汽車的經營實例來說明卓越戰略的形成與實踐之間的關係。特別強調公司的

營運不可脫離顧客——接受價值者，與員工——創造價值者的參與。相信會對大家有所啟示。

令人驚訝的是，邁可說這本書的構想始於國瑞汽車的現場。當時我只是引導他在中壢工廠的參觀走道上逛了一圈。記得他不多話，只是盯著現場觀察，偶爾做些筆記。我也告訴他我退休的心情：「回想在國瑞汽車的歲月，就好像進了豐田學校，有許多前後期的前輩、同學一起『做中學』。」沒想到這句話正成為本書的主軸：個人、公司的外在環境一直在改變，唯學習、嘗試錯誤是唯一的應變法門。

本書中文書名取自「Lean Production System」的最早出處，1990 年經典的 *The Machine that Changed the World* 一書 1993 年中譯本的書名《臨界生產方式》。臨界狀態是物理現象，在臨界溫度時液體和蒸氣的密度恰相等，兩相間的分界面因而消失。實際上本書所探討的豐田成長戰略即是鼓勵學習型組織，從每日解決現場的問題而「做中學」，讓整個公司處於既維持標準又探索未知領域的臨界狀況。本書再次地提出「臨界戰略」，則隱喻在精實（消除浪費）、精益（追求完美）的精神之下，勿忘對顧客承諾的初衷，從實踐中成長，為未來的突破做好準備。

最後感謝促成本書出版，提供譯稿的清華大學出版社、領導我們學習的精益企業中國的趙克強博士、贊助本書出版的台灣引興王慶華董事長，和在產業不景氣中，仍能堅持全球智慧中文化的美商麥格羅希爾國際股份有限公司台灣分公司李永傑資深經理及其出版團隊。

　　期待本書為大家在媒體所熱衷報導的新潮流之外，開啟另一扇本該作為基礎的「視窗」，關注腳邊玫瑰，平衡地走出不一樣的旅程。

李兆華 引興精實管理顧問公司 **總顧問**

從企業經營者的角度
探討精實戰略

　　源自豐田生產方式的精實管理[1]從 1990 以來，它的影響力不僅及於製造業，也遍及於服務業，且未隨時間而消退。此間也不斷有精實生產／管理相關書籍問世，例如：有關豐田生產方式、精實思考模式、精實領導與實踐等相關書籍。早期的這些著作大多是從工具出發，接著就有了從組織的角度出發來探討的著作。有趣的是，所有的論述幾乎都指向同一個結論──經營者推動精實變革的決心，是精實管理成功與否的關鍵因素之一。有別於坊間精實管理的相關著作，本

---

[1] Womack, J. P., Jones, D. T., & Roos, D. (1990). *The Machine That Changed the World.* New York: Free Press.

書是從企業經營者的角度來探討精實戰略（Lean Strategy）這個議題，也就是如何採用精實思考模式改變他們自己的管理模式，並將這些知識與行為在企業內傳播。四位作者中有兩位是帶領過精實變革的企業領導者（Chaize, J. 和 Fiume, O.），另外兩位是精實思考模式的先驅與推動者（Ballé, M. 和 Jones, D.），由他們聯合執筆來討論這個議題可以說是不二人選。

本書首先舉出所謂「大企業病」的問題，也就是經營策略是以財務為導向，員工被視為投入成本，機器可以取代員工等想法，因此不會著眼於長期人才培育，也終將導致企業步向衰亡。作者具體舉出四項理由：①錯誤假設：想像未來的方法來決定現在該如何做，而非思考解決既有的問題；②抵制變革：躁進推動變革致使員工抵抗，而非塑造一個會思考／學習的組織；③不當管理氛圍：員工不敢提出問題以免被究責，所以無法形成協力解決問題的文化；④未能支援創新的成功：因為未能不斷提升既有產品品質、也未能標的於市場需要／顧客價值的產品，所以無法支持創新的成功。

反之，精實戰略則是思考企業如何透過培養員工專注於客戶價值、進而能穩定獲利和成長。精實戰略以人為本，這是一個動態的管理過程，也就是促成以人為本的團隊合作，這個團隊包含企業、員工、社會，一起共同努力達成更好的成果。精實戰略的成功可以從豐田汽車的長久獲利得到驗證❷。大家熟悉的精實生產工具，諸如：A3問題解決、價值流圖、日常管理、方針管理等，就是建立在精實戰略

的基礎上來培育員工，這跟傳統策略思想截然不同。精實戰略必須經由做中學的過程來學習，無法透過教室內的教育訓練來達成。換句話說，精實工具要成為現場幹部的職責，也需要經營領導層的參與，才能竟其功。精實戰略有三個特點：①從現場中發現問題並面對挑戰、②培養協同解決問題的團隊合作文化、③透過消除浪費以提升企業能量，使企業有餘力研發新產品，進而持續成長與獲利。以上點出的傳統策略和精實戰略的差異，作者巧妙地以傳統的 4D（有遠見的領導者定義策略性挑戰、決定策略方案並計劃執行、透過組織運作執行、處理不預期的結果及失敗）相對於作者所提出的 4F（高階主管親臨現場發現問題、傾聽員工心聲、共同面對困難的挑戰並產生共識、框定出問題讓全員理解和做出貢獻、統整想法和建議並形成解決方案）來說明，詳見內文，算是神來一筆。

總而言之，精實戰略要建構的精實系統有三個特色。首先，精實系統是學習型系統，這個組織的管理體系要能支持學習，也包含經營層的學習。其次，精實系統能夠塑造組織的改善文化，實踐精實生產工具。最後，精實系統能夠促成組織的持續成長與獲利。本書從企業經營者的角度來談精實戰略，關鍵在學習。如同東京大學藤本隆宏教授對於豐田汽車的長期研究結論出豐田汽車的成功是基於「進化性的學習能力❸」。本書清楚區別精實戰略和傳統策略的差異（第 1、

---

❷ 豐田汽車自 1950 年起，除了 2008 年金融海嘯外，持續連年獲利。

2 章）、建構以人為本的學習組織與文化（第 3 至 5 章）、進而支援創新及獲利的經營模式（第 6 至 9 章）。本書是以企業經營者的角度來論述，提供建構精實戰略的指南，對於追求精實系統的讀者必有啟發，對於能夠影響企業文化的經營層讀者更別具意義。

楊大和 國立成功大學製造資訊與系統研究所 **教授**

---

❸ Fujimoto, T. (1999). *The Evolution of a Manufacturing System at Toyota*. New York: Oxford University Press.

PREFACE

序

本書講述的是學習**以一種本質上即有所不同的方法競爭**。現在管理實務已大幅向財務靠攏：削減勞動力，透過購買或出售公司整合資源，以及利用 IT 系統代替個人職責。我們都以客戶及員工的角色經歷過，這產生愈來愈大的官僚化公司；這種公司只會帶來令人失望的產品或服務，以及散漫、不可靠的員工。然而，我們知道有一種更好的競爭方法。我們非常幸運，見證企業如何能透過培育員工而聚焦於客戶價值，進而持續成長、穩定獲利。

這個有活力的方法——以人為本地協同工作——為組織、為其員工，以及為社會整體帶來更好的商業成果。它不會把員工當成可以被機器人取代的物品，不會使經理人陷入天生排斥變革的官僚體系，也不會鼓勵以犧牲環境為代價的短期解決方案。在實行這種方法的公司裡，員工參與改善他們自己的工作；整體而言，這種公司每日皆提供

持續創新的條件，同時不浪費寶貴資源。過程中，在劇烈動盪的市場中競爭所需的變革，則奠基於員工的能力與熱情；他們在尋求更好的工作方法同時便已創造價值。近 30 年前，我們發現日本汽車製造商，尤其是豐田的崛起背後，是以人為本的管理體系。這個方法引起許多正努力改善自己組織的人共鳴，同時也在各產業引發許多實驗，從新創到醫療保健，從工業到服務到 IT，形成一個不斷成長的全球性精實運動——稱之為「精實」，是為了呈現出這種方法有別於傳統管理方式的敏捷、快速、彈性、整潔及穩健等特性。

這個系統內的普遍做法經編纂後成為精實工具，這是一套指導核心法則的方法，原本被視為消除浪費及設計更高效率流程的關鍵。然而，因為這些工具挑戰傳統思考模式，所以必須透過實踐來學習，而非在教室內上課。事實上，現在我們知道豐田生產系統是一個**學習**框架，可以幫助員工改善工作，並同心協力創造客戶所購買的價值。雖然許多人仍然僅將精實視為一套管理系統，但實際上並不僅限於此。

有這樣的理解後，接下來需要一套在生產前線和後援工作中管理學習過程的全新方法。為此我們學習了另一套管理工具，包括 A3 問題解決、日常管理、價值流分析，以及方針管理（Hoshin planning）。顯然，需要一種不同的思考方式，這些工具才能產生效果；它們必須成為直線管理者的責任，也需要領導力積極涉入，方能延續並擴散到整個組織。

確實，關於精實的大部分文章是從組織的角度出發，而非企業。

就本書而言，我們檢視成功進行精實轉型的領導者，也就是實際營運公司的高階主管，看他們如何採取精實思考模式改變他們自己管理的方式，並且將這些知識在企業內傳播。為了理解這些對領導力的挑戰，我們向那些從一開始便以精實為戰略中不可分割一環的先驅者們尋求幫助。這就是本書的起點，它匯聚了這個獨一無二的團隊：一位精實先驅 CEO 和一位 CFO，兩人都具備領導精實的親身經歷；再加上兩名具備多年領導者訓練經驗的作者。

隨著本書逐漸成形，我們學到了三件事。

首先，採取精實思考模式是一個完整的企業戰略。精實思考模式重新定義了戰略的傳統概念：利用專利技術和標準化流程進攻市場，同時透過產能投資和無情的成本削減管理營運。精實戰略代表一種根本上不同的方法：發現正確的問題來解決，框定改善方向，讓每個人都了解自己該如何貢獻；為了避免浪費性的決定，透過在增值層面不斷改變以激勵學習。選定你的北極星，並維持改善的方向；同時鼓勵透過日常改善應對全球性的挑戰，這兩者便形成你的戰略，而且是一個必勝的戰略。

其次，領導一個以人為本的組織，關鍵就在於學習——如何以不同的方式思考管理，從而使改善成為完成工作不可分割的一部分。當人投入改善的時候，當他們在這個過程中的努力獲得鼓勵和認可，以及當他們看到自己的成長——也就是當他們看見自己工作的意義，他們會有最好的表現。表現最好的團隊具備足夠的高度，不會議論個人

遭遇，也有動力思考更好的工作方式，同時能夠掌控並自發地啟動可以優化其工作的改變。精實學習系統提供了一個結構性的方法支持所有團隊的學習成果——而且除了各個團隊的巧思，領導者也得以透過學習他們在營運方面的改善，學會以更好的方式在自己的領域競爭。

最後，精實學習可以改善營運底線：品質改善能夠提升銷售收入和利潤（透過降低不良品的耗損）；同時，加速流動則能更妥善利用產能和現金，而且日常改善有助於在各個團隊的層面控制成本。在企業層面，以精實的觀點評估當下和將來的盈利能力（以及如何籌措資金），亦將大幅改變領導者對於投資領域和投資方式的選擇。透過投資於人的工作能力，以及了解按部就班的改善行動如何創造新的潛能，領導者為真正的、可持續的創新創造出條件，這些創新的資金主要來自加速營運流動帶來的現金改善。這種針對企業如何盈利的顛覆性再思考區隔出精實領導者與傳統的財務經理；後者只會將銷售收入、營運成本和產能投資分拆成孤立的穀倉，這在我們周遭屢見不鮮；而且這些人還繼續為了短期帳面收益破壞真正的價值。信任領導者、信任團隊，並信任自己，如此的互信才是持續盈利的基礎。

針對精實工作，普遍的說法是「CEO 的參與」是成功關鍵。我們找了幾位成功對其企業進行精實轉型的 CEO，從他們的角度展示他們如何將改變自己的思考模式作為改變他人思考模式的第一步。

◆ 精實思考模式是一種以工作場所為基礎的特別論證；透過它，我

們學習從每日工作經驗中找出該解決的問題，面對問題並創建恰
當的衡量標準，以組織中的每個人都能理解並支持的方式表達問
題；並逐步形成新的解決方案、邀請團隊親自參與經控制的實務
實驗和改變，透過這些方式解決問題。

◆ 精實是一個學習系統，任何精實領導者都能在他或者她自己的公
司裡開展，起點是了解如何運用豐田生產系統的模板來建立客戶
滿意和盈利的北極星。透過停止和調查缺陷及錯誤，而非與之共
存，精實鼓勵個人的學習；透過利用及時化工具而縮短所有前
置時間，精實鼓勵跨部門的學習；透過創造一個不一樣的工作環
境，在這個環境裡，問題被視為改善的基本素材，問題解決則是
企業文化的核心，精實提升了員工的滿意度和相互信任。

◆ 精實理解企業各種財務要素如何真正形成財務底線，以及精實領
導者如何在其財務管理中運用更大的智慧，透過提升生產力和發
展員工個人能力，支持團隊的巧思並保持真正的創新。在精實取
向的財務管理中，公司的成功從每個員工的個人成功開始，同時
管理階層致力於維繫每個人、他或她的工作，以及客戶滿意之間
的正向關係。

◆ 透過利用學習系統發現價值分析與價值工程的機會，同時發展工
程、生產和供應鏈能力，藉此在以團隊為基礎的改善中實現突破
性（以及改變產業）的創新；精實透過這樣的方式為持續創新提
供洞察力。

　　我們希望本書可以激發讀者展開自己的實驗,尋求以人為本的更佳管理方式。請加入我們吧,一起展開這個旅程,讓世界變得更美好。

The Meaning of Lean

精實的意義

我們很少有機會改寫我們的人生故事——我們看待問題以及反應的方式；其他個人和組織努力製造並提供能滿足我們需求、同時最好還能讓這世界變得更好的產品和服務時我們所做的選擇。

我們都想過好日子、都想成功。更好更智慧的產品，令人滿意的職業，適合育兒、穩定且關愛的社區，甚至是為實現個人目標的一些空閒時間，這樣的前景仍未死去。然而，我們為實現安康而建立的系統有其副作用——財務壓力、環境焦慮、沒有認同感的工作、過度商業化的逃避主義、日益成長的不公平感——對系統的實現力造成愈來愈大的威脅。簡言之，盛行的工作、生產、思考工作的工業模式已經無法實現其前景。

現在的市場已經飽和，**財務官們挾持經濟結構以從中獲利**。當世界上某個地方的某人可以快速複製產品（利用更便宜的勞動力或其他方式），製造商，或者任何新產品和服務創造者的價值便被打了折扣。工作愈來愈被看作一種缺乏忠誠、益處、擁有感或成長性的零工。似乎只有可以創造新「平臺」的公司（封閉數位市場世界中的 Google 們和 Facebook 們）才有持久的價值。那麼公司如何在這個時代成長並獲得成功呢？

我們相信答案就在於改寫他們的故事，而且不僅像他們是誰、他們做什麼或者製造什麼的這種簡單故事——而是更深層次的東西。

現在精實已經為許多人所知，但很少有人真正理解。我們加起來有數十年的精實工作經驗，而且我們已經了解精實的真正意義是改寫

你的組織和產業如何為使用者和社會整體創造價值的故事。精實戰略就是利用你的公司改寫你這產業故事。

想想豐田公司，大家現在所知的精實本源。多年來，豐田一直在改寫移動工具產業（mobility）的故事。有計畫地汰舊換新是移動工具產業的主流特點，直到豐田透過在低端市場以負擔得起的價格提供高品質的汽車改變了這個格局。品質變成免費的東西。現在只要對新車型的品質有絲毫懷疑，都會嚴重破壞豐田的聲譽。高油耗和高排放曾被視為使用能源的代價（在一個電動汽車被視為不實際的夢想、只能留待後代實現的時代），直到豐田學會以油電混合動力車型獲得成功，從 Prius 車型起步，至今延伸到各種車型（已售出 800 萬輛並仍在增加）。曾被視為必要的權衡，現在只是整個方程中的補充部分。而且豐田其實已經公開了下一個不可能的目標──生產一種氫動力汽車，排放物是……水。

早在豐田轉向開創**可替代性動力總成技術**（alternative powertrain technology）之前，它便透過學習以比競爭對手更有效率的方式設計和製造高品質汽車，改寫了汽車產業的故事。原本普遍認為技術是徹底改寫產業故事的唯一途徑，而豐田證實這並非事實。許多技術研究顯示，使用者接受度、擁有長久歷史的組織以及因襲是實現新技術帶來的機會的最大障礙❶。豐田創造了可以發展這些突破性技術的學習文化，**以及**利用幾代產品而產品市場亦在成長的過程中快速擴展這些技術的能力。在這麼做的同時，它創造出深刻思考者藤本隆宏（ふじも

と　たかひろ）所說的「進化性學習力」❷。

　　豐田遠非完美的組織，它的任何一位領導者也都會同意，如同其他汽車生產商，它還有許多問題和瑕疵。區別在於，它的高階主管們已經學會接納這些問題，並與他們的一線團隊一起面對。這並未使豐田變得完美，但讓它明顯比競爭對手更好（位居富比世〔Forbes〕世界最有價值品牌排名第六位，豐田在工業類中排名最高，而且比競爭對手高出許多）。事實上，豐田並不追求完美。它只是努力讓今天比昨天更好，並且讓明天比今天更好。它的領導者們了解可持續的表現來自動態的進步，而非靜態的最優化，這對汽車業以外的企業來說也是一個重要的課題。

　　改寫你的故事就是發現並解決正確的問題──幫助客戶解決生活中的問題；不浪費他們的時間、精力和資源在錯誤的事情上。在這方面做得比你的競爭對手好，會迫使他們如法炮製，最終便改寫了整個產業的故事。舉例而言，現在已不會將汽車視為不可靠──危險──的東西。就品質和安全性而言，汽車現在被視為最先進的產品。然而，改寫產業的故事本身並不是目的，只是成了一個比較優秀的企業案例。透過持續地挑戰自己，讓自己變得更優秀，你對競爭對手施加

---

❶ 可參考Erik Brynjolfsson and Andrew McAffee, *The Second Machine Age*, W. W. Norton, New York, 2014. 中文版《第二次機器時代》由天下文化出版於2014年。

❷ Takahiro Fujimoto, *The Evolution of Manufacturing Systems at Toyota*, Oxford University Press, New York, 2001.

了壓力，同時將在你的產業中獲得成功的條件重新定義為你最擅長做的那些事。

精實是以改寫產業故事為目的而改寫你企業故事的一套方法。現在的經理人追逐利潤的方式主要透過利用外部因素，而非透過顯著提高生產效率和品質來尋求價值。因此，許多公司的運作方式有如一只與建立價值反其道而行的「黑盒子」──利用市場壟斷、壓榨供應商、鎖定客戶、替換威脅，諸如此類。並不需要這樣。你可以從透過改變財務操作以尋求價值轉變為從內部創造價值。這種方法挑戰了傳統商學院的思維：精實並非一種臨時裝飾公司銷售額的方法，而是透過徹底改善公司提供愈來愈多價值的能力而提升企業價值。這個方法的結果是為你的公司創造一個更好、更持續盈利的商業案例，有更好的銷售成績、現金流、利潤和更高效率的資本投資。

這種精實戰略幫助你徹底反思你「需要」做的事，也幫助你創建你自己的故事，而非讓他人將故事強加在你身上。除了在幫助你創造你的個人旅程之中造成的個人戰略改變，精實也顛覆了其他更廣泛的故事。賺錢才能維持現金在企業中流動，才能維持日常運作和為新開發提供資金，因此一般咸認賺錢非常必要，然而利潤最大化本身並未被視為目標，而是一種達到更高目標的手段。企業的目的──也就是企業為客戶提供的服務（以及它為社會整體提供的益處）──是市場在中期給予的回報。更高的品質和更好的價值會改善銷售額。組織的故事就是所有個人發展的故事總合，目的是幫助客戶做他們想做的

事，而客戶為此酬謝我們。

然而，我們應該清楚一件事：這個故事並不是堅實紮根於一個世界應該如何宏大的抽象概念上。反之，我們依據多年的實踐而建立這個觀點；而且我們在實踐過程中看到令人震撼的結果：人和組織採取這個截然不同的方法獲得了出色的成果。從所有指標和價值觀來看，我們都學到：精實就是現今企業的更佳方法。

丹是精實運動的聯合創始人（和吉姆・沃馬克一起）；歐瑞是豐田之外首批真正精實企業之一的 CFO（Wiremold 公司，詳載於《精實革命》❸）；賈奇是從 Socla 公司退休的 CEO，他親自領導了這家公司的精實轉型；而邁可研究精實的時間長達 25 年，並最先將精實系統視為學習系統。我們共同的目標是與你分享精實思考模式令人興奮的表現潛能；這種思維適用於各行各業──我們確實在每個可能的產業，從工業到服務業，從醫院到新創公司，都目睹了精實轉型。從觀察企業領導者如何接納精實、將其變為自己的能力，並且帶領他們的公司走向成功、帶領員工實現個人最大潛能，我們也學會運用精實思考模式。用不同眼光看待事物、發現並解決自己最困難的問題，公司所有員工齊心協力建立與客戶、其他員工和供應商的深厚信任關係，並在這個過程中，從改善轉變為真正的創新，我們希望可以和你們分享這

---

❸ James Womack and Daniel Jones, *Lean Thinking*, Simon & Schuster, New York, 1996. 中文版《精實革命》由經濟新潮社出版於 2015 年。

其中的真正樂趣。

精實思考模式的核心內涵是更妥善地協同人、設備和工作，從而在產生更少浪費的同時創造更多價值；從許多方面來說，當最成功的公司出現問題時，都以此內涵為（一系列的）對策。所有公司在成長的過程中都會出現「大公司病」，將有意義的工作化為無意義、投入的員工變為可拋棄、無價值的資產。在官僚主義滋長的同時，品質、效率和積極性將不可避免地降低，出現如下症狀：

◆ **聚焦於機器人式的過程更勝客戶的關注點**：企業如此沉迷於標準化流程和降低成本，以致忽視個別客戶的問題、喜好和生活風格（有沒有試過透過電話客服中心解決問題？）。在企業內部，將標準流程強加於員工（通常是為了組織「效率」而壓縮成本的做法），讓他們失去學習以及協助活生生客戶所需的餘裕。內部規定和規章限制──阻礙──員工提供額外價值。

◆ **穀倉思考，而非合作的團隊和系統方法**：傳統管理學認為如果所有人按要求做各自的工作，最後所有事情都會做好。這的確有效，但是成本大得荒謬。現在的組織太龐大，而且互相關聯，任何節點優化的方法都無法得到較好的總體效果。只要每個部門主管不計組織內其他單位所要付出的代價，決心解決自己的問題，那麼就算某方面獲得改善或者達成某特定目標，其實都是建立在犧牲他人的成本上。團隊合作的第一步是了解同伴打算做什麼，

認清他們面臨的問題和挑戰，以及某個人自己的工作對此的幫助或阻礙，以發展出更好的合作模式。

◆ **貶低價值，而非發展人力資源**：在大多數公司裡，尤其已形成官僚主義的公司，中階經理人將自己的角色定位為最高管理層正統的守護者。他們強迫員工安靜服從；員工在公司裡只需要執行，無須思考。完全不看重有意義的個人想法或意見，也沒有系統性採納意見的方法。員工的存在只為履行不變的工作職責；他們可作為學習資源的個人經驗被拒之於門外。

◆ **「棕海」戰略思考模式**：當大多數高瞻遠矚的 CEO 睿智地談論起追求「藍海戰略」（利用新技術和戰略抓住新市場），在這個動態的經濟結構中，絕大部分公司仍更聚焦於守護既有技術、既有資產和既有交易，而非真正開闢新局。他們死守過時技術，同時也迫使客戶保持原狀，而非信任新價值主張。這種對經濟規模的持續擠壓阻擋了新技術和科技所需的資源，而保護既有技術則讓沉沒成本（sunk cost）變得名正言順。這些是僵屍觀點：死去卻仍到處走動，破壞人和創新。

精實思考模式與「大公司病」作戰，方法是透過刺激管理方面的思考，為用心工作的人提供有意義的工作，藉此持續為客戶提供更好的價值。這種新思考方式建立在一種原始直覺上：作為領導者，我們並不需要告訴其他人如何更妥善地工作；相反，**我們需要與他們一起**

探索並發掘，對他們各自的處境而言，更妥善地工作是什麼意思。

精實思考模式取決於領導者立場產生轉型性的變化：我們不是要讓員工工作得更好（在決定哪些事他們應該採取不同做法之後）。我們將和他們一起探索和挖掘工作得更好的意義。我們從豐田學習到，精實系統是一套相互關聯的學習活動，在工作現場探索並回答以下四個深層問題：

◆ **如何讓客戶更滿意？** 我們要的不只是客戶喜歡的產品和服務，我們還要客戶熱愛的產品和服務。我們想要客戶完全滿意；這意味著了解我們當下能做什麼以幫助客戶解決他們的個別問題，同時想出該如何發展我們提供的產品和服務，讓他們將來全部都更滿意。

◆ **如何讓工作變得更容易？** 如同生活上的每件事，我們也追求工作上的意義。我們如何讓所有員工參與改善個人及團隊的工作、清除所有妨礙我們為客戶提供最佳產品與服務的障礙物？我們如何讓工作經驗順暢流動？我們如何讓這些經驗因為每個人都可以參與、提出自己的意見，而且在嘗試自己的意見時獲得支持，從而變得更為豐富、更實現自我抱負？除此之外，我們如何讓工作也變得更加安全？

◆ **如何降低總成本？** 為了在快速變化的市場中保持競爭力，我們如何持續降低我們的成本底線？不是透過逐條生產線壓縮預算，而

是與實際參與生產流程的員工分享較大的成本問題，並請他們一起協助降低製造產品或提供服務的總成本。我們如何透過消除在公司、工程、生產、供應鏈和後勤系統的浪費，以減輕每個產品或服務的成本負擔？同時，如何將我們的工作對環境和世界的衝擊降到最低？

◆ **如何攜手更快速地學習？**精實的突破性思考模式是：更好的個人能力和更好的團隊合作。這代表當事情出錯時（事情總是出錯）承擔責任，而非利用責怪他人或某事來辯解──一起面對問題，無須懷抱罪惡感或者犯錯感。當我們學會面對問題，並在沒有否認或責怪的情況下互相支援，我們便是攜手學習。我們捲起袖子，每個人都提出意見，深入考量形勢，並嘗試以不同的方法改善。真正的學習不僅是學習把我們已經知道怎麼做的事情做得更好，也是發現我們還需要學習哪些我們還未知的事物。攜手更快速地學習需要以信任和投入的氣氛為基礎，同時還透過快速回饋得到滋養，即使在當下聽起來會像批評（實際上並不是）。學習當然需要開放、好奇的心態，但也需要溫暖的心。

這種「大公司病」是致命的。新創公司擴大規模時通常透過追求一個產品或者應用的成功，為求盡可能快速擴大產能而忽視了複雜度成本（complexity cost）。當它們滿足市場需求時，快速成長的腳步會放慢，跨部門成本增加，總成本結構因而開始超過收入成長。在這

個階段，公司通常會盡力優化它們的成本結構，做法是增加科層控制的層級，而這將使問題複雜化，也不太可能找到創新方法吸引新客戶群。當這些優化的行為無法重啟成長，或減緩運營成本增加，經常處於董事會壓力下的高階主管便會採取成本削減的手段，如重組和／或壓縮資源和員工數，而這些手段繼而更進一步損害了對客戶的服務，加速公司的死亡。圖 1 中的曲線顯示不受控的「大公司病」效應。精實的挑戰是對抗「大公司病」，目的是找出新的創新做法以刺激進一步成長，同時透過更靈活、更節約的投資和更少的官僚組織抑制成本成長。

　　過去 20 年間，精實被指責為從固定資產中榨取更多獲利的手段，利用消除浪費、改善流程和消除資源——尤其是人。這完全錯誤，而

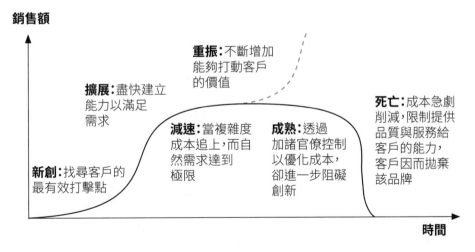

圖 1：不受控的「大公司病」

我們希望透過本書展開一場有關精實的不同對話。

　　精實思考模式首先是一種認知革命，而且不可避免將擴及組織的層面。精實關乎學習新的思考模式和工作的技能（並真正透過實踐而學習），因而能夠和所有員工一起更妥善地解決我們的問題，而非站在員工的對立面；以不同的方式掌握企業狀況，並尋找新的、有創造性的、從未設想過的做法。

　　精實關乎改寫你的產業、你的企業、你的工作和你自己的故事，永遠改變。

第一章

Make Things Better

把事情做得更好

創造更多價值，方法是透過……創造並實現更多價值。

作者之一賈奇在大型集團所屬水閥製造公司 Socla 擔任 CEO 的 30 年任期接近尾聲時遇上一個嚴重危機。在雷曼兄弟公司倒閉之後及其後的金融崩潰期間，資本市場枯竭，導致許多建設案中斷，他的公司也遭受威脅。Socla 在大膽的戰略下已蓬勃發展許多年。大多數競爭對手選擇以較低成本製作低階產品，向其他國家的低成本製造商採購原材料並以種類較少的產品供應市場，產品品質自然也低；而 Socla 仍舊能夠提供種類繁多且高品質的產品，還可以次日供貨。

這種戰略帶來可靠的聲譽和很高的盈利，因為客戶願意為頂尖品牌支付高昂的價格。然而，這需要消耗大量現金，因為在次日按供應目錄交付種類繁多的產品需要巨大的庫存；在高成本國家維持組裝和加工有效運作也需要資金。當危機來襲，需求急劇下降，現金成為生死存亡的問題，而母集團發現自身也意外陷入現金短缺的困境——問題如此嚴重，集團決定賣掉 Socla。但是由於當時的資金狀況，無法找到合適的接手人。

在危機發生之前，賈奇其實已經在 Socla 嘗試過精實。他一直對革新的管理實驗保持開放態度（他是組織化學習協會〔Society of Organizational Learning〕法國分部的聯合創辦人），還曾短期聘雇一位頂尖顧問。然而，利用精實工具展開幾個生產效率專案並了解專案結果之後，賈奇和他的 COO 菲德力克・菲昂賽特放棄了這項計畫。專案後的改善績效很難維持；員工對加入現有專案或展開新專案變得愈來愈反對和抗拒。賈奇和菲昂賽特一直對公司裡的工作氣氛非常敏感，

因此他們選擇退讓。他們都看到精實的前景——毫無猶豫——然而，非常清楚的是，推行精實不能只靠幾項「改善」專案。

危機迫使新的應對，因此賈奇和菲昂賽特決定再次嘗試精實。這次他們遵從《精實革命》中描述的方法，和一位精實老師合作。在生產現場與老師的首次接觸，說好聽點是令人困惑，難聽點就是讓人惱火。老師認為賈奇和菲昂賽特完全不了解自己產業的問題，而他自己也不懂，儘管他是一名專家；他們的目標應該是共同找到問題所在——他竟對一個已經成功經營公司幾十年的管理團隊說了這樣的話。其次，關於找出深層次的問題，他提議的方法是先解決顯而易見的營運問題：公司顯然未能履行交貨給客戶和維護員工安全的承諾。老師認為，解決了這些實際的問題，其他問題就會浮現。老師基本上的意思是從這點開始，一面進行一面處理更廣泛的問題。

這令人難以接受，但賈奇和菲昂賽特放手一試，並驚訝地發現，其他問題真的自行浮現。在之後的幾年裡，公司大幅轉型，在低迷的市場裡維持銷售額，抓住市場占有率，並且轉為現金淨流入。母集團最終以息稅前利潤（EBIT）數十倍的價格賣掉 Socla；當時這樣的交易相當罕見。回顧從前，賈奇仍然對他們在根本沒有重組、重構或者改革的情況下便讓公司徹底轉型，仍感到嘖嘖稱奇。他們只是把事情做得更好，然後再更好。真要說他們確實做了什麼，那就是效法豐田首創的原則和方法：透過學習以把事情做得更好。

一家日本汽車製造商的思考模式能否和今日的問題連結？15 年

前，「自然資本主義」的先鋒尋求取得資本主義與環境永續性間的平衡。在這個過程中，他們遇上由吉姆・沃馬克和丹合著的暢銷書《精實革命》（*Lean Thinking*），並以此為可行的替代方案。原文書名相當單刀直入──精實**思考模式**，不過許多讀者（以及想應用這些知識的人）還是把注意力放在作者的這個觀點上：所有人類活動都充斥**浪費**（指吸取資源卻不創造價值的人類活動），這些浪費來自了無新意的營運方法，降低了業績和滿意度，而且，同樣重要的是，這種浪費是可以消除的。

Paul Hawken、Amory Lovins 和 Hunter Lovins 想出一種服務和流動的經濟結構：公司沒有多餘產能，但是透過持續追求生產效率、無實體化、簡約化及在所有階段應用精實思考模式而達成更多目標。「這是第一次，」他們說，「我們可以令人信服且實際地想像一個更多回報而風險更小的經濟結構，其健康狀況、前景和各種衡量指標顛覆了長期以來關於成長的假設：在這種經濟結構中，我們透過消耗愈來愈少而成長、愈來愈精實而茁壯。」❶

精實思考模式隨時準備進入這個空白地帶，並以一種根本上截然不同的方法滿足兩項需求：新型態的資本主義，以及更好的生產製造方式。然而，毫不意外的是，花了許多年，經過多次錯誤的開始，我們才了解這種方法到底多麼不同。賈奇早期的經歷非常典型。領導者

---

❶ P. Hawken, A. Lovins, and L.H.Lovins, *Natural Capitalism*, Little, Brown, New York, 1999.

受員工參與消除浪費和削減成本的承諾所吸引，他們聘請「專家」或顧問來為他們解決問題。顧問們將此視為新的商業機會，同時密切關注這些日本「顧問」在做什麼，以了解他們如何達成這個要求。

　　早期這些日本老師顧問們每四至六週會花一週的時間拜訪他們的客戶，教導西方的經理人如何開始改善：第一線團隊自己的小幅度改善。為此，他們與團隊展開為期 5 天的示範性「突破」改善活動，以大幅重新配置他們的行動，並為高層經理人展示精實能做些什麼（真正的改善通常並不會在「活動」（event）中產生，而是尋常工作方式的一部分，以改善提案或團隊進行的品管圈活動為基礎，如每週投入 1 小時以解決特定問題）。他們也會展開精實工具培訓課程，並且為團隊安排作業，要在他們下一次訪問之前完成。他們還會觀察豐田的領導者如何透過建立示範生產線培養他們的本地供應商。這些都成為他們諮詢服務的模組，通常會打包在一個完善的框架內。較大型的組織還會建立內部精實團隊，以將所有的精實和六標準差工具嵌入他們的「生產系統」內，並用他們推行六標準差的同樣方式將此推展到整個組織內。

　　丹和吉姆尋找有意願的先鋒以學習如何將精實運用於汽車業之外，在這過程中，他們親身觀察了這些計畫。例如丹帶領英國零售商 Tesco 及其供應商的主管團隊觀察大量的浪費和延遲，並檢查從生產到超市銷售端的供應鏈。這觸發食品雜貨業朝拉式快速補貨發展的最初幾步，靈感來自豐田的售後服務零件配送系統。他還和醫藥公司員工

團隊一起走過病患的就醫過程，從而開始了解醫院裡所有延遲和排隊的原因和意義。

這些「實施」精實的做法無疑會發揮功用，起初只是擺脫可輕易達成的任務，之後則是從部門單位到 U 型生產單位的工作重組，然後是引入用以維修與拆開檢修航空發動機和軍用飛機的脈動裝配線（pulse line），以及創造零售業倉庫中的流動，還有醫院中的視覺化病患流動管理。確實，許多精實實踐成了眾所周知的「工具」，如價值流圖和（稍後的）「A3 思考模式」。精實工具達成的成果愈多，維持這些專案的挑戰就愈大。

生產現場會抗拒專家加諸於他們的改善。一般的改善活動不會給現場團隊足夠的解決日常問題練習，因為突然拿掉了工作流程中的緩衝。經驗告訴他們，這些改善會出現……然後又消失。團隊發現很難——根本不可能——創造一種跨越部門界限的工作流程。高階管理層幾乎不會積極參與和行動，因為在他們的印象中，精實只適用於生產操作。因此，後勤部門仍舊「如常工作」，這在組織內造成嚴重的緊張局勢。最後，內部精實專家和培訓師們從頭到尾都在「救火」。

碰到這些挑戰表示需要對豐田管理系統進行更深入的研究。很明顯，若想維持住任何進展，都需要讓第一線團隊在生產線管理者的輔導和專家的支持下每日練習解決問題和改善，藉此提高他們的能力。實驗很快顯示出精實如何在生產操作之外也轉變組織內的所有活動。然而如果管理層想要讓企業獲利，他們必須積極參與，而且需要學習

一些精實工具，包括密切連結現場改善與組織戰略目標的方針管理管理系統、在管理階層和工程部門採用視覺化大部屋（obeya），以及在組織各個層級採用 A3 思考模式作為解決問題的共通語言。這些後續都可納入精實管理系統。❷

　　然而，這些改變都還不夠。任何一個，或者甚至所有這些精實做法都沒有什麼問題。然而，在完整的精實轉型過程中，它們卻經常成為障礙，而非助力。原因在於它們通常被視為「戰術」，而沒有理解精實的戰略本質。現在我們需要採取進一步行動。欠缺的構成精實基礎的不同思考模式和學習方式，而這才會實現精實的真正前景。是時候向 Wiremold 公司這樣的先鋒學習了；他們從上而下以精實作為戰略新猷，改變了整個組織的思考方式。正如我們之前所說，吉姆和丹以「精實思考模式」為他們的書命名並非偶然。

1.1 什麼是精實思考模式？

　　《精實革命》一書的靈感來自傳說中的豐田生產系統（TPS）。在仔細研究了 20 年精實思考模式先鋒豐田的成功和挫折，以及奮起

---

❷ 請注意，我們在本書常用到在精實界耳熟能詳的術語。如果你在我們的解釋之外還需要進一步定義，我們推薦*The Lean Lexicon*（Lean Enterprise Institute〔LEI〕，Cambridge, MA, 2003）。你也可以到LEI網站（www.Lean.org）了解更多的背景資訊。

接受豐田挑戰的許多公司以後，我們確信，由於不停尋求更永續的解決方案，精實公司的獲利更勝競爭對手。撰寫本書時，豐田是世界上最大的汽車製造商，盈利能力是相似規模主要競爭對手大眾汽車（VW）的兩倍。正如我們在引言裡所說，豐田已經以首具油電混合引擎引領了更乾淨汽車的革命，現在正在進行著一個導入氫動力汽車的長期計畫。在生產營運方面，豐田的工廠比其他汽車製造商更小、更輕盈、更靈活，而且更環保。它是唯一透過系統化減量、重複使用、回收和再生能源方法積極追求零廢棄物掩埋的原廠製造商（OEM）。而在美國，豐田每輛汽車的利潤是通用汽車的 4 倍。

自從 25 年前同樣由吉姆・沃馬克和丹合著的《改變世界的機器》一書發行以來，數以千計的公司接受了豐田的挑戰，著手建立精實企業。[3]20 年前，《精實革命》描述了其中幾家公司（包括歐瑞擔任CFO的Wiremold）驚人的成功。在他們的兩本著作廣受歡迎之後，吉姆和丹致力於在全世界傳遞精實知識，並於 1996 年在美國創建了精實企業研究院（LEI），然後在全球建立關聯研究機構：精實全球網路（Lean Global Network）。

15 年前，丹、邁可和歐瑞想知道精實思考模式能否在法國成長茁壯。[4]現在，許多其他領導者，如賈奇，加入了這個運動；同時我們

---

[3] James Womack, Daniel Jones, and Daniel Roos, *The Machine That Changed the World,* Rawson Macmillan, New York, 1990.

獲得近距離觀察這些公司的殊榮，從現場觀察到和他們的 CEO 交流。在法國，其實在我們觀察到有公司在尋求採用精實的所有地方都一樣，我們發現有許多組織獲得短期的利益──甚至在經濟和文化條件最差的狀況下。然而同時，我們極少碰到有公司能夠真正掌握豐田這套獨特方法的神奇之處，透過系統化消除浪費而建立長期的成功。

這個問題的根本原因並不在於公司無法投入於他們所認為的「精實生產」；相反地，在於它們無法理解精實思考模式的真正本質。我們對此的看法毫無疑義：首先，精實思考模式與主流管理思考模式大相逕庭；其次，它能帶來可見的卓越表現和更永續的盈利能力。

為什麼沒有更多組織全面採用精實思考模式？除了一般因為「不是本地發明」症候群而生的抗拒之外，我們慢慢了解，一般人對精實思考模式普遍的描述是「由外而內」，描繪精實公司看起來應該是什麼模樣：為了消除浪費和追求完美，精實公司對價值有一個清晰的定義，有清晰的價值流，這個價值流由價值流經理管理，這些價值流透

---

❹ 法國有很豐富的精實經驗，因為豐田（Toyota）在法國北部設立了一個分支工廠，同時向當地供應商傳授其生產系統（邁可以此為博士研究主題）。因此，法國汽車業熟知精實專精生產效率導向的面向。不好的一面是，法國有著比較負面的勞工關係歷史，工會對精實懷有敵意。法國的高階主管相當堅持法國例外論，不願意研究任何笛卡兒主義、法國上到下管理傳統之外的任何事物。丹、歐瑞和邁可在 Godefroy Beauvallet 的幫助下創設了一個大學課程，藉此在法國分享和比較精實實踐；賈奇是首批加入的 CEO 之一，他懷抱著堅定的抱負，決心學習精實思考模式，以不同的方式領導他自己的工業集團。

過拉式系統形成流動得更好的流程，同時是一個持續改善的組織。❺
因此，高階主管試圖將組織形塑成定義中的精實公司，藉此達到組織
精實。我們注意到，這樣一來，他們總是能達成早期的可見成果，但
隨後精實工作將放緩並逐漸消失，沒有實現期待中的轉型，反而通常
是令人不悅的倒退。

再來看看少數採用精實達到持續成功的經理人，例如歐瑞的公司
在傳奇精實 CEO 亞特・伯恩帶領下的 10 年（伯恩的職業生涯中曾帶
領超過三十次精實轉型，先是以 CEO 的身分，而後是私募基金的持有
人／投資人）。我們發現，這些公司採納了精實**思考模式**，而非精實
組織。❻成功的經理人，無論是 CEO 還是 COO，並不會重新塑造他們
的企業以變得更精實，相反地，他們改變自己關於企業的思考模式，
並將這種新的思考模式傳授給他們的同事和團隊。

因此，我們得到一個結論：在本書中，我們應該「由內至外」地
呈現精實，並明確指出就個人思考模式及企業戰略而言，精實如何在
完整意義上成為一種戰略。

---

❺ 這些是丹和吉姆在《精實革命》中論述的 5 項原則。

❻ 詳述於亞特・伯恩的著作《精實力：持續改善價值創造的流程》，美商麥格羅希
爾國際股份有限公司台灣分公司出版於 2016 年（*The Lean Turnaround*, McGraw-Hill,
New York, 2012），以及《*The Lean Turnaround Action Guide*》（McGraw-Hill, New York,
2016）。

◆ **一種嶄新的思考方式**：豐田公司並沒有發明優化傳統機械性組織的方法。相反地，它提出了一種嶄新的思考方式，將工作視為動態、是以人為本的，同時也是有機的。獲得競爭優勢的方法是透過隨時隨地認真培育員工而學習如何更滿足客戶。獲得市場成果的方式是透過鼓勵員工持續改善工作方式，使組織相應進步，藉此為客戶提供更多價值。組織不再是進入市場的主要工具，反而成為員工發展的職場條件，追求透過產品、服務和成本的逐步小幅改善贏得客戶的笑容。

◆ **一種嶄新的企業戰略**：精實思考模式顛覆了一般視企業為一整體及是什麼使企業成功的觀點。公司蓬勃發展的方法是以任何其他競爭者都無法提供的利益這種形式提供客戶更多價值，總合起來就是社會整體的利益。盈利能力來自透過持續追求更高水準的及時化表現而更妥善運用資金，也來自透過持續努力愈發接近「一次合格」和更高直通率而更妥善控制成本。我們稍後會看到，豐田的關鍵動力之一是它學會在整個體系（從訂單到發貨）內創造出一個（接近）無縫銜接的工作流，由其員工（接近）無縫銜接的創意流支撐。加速這些流動，便能提供更好的服務給客戶，也能提高庫存周轉率；最重要的是創造出對營運細節的關注，為睿智的改善建議和進取心打開了大門。整體而言，這為更快速的產品開發和可以滿足更多種類客戶的更多樣產品鋪平了道路。嘗試如法炮製時，採取傳統機械性世界觀的競爭對手會發現他們承受

著沉重的負擔，因為額外的成本，也因為由於無法應對所需的靈活性而不斷對抗的組織。加速工作流將加速創意在企業中流動，同時保持製造更少無用產品和流程的主動性和創造性；這不僅會帶來更多盈利，也更加警覺企業的環境影響。

1.2 什麼是精實戰略？

精實戰略就是**學習競爭**——在職場所採用一種截然不同的思考模式，這種方式關乎培養發現和學習的能力。在所有層級用這種方法進行日常工作，可以形成一個有彈性的組織，無論大事小事都能用更好的思考模式去適應和成長。

精實戰略的目的是學會解決正確的問題和避免無用的方案。我們創建流動（更好的品質，更高的靈活性）以**發現**我們真正的問題；然後，我們激勵自己**面對**問題；接著，依靠精實學習系統，我們以讓所以人都能將這些問題與自己的日常工作連結方式**框定**問題；隨後，從問題解決的文化和所有層級投入持續改善的脈絡中**形成**新的解決方案。隨著團隊對自己的工作有更深入的理解，跨越功能部門的界線而合作也運作得更好，我們就在個人能力和團隊合作的基礎上形塑出新的、有創造力的、擴及整個公司的能力。透過讓每個人參與，攜手發現能夠達成共同目標的新工作方式，我們便能實現更好的品質。

意思並不是只靠解決營運性問題，戰略就會源源不絕冒出，也不代表經營的卓越（operational excellence）本身就是一種戰略。我們相信精實 CEO 會透過親身體驗而每天正視他們的戰略性目的。要做到這一點，他們需要研究團隊日常解決的問題，支持團隊解決問題，並且深入思考為什麼團隊一開始會碰到這樣的問題：哪些客戶需求需要更多的靈活性，哪些組織剛性（organizational regidity）需要更大的能力？盡可能在最高層級有這種反覆的「直升機」式思考過程，以及同時盡可能詳細地探索工作，可以在以下方面產生對戰略的更深入理解：什麼是該解決的正確問題；該找出哪些最少浪費的解決方案；透過耐心培養個人技能，能夠發展出哪些關鍵組織能力。

這種戰略思考激發出豐田所採用的戰略謀畫程序，稱為「方針管理」（Hoshin Kanri）❼。重點在於領導者在進行戰略性決策時如何思考、行動和學習，以及他們如何工作，以讓第一線團隊能在現場執行這些決策。我們所有的經驗都表明，這對於解決正確的問題及避免在錯誤問題上浪費大量時間至關重要。

戰略和營運的卓越並不一樣。相反地，戰略為企業訂定方向：為客戶提供什麼獨特的價值可以給予我們競爭優勢？我們認為需要持續將這種全局審視與營運實況兩相比較。當下的狀況是什麼？當下的現

---

❼ 可參考Pascal Dennis, *Getting the Right Things Done: A Leader's Guide to Planning and Execution*, Lean Enterprise Institute (LEI), Cambridge, MA, 2006.

實狀況與我們基於我們的戰略而試圖提供給客戶的產品或服務之間的差距在哪裡？這些差距可以告訴我們下一步需要做些什麼。[8]

豐田專家兼精實思考者約翰・舒克認為，精實思考模式是一種與傳統思考模式（由大多數商學院和 MBA 課程所代表和提倡）截然不同的戰略方法。精實思考模式本質上是一種不同的思考方式，關乎能力的發展，這種能力塑造戰略，也為戰略所塑造；也關乎執行戰略的領導者和經理人的角色，以及思考和行動之間的關系。傳統商業思考者認為戰略是獨立的，而且比營運或組織更重要；他們將營運與組織視為經理人執行戰略計畫的一般事務。戰略區隔出成敗（由財務結果衡量）──其他所有事情都是為戰略服務的機械化決定。精實思考模式與此截然相反，認為它們之間相互形塑。

戰略的傳統做法中，領導者決定高階的變革，之後透過專案或者系統在整個組織內推行。這些變革為增值團隊製造了混亂的問題，他們只能盡量（或者不）解決，通常需要花費大量的營運成本，而且對客戶造成不便。

精實戰略提出的徹底改變是透過正視領導者的戰略直覺，在客戶處、工作現場和在供應商處得到真實的第一手情況；領導者將組織為了成長而必須解決的高層級問題視為挑戰、框定解決這些問題的改善方向，並期望每個團隊在嵌入日常工作的精實學習系統支持下貢獻控

---

[8] 感謝傑弗瑞・萊克（Jeff Liker）對我們思考上的貢獻，尤其是本段。

制下的改變，以形成新的解決方案。這種方法產生了快速和漸進的改變，同時沒有干擾營運或客戶體驗，同時還讓員工更進一步投入於他們與工作、他們的工作與客戶滿意度的關係中。

我們應該注意，精實戰略是一種更優越的商業取向：它明確形成巨大的優勢，都可以透過如週期時間、不良品率、投入資本使用率及企業價值等傳統指標衡量。我們發現，長期來說，全心投入於精實的公司比他們的競爭對手表現得更好。

精實戰略改善更高品質產品和服務的流動；透過這種流動，我們可以發現對客戶而言什麼是真正的價值，以及我們的價值提供在哪個部分比競爭對手更好。透過培養所有員工的天賦與熱情，精實戰略讓所有團隊參與，一起形塑更好的工作方式、發現創新解決方案。在我們的框架中，精實戰略能達成以下任務：（見圖 1.1）

◆ 根據外部條件持續設定和調整目標（**發現**和**面對**）。
◆ 透過釋放和增加資源及能力改善內部條件（**框定**和**形成**）。
◆ 透過支持和／或輔導員工及其與工作的關係（利用內部資源）以及將他們的工作重點聚焦於客戶（利用外部條件）來做到這一點。
◆ 精實為持續創新提出洞察，利用學習系統找到價值分析（提升生產中產品和服務的價值）和價值工程（提升開發中產品／服務的價值）的機會，藉此同步發展工程、生產和供應鏈能力，從以團隊為基礎的改善中形成突破性（以及改變產業）的創新。

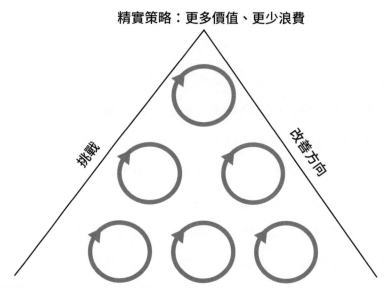

精實策略：更多價值、更少浪費

所有團隊在控制下的小幅度改變：計劃─執行─檢查─行動（PDCA）的改善

圖 1.1：精實戰略能達成的任務

　　目標是利用更快速的價值流強化所有員工的能力，藉此釋出產能；比競爭對手更快引入改善過的新產品和服務，透過這樣的方式學習如何回應不斷改變的客戶需求。

　　儘管有這麼多成功的精實經驗，我們同時也看到許多公司未能採用精實思考模式，因為它們太用力複製豐田的做法。它們將這些做法帶到自己的組織裡，卻沒有理解這些做法的內涵，因此也錯失精實更深層的用途。在二十世紀五〇年代早期，豐田是第二次世界大戰後日本一個瀕臨破產汽車製造商。它的領導者執迷於生產日本首輛乘用汽

車的想法中。他們同樣執迷於**自力更生**：他們要設計並製造自己的汽車，而非向美國和歐洲公司購買設計，而且他們還要透過自籌資金而達到成功——也就是說不依靠在 1951 年強迫他們大量裁員以避免他們倒閉的銀行。他們領悟他們永遠無法像美國汽車製造商那樣進行大規模生產的成本競爭。

他們也領悟他們需要引入多種產品以應對本國市場的殘酷競爭，還要用節儉的方式投資，因為他們想保持財務獨立。他們既沒有需求量，也缺乏資金建造專用的組裝生產線，為每種零件儲備庫存。但是他們看見隨著品種和複雜程度增加，建立於局部效率之上的工業系統會變得嚴重低效。更重要的是，豐田領導者發現，他們在生產中所見周遭的大量浪費並非來自如此這般的工作方式，而是來自冥頑不靈的**思考模式**。

用這種明顯顛覆性的視角得出正確的思維，正如（據說是）米開朗基羅對雕塑的描述一樣：撕開無關的表層，找到石頭的結構。透過親手實驗清除誤解，精實思考模式教導我們「清理視窗」並看清事物真正的模樣，然後問「為什麼？」直到因果模型出現。價值就在某處，隱藏在冥頑想法導致的一層層浪費之下。

豐田戰略建立於這樣的原則之上：售價由市場決定，在減去必要的利潤之後，挑戰在於減少實際成本，從而達到或者低於目標成本（利潤＝售價－成本，而非售價＝成本＋利潤）。所有公司生產的產品都有一個核心或固定的成本：工資、租金等。為了制定一個與當時

的挑戰（日本當時有限的資源和市場）相應的戰略，豐田領導者考慮了幾個減少成本外殼的辦法；這些成本外殼來自對生產方法的錯誤思考，例如接受交貨時納入不良品及大批量生產。消除這些成本有助於形成競爭優勢，而且可以透過**改變**一開始造成這些成本的**思考模式**，以持續消除浪費而達到消除成本（見圖1.2）。

豐田領導者們發現**浪費**與生俱來於所有過程，但並非無可避免。**浪費是某些人的錯誤想法的結果**。請思考以下兩種關於庫存的概念。

第一種概念將庫存看成一種好東西。庫存裡有零件，可以不用因為缺少零件而停下組裝線，直覺上感覺就是更好。

舉例而言，你會覺得在櫥櫃裡囤積一些番茄醬是很自然的事，你便可隨時想吃番茄肉醬義大利麵就做。這種想法也適用於生產線：在某個時間內一部機器上生產的零件愈多，該生產單位的成本愈低。就表面價值而言，這種想法沒有什麼錯，而且實際上，大部分生產排程的IT系統就是依這種思路而建立。然而，如果我們觀察實際如何有

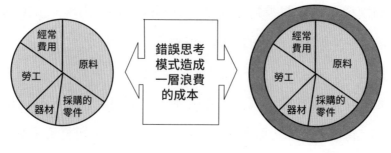

圖1.2：消除浪費成本

效運作，便會產生不同的想法。多餘的庫存或許實際上壞處比好處更多：如果沒有及時補充其他物品的庫存，就算在櫥櫃裡囤積番茄醬，還是會遭遇缺少其他材料的窘境。而且，如果我們不太常煮義大利麵，我們或許還會發現有些醬汁罐頭過期了。

第二種概念認為生產我們當下並不需要的零件很容易導致過度投資不需要的機器產能，還有庫存的持有成本及所有運輸、倉儲和檢查工程所產生的物流成本。「規模經濟」的問題在於只著重於生產零件的任務，忽視了要維持生產這些當時並不需要的零件而形成的「間接」成本（浪費）。

換言之，「邏輯上」正確的想法也可以導出完全錯誤的結果。當然，隨著工業系統中為滿足客戶想要更多不同種類產品的願望而提高多樣化，保有每種零件的持有庫存就變得很荒謬。Wiremold 採取精實戰略前的某個時期，當時他們的生產營運環境是製造資源規劃（manufacturing resources planning，MRP）的批量型生產，歐瑞用電腦模擬了要維持多樣化客戶需求準時供貨所需的庫存量。他從 95% 的準時供貨率開始，然後每次模擬在此基礎上增加 1%。若要維持準時供貨，每提高額外 1%，所需增加的庫存量便以指數成長（主要因為要保證滿足由於預測失誤導致的需求變化所需的「安全庫存」量）。在達到 99% 準時供貨率的時候，需要的庫存花費超過了公司的現金，而且還需要額外的倉庫空間。同樣地，為了降低每個零件單位成本而生產堆積如山的零件，更糟糕的是為了找到最低成本的供應商，便在世

界各地間運輸零件，導致設計出過度複雜、極為低效的供應鏈。

雖然精實和 TPS 宣導的是零庫存下的「及時化」方法，但在實際工作中，精實思考模式完全接受保有庫存。實際上，我們也看到豐田要求其諸多供應商在某些情況下增加庫存。真正的問題在於怎麼看待庫存。知識是隨機應變的，沒有一體適用的不變意識型態；浪費的結果和精實的結果間的區別，在於是有意識或無意識地得到解決方案。

現在所知的豐田生產系統並不是豐田的生產系統：不是豐田目前生產實務的總合。生產實務隨時間和環境的變化而演進。這個名稱令人有些困惑，但是豐田生產系統實際上是一個教導你思考生產實務的學習系統，而非一張採用這種或者那種做法的處方或日常程序。當然，需要有一種管理系統以維持日常工作，然而這系統本身並不會形成那種可以產生優越成果的強大進步（見圖 1.3）。

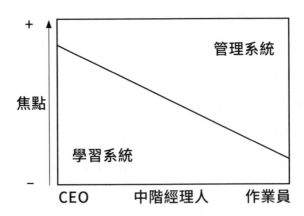

圖1.3：管理和學習系統之間的平衡

　　因為豐田認為深入思考只能透過親身經驗而得到，上述誤解經常還會加劇。豐田強調實務凌駕於理論之上，但必須是在**做中學**的原則下的實務。因此，精實思考模式中的做法，或者稱為「工具」，其目的並不是設計完美、無浪費的生產系統，而是教會每個員工**思考**他們的工作、**警覺**自己不可避免的浪費、**創造性地**提出可以產生較少浪費和更多價值的新工作方法。（我們將在第 4 章探討最熱門的精實「工具」中有幾種實際上可以構成學習的框架。）

　　豐田在英國建立第一個分支工廠時，將 TPS 傳授給一個早期的歐洲供應商；邁可在研究這段過程時首次接觸精實思考模式。弗雷迪・伯樂（邁可的父親）當時是一個大型法國汽車供應商的產業 VP（副總裁），他已經是汽車業專家，而且早在 1975 年便已發現豐田，並自此定期參觀豐田。他說服他的 CEO 及豐田的管理階層投資於將 TPS 傳授給供應商的工程師，以提升品質和降低成本。一位曾與大野耐一──看板的傳奇發明者和 TPS 的主要貢獻者──長期共事，經驗豐富的 TPS 大師（老師）用傳統的豐田模式指導他。

　　這個合作專案的核心是方向燈殼的生產單元工程，包括前後左右。豐田的工程師每個月造訪一次，協助持續改善這個生產單元。他們教會作業員如何更靈活地達到更好的品質後，在兩年的過程中，他們將庫存降低到幾乎為零，生產效率也提高了約 30%。

　　正是他們教導的方法挑戰了傳統的期待。供應商的製造工程師聽說過「日本的改善方法」，他們以為會看到一份對生產單元中「浪

費」的分析，區隔增值工作與非增值工作，藉此提高增值工作對非增值工作的比例。

然而豐田工程師的建議讓他們猝不及防：

1. 首先，雖然產品處於產能提升階段，豐田的卡車每週都會來運走零部件，工程師卻要求供應商在物流區的地板上畫出 5 條線，每條代表每一天，再安排人手每兩個小時從線上搬走一箱產品，將每週的卡車運量分散到每天，然後集合成一整週的需求。

2. 供應商原本用很大的金屬箱層層堆放零件。按照當時的生產速度，一箱裝的零件可以滿足一個生產班次的產量。現在，豐田要求供應商以分 5 格的專用小箱取代大金屬箱，內裝 5 件產品，每一格皆附襯墊，以避免零件在運輸過程中損壞。

3. 此外，供應商原本的做法是先生產一大批右方向燈，然後更換模具再生產另一批左方向燈，但現在豐田要求每批最多 25件：5 個小箱每箱裝 5 件右方向燈，然後 5 個小箱每箱裝 5 件左方向燈燈，以此類推。考量每次更換工具需幾個小時，從損失的生產時間來看，這簡直是瘋狂之舉。這些人原本應該提高生產效率，結果卻像是隨時都在增加成本。

4. 豐田工程師還要求使用每小時生產管理板，由作業者自己在上面記下導致生產損失的每件事情，工程師會與他們逐項進

行分析。

首次的早期實驗證實是誤解的最佳範例。首先，供應商的工程師沒有理解豐田在物流方面的要求，只是被迫完成，做得很勉強，並沒有看到重點。供應商確信豐田想要看到生產線的細節，藉此用這些資訊談判壓低零件價格，儘管豐田兩年來從未為他們提供的幫助索討報酬。另外，供應商工程師以為豐田會教他們「像豐田一樣」的先進流程，豐田工程師卻只是帶著他們走過他們自己流程中的技術性問題，有些問題還成了棘手的內部政治問題。舉例而言，原本所有的工具轉換都由專門的調機師處理，而工廠裡只有為數不多的幾個調機師。工廠經理絕不會允許將這麼寶貴的調機時間全部只用於一個只占他總產值不到 2% 的小生產單元。花了幾個月的時間，製造工程師才願意進行簡單的工具轉換，讓作業員可以自行操作，而他們最後也確實做到。

另外還針對供應商期待的效益出現更深層的誤解。過了幾個月，大家開始認清豐田正局部接管生產線，以達到它期待的品質水準和生產效率。供應商原本認為他們可以將從這個「示範性」生產線中學到的經驗化為規則，再像切餅乾那樣重複地應用到整個公司。當然，也有一部分成功了（人稱低垂的果實），但其實這並非豐田原本所設想。

在整個實驗過程中，老師與副總經理每兩個月造訪一次生產線。

現在回想起來，這條生產線就像是一個用以向副總經理傳授精實思考模式的教具，尤其是視覺化管理和員工參與的重要性，以及及時化的道理。供應商工程師將生產線視為「示範生產線」的前導，一旦這條線成型，就可以作為在整個集團內複製和跟隨（實際上是遵從）的「最佳做法」。實際上，他們完全沒有抓住重點：**老師是透過躬親學習而教導 VP 如何以不同的方式思考生產效率。**

就財務上而言，豐田在追求什麼呢？生產線生產率提高 30% 仍舊是供應商的目標（並非豐田的要求）。實驗開始 4 年後，新的型號出來了，重新設計新的方向燈殼節省了 27% 的總成本──豐田與供應商分享省下來的成本。解決問題以達成大幅度改善生產線供貨、品質和生產率表現的艱苦工作（價值分析），實際上是極大幅度降低零件**總成本**（價值工程）的資訊源（在與供應商的產品工程師艱苦對抗後才能夠取得。這些產品工程師不認為作業員的建議有何必要，甚至也看不到製造工程在他們自己的設計中所輸入的資訊）。供應商慢慢了解局部的持續改善可以更深入了解零件，這是在設計階段（由於任何產品的主要成本都來自產品設計）真正消除浪費的關鍵所在。

更早之前，供應商工程師創造出一張「路線圖」以將他們和豐田一起做的事化為規範，希望可以推廣至其他工廠。隨後，他們訂定為期一週的工作坊，讓其他生產單元開始學習，完全忽視豐田建立後勤拉力的行動計畫及與作業員的溝通。相反地，他們著重於計算作業內容、平衡生產線，以及減少作業員在生產線的移動。一開始，改善跨

工廠跨生產線間持續的流動的確產生顯著效果。然後，當工廠整體無法從改善中獲得他們應得的利益時，改善就停滯了。直到弗雷迪到另一個也接受豐田輔導的汽車供應商擔任 CEO，他才了解，團隊在首次工作坊後決心投入持續改善，這個時候改善工作才真正開始——正是持續工作的本質改變了人的想法。

　　弗雷迪從這個經歷中得到了一些深刻的教訓。第一個教訓是，必須先著手改善**某個東西**，才能找出真正的問題所在；只有這樣才能找出真正需要學習的事物。以上述的方向燈殼生產單元為例，要學習的第一件事其實是如何解決塑膠的問題，以及更妥善控制塑膠射出成型機；要學習的第二件事是如何調整裝配設備，好讓作業員——大部分是女性——能夠自行從左到右或從後到前進行生產轉換，不需要調機師的協助；第三件事出乎意料之外，事後回想即相當顯而易見，就是了解在設計階段便包含在零件中的不必要成本，這大多因為不夠了解生產流程中實際情況。這樣的了解成為教訓，後來伯樂擔任 CEO 時大量運用，方法是持續督促產品設計、製造工程和生產部門之間更協調地合作。這種合作是豐田本身的標誌性工作方法之一。事後回想，伯樂體認到除非你可以親手改善，否則無法提前預知會得到什麼經驗教訓。靜態優化現況嚴重偏離重點。真正的效率來自**動態過程**中的學習。

　　第二個艱難的教訓是要停止尋找「不需要人的解決方案」和最佳做法。工程師們一般受到的教育是要設計和實施不需要人的解決方

案，這些方案之後可以如法炮製於任何情形：任何一個人，在世界上任何一個國家，從加州的唐尼市到越南的胡志明市，應該都能用相同方法組裝一個麥當勞的大麥克。首先要有**解決方案**，然後才配備人員去執行。豐田工程師的方法顯著的不同之處在於**以人為本**──透過與生產單元裡的人一起工作以解決問題，他們為原本棘手的問題找出新的解決方案。他們運用 TPS 的工具為員工的學習搭建合適的架構，這種學習包括一套將問題視覺化的練習、正確分析情況，藉此得到聰明的構想。這種架構只是支持學習的東西，別跟學習本身搞混了。實際上，TPS 是**指向月亮**的手指，而非月亮本身。❾

　　豐田工程師並未提供豐田製造方向燈殼的祕密方法──他們怎麼會懂得比供應商還多？他們懂得更多的其實是**如何更快學習**製作方向燈殼。他們會每隔兩小時收一次成品，藉此視覺化進度是提前了還是拖延了。他們把 5 個零件裝入一個小箱子，仔細地保護好以進行品質檢查。他們將批量縮減為 5 個箱子，每個箱子 5 個零件，因此可以專注於數量很少的零件。然後他們還處理作業員碰到的每個問題，讓一切變得還要更好。緊咬不放。確實，生產效率提高──但這只是冰山的一角。占零件總成本 10% 至 15% 的人力成本提升了 30% 的生產效

---

❾ 當時邁可與供應商的工程師一樣，確信豐田工程師工作的依據是一本豐田「最佳做法」的神祕書籍，而且他不曾被他們令人困惑的回答說服，因為他們說他們其實是隨著問題的出現──解決問題。有一天，豐田的工程師主管被邁可纏煩了，宣稱：「我們的確有一個黃金定律──在製造零件之前，我們先製造人。」

率，並不是太多（而且大概只是標準泰勒科學管理主義能達到的改善的 3%）。

他們真正要的是從生產過程中的價值分析中得到的**知識**，透過對零件和流程的價值工程顯著降低零件的總成本。降低三分之一的零部件總成本是一個顯著的競爭優勢——這個數字在當時是完全是天方夜譚。然而他們做到了，並不是用傳統先研究問題、找到一個較佳的誘餌戰術、然後嚴格實施的方法。在局部把事情做得更好，乃至在全球都把事情做得更好，他們利用如此方法達到這樣的成果。而且因為他們被教導**以不同方式思考**，所以他們知道該怎麼做到。

一般很容易將類似「小批量生產」這樣的要求誤解成組織變革。從某種程度上來說，我們都曾如此。剛開始接觸豐田的方法時，我們都以為他們有一套全新的組織流程，例如：

1. 利用價值流組織公司，藉此提高客戶滿意度。
2. 利用減少批量和採取步驟縮短前置時間，組織更好的工作流。
3. 組織拉式系統，創造消除浪費所需的張力。
4. 持續追求完美，讓員工參與持續改善。

然而，隨著我們參觀愈來愈多豐田工廠（同時也在豐田之外實驗精實做法），我們慢慢發現沒有哪兩個豐田工廠有相同的組織設計，而且雖然所有工廠都能看到高層次的原則，但每個工廠之間的每個

解決方案都有所不同。從一開始，在丹與吉姆合著《精實革命》的時候，他們的感受就是豐田工程師思考問題的方式並不像他們的競爭對手。確實，較早期另一本由 Benjamin Coriat 撰寫的 TPS 書籍書名是《*Thinking Upside-Down*》。它最終讓我們慢慢領悟，精實的真正革命是在認知方面，而非組織方面。豐田工程師發展出一種看待企業問題的不同方法，一種得出解決方案的不同方法，以及一種與人共事的不同方法。我們看到的組織改變只不過是這種不同思考方法的結果。

豐田開創的是一種面對挑戰的不同方法，一種隨機應變的戰略，透過培養員工，系統性地形成競爭優勢，藉此在劇烈變動、殘酷的市場中茁壯。它認為所擁有的有形資產自身並不能發揮作用，只有人是能夠真正發現異常狀況並找到解決對策的資源。它同時也了解，教導員工辨認和解決問題方面的投資愈多，公司就能用愈低的成本更妥善地服務其客戶。實際上，它認為永續的競爭優勢準確來說只關乎員工……並非部分員工，而是全體。

在接下來的章節裡，我們會講述精實思考模式如何成為你的個人戰略，改變你的思考模式，也讓你在面臨挑戰時更有力量；然後我們會分享如何傳授他人精實戰略，以作為一種將個人能力轉變為企業能力的方法；最後，在第三部分，我們會討論如何對此行動：透過達到更高銷量、規模更大的現金流、更低的成本、更明智的投資及永續性創新，在所有層級提升企業表現。

第二章

Think Differently

以不同的方式思考

精實是一套從反省到行動、截然不同的假設。

　　變得精實意味著必須**以不同的方式思考**；賈奇清楚記得他領悟這個道理的那一天。與他的老師一起改善一個組裝工作站的可怕人體工學時，他的教練告訴賈奇他「很好心──可是也很殘酷」。賈奇聽到的時候很生氣，但他仔細思考老師的解釋：「你在公司裡有很多進步的政策，這在政策層面立意良好，」老師說：「可是在工作層面，你並沒有解決**任何**工人每天、每小時、每分鐘都在面對的問題。這很殘酷，因為你無意識地讓他們在沒希望改善的情況下掙扎。」

　　一直到那個時候，老師不停指出賈奇和 COO 菲德力克・菲昂賽特都沒辦法將工作現場的實務問題與他們更廣泛的問題聯結。公司面臨各種迫切問題，包括無法按照承諾的時間交貨、組裝和物流部門的安全問題、因為最後一刻變更導致 MRP 引發的混亂，以及無窮無盡的重工和令人無法接受的廢品率（高達 30%）。他們竭力想看出他們的全球挑戰與那些老師所重視、看似瑣碎的問題之間有什麼聯結。

　　然而，當面臨挑戰，要在此時、此地促使事情做得更好，藉此作為處理更大問題的方法，賈奇還是能就他個人的角色接受一種不同的思考模式。他原本認為身為 CEO 需要更明智、更有想像力、用更長遠的眼光看待事務，最重要的是，要能提出更好的戰略性見解，以便安排他的團隊有技巧地執行戰略。他合理認為自己達成這個任務的能力是他之前成功的關鍵，主要是透過聚焦於溝通和共同目的。在此之前，他一直把所有問題歸為外因，認為是因為他人無法跟上他固有的知識。用歐威爾的話來說，他意識到當 CEO「變成暴君，毀滅的是他

自己的自由」❶。

　　賈奇認為公司應該以他對公司的戰略願景為指南，他被這種「思考模式」蒙蔽，無法看到真實的情況。他看不見現場本身也可以是轉型的源頭──或者實際上如精實老師經常說的，「現場（精實術語，意指『真正的工作場所，真正的產品，真正的員工』）是最好的老師」。他深信不疑的信念正遭受生產現場實證的明確事實挑戰（另一種老式說法：「事實就是事實」）。

　　他發現他遭遇自身能力的瓶頸，尤其是在他非常關注的一個點：對人的尊重。他的管理系統每天產生危險或無意義的工作；最重要的是，這些工作違背了他對客戶的承諾。他意識到這並不能歸咎於其他人沒有做好他們的工作。相反地，身為領導者，他必須改變自己的觀點。

　　賈奇發現**要改變組織，首先要改變自己**。任何轉型（無論精實與否）都要從自身開始。精實轉型需要領導層級先改變自己對於解決問題的思考方式，然後才是企業的轉型。因此，請允許我們回頭談談不同於主流思考習慣的豐田思考模式。許多讀者熟諳精實的核心「計劃─實施─檢查─行動（PDCA）」。然而，這個概念並沒有完全掌握領導者在決定需要解決什麼問題時需經歷的思考過程。經過大量觀察

---

❶ 出自喬治・歐威爾（George Orwell）知名且多次再版的文章〈射象〉（*Shooting an Elephant*, 1936）。

和反省，我們得出了以下架構，可以幫助我們加深認識這個思考模式的顯著改變。

整體而言，人類非常自我導向（至少在主管或者更高層級上來說），尤其在工作中：他們建立目標，然後努力達成這些目標，整個過程如下（圖2.1）：

◆ **定義（Define）：思考一種情況**——斟酌、考慮，諸如此類。

◆ **決定（Decide）：決定一個目的**——對情況採取動的意義，並思考如何做。

◆ **推動（Drive）：採取行動**——著手處理；或者按照一個精心設計的行動計畫，或者草率行動；持續行動直到產生某種結果。

◆ **處理（Deal）：感受後果並處理後果。**大多數情況是複雜和隨時變化的，而且行動並不一定產生效果，因此通常很難預測後果。尤其人類非常容易受確認偏差影響，也就是說，我們傾向認為正面結果來自我們的行動、負面結果則是因為不可預見的狀況、別

圖 2.1：定義—決定—推動—處理4D迴圈

人出錯，或者純粹運氣不好。

這種迴圈是在我們自己的內在心智中自行思考，在外在世界採取行動，然後試著弄清楚什麼是什麼。當我們從這樣的迴圈中得出正確的結論並逐漸做出更準確的決定和行動，藉此達到我們的目標時，就產生了學習。在企業中，我們期待經理人實行一個調查階段，找出備選方案及每個選項的成本和益處。然後，一位執行者選擇其中一個方案並制訂行動計畫以「實現」方案。接著中階管理者負責將行動計畫推行至一般成員；在某個時間點評估成敗、歸納出結論，而後尋找一套新的方案──這樣繼續下去。

日常經驗與現代認知心理學都顯示定義─決定─推動─處理的陳述中存在著巨大的缺陷。❷

這通常只不過是一種做法，支持 Google 的 Eric Schmidt 所稱「工資最高者的意見（HIPPO）」。老闆可能並不總是正確，但他或者她永遠都是老闆，因此，精心安排的企業祈雨舞是為了確保老闆總能被認為是正確的。然後，毫不意外，現實會反擊──真實的員工在執行他們得到的指示同時服務客戶時會遭遇真實的問題。

---

❷ 由認知心理學家深入論證──尤其在影響深遠的《快思慢想》中（*Thinking Fast and Slow*, Penguin, New York, 2012，繁體中文新版由天下文化出版於2018年2月）。

2.1 精實思考模式是不同的

精實思考模式始於行動：解決眼前的問題，藉此更加理解更深層次的問題。這與主流方法截然不同。事實上，傳統思考方式尋求快速解決方案，而且相信認知的力量優於學習和適應力，這是大多數人將精實視為工具的主因——一種可以獲得實效的簡單工具。

在我們所觀察到的所有精實工作中，可悲的是，大多都試圖將精實工具應用於傳統的財務管理思考模式。改善工具通常因為在最初幾年採摘低垂的果實產生早期結果而「有用」，通常使管理階層確信他們應該更投入這項一計畫。然而，經驗顯示，這些局部利益並沒有提升財務底線，不能明顯改善企業，而且通常其達成伴隨著對更多施加於員工的壓力；當更多參與的承諾變成對無關成本的更多管理控制，迫使員工進入閒置職位及人員裁減，員工深感失望。這不是精實。

要真正掌握精實思考模式，你必須努力習慣另一種思考模式的規則，如表 2.1 所示。

傳統的財務管理關乎優化現狀；覺得不再足夠時，則重組以找到一個（更加！）優化的新狀態。隱含的寓意是，組織像是一部巨大的機器，可以透過更換損壞的零件來修復。不意外，這種方法會遭遇沒完沒了的變革管理和變革阻力的挫折，因為人很自然會抵制他們不理解、在其中看不到對公司或對自己有利的東西。獲利力透過施加於組織和員工的暴力而實現，可能是強勢的成本控制，或是殘酷的重組。

	財務管理	精實思考模式
定義	看數字，找出盈利問題，思考替代方案	
決定	決定並投入一系列行動方案（一個「戰略」），起草行動計畫	
推動	執行行動計畫並逐條監控生產線的行動達成情況	鼓勵每個流程中的局部改善工作，把事情做得更好，親眼看見產品、人員和流程的優缺點
處理	透過檢視數字以及找尋事後解釋評估戰略的影響	建立特別的實際度量方法以量化財務報告外的營運結果
定義		認真思考你要如何創造一個更美好世界的這個大哉問，並找出在公司層面應該做的改進維度，同時了解既有的反推機制
決定		致力於透過管理學習曲線以發展能力，透過鼓勵標準流程中的改善和在有需要的地方尋求創新而突破

表 2.1：傳統與精實思考模式的對比

　　精實替代方案則以截然不同的方式尋求結果。精實思考模式著眼於動態的進步。商學院現在仍在傳授的傳統主流思考框架可以用表 2.2 來描述。

　　相對來說，精實思考模式始於在現實世界中透過識別眼前的問題而**發現**；隨著我們理解哪些問題容易解決、哪些問題不容易，以及我

	思考	行動
內在 心智	1.用靜態詞彙**定義**我們在哪、該往哪裡去的情況……兩者間的「差距」	2.**決定**最好的行動路線，藉此從目前所在的位置抵達我們想要的願景
外在 世界	4.**處理**這樣的事實：事情很少按計畫進行，而且終點通常並不如我們預期（以及我們承諾的那樣），這樣我們就可以繼續奮鬥	3.**推動**行動計畫，在面對阻力和障礙時貫徹決定，以實現既定目標

表 2.2：傳統主流思考架購

們的更深層次挑戰是什麼，進一步**面對**問題；然後用一種其他人能夠直觀理解的方式**框定**挑戰；需要讓他人理解的是①我們要解決的問題以及②我們尋找的解決方案的一般形式。接著透過和員工自己一起反覆嘗試確認以**形成**特定解決方案，直到我們所有人形成一個新的（通常是不可預見的）做事方法（見表 2.3）。

	思考	行動
內在 心智	3.用改善維度和反推機制的動態詞彙**框定**情況	4.在前進過程中與主要利益相關者一起發展並塑造能力，**形成**解決方案
外在 世界	2.投入於衡量數字以外的經驗而掌握真實狀況，藉此**面對**真正的問題	1.**發現**客戶、工作場所和供應商的真正問題所在

表 2.3：精實思考模式

　　這四個階段並不會馬上發生，但都在一個連續的迴圈中作用。發現、面對和框定（豐田所謂的「問題意識」）促使持續形成解決方案，透過逐步解決問題，在開發新解決方案的過程中逐步建立維持這些方案的能力。精實思考模式可以形成**永續的獲利力**，因為獲利力透過持續改善的功效建立於成長之中。從這個意義上來說，「精實」不是名詞，它是一個動詞。精實思考模式是維持不斷地「精實」營運，從產品設計到製造到供應鏈到行政支援，透過與增值團隊一起工作，在產生較少浪費的同時創造更多的價值。這是一個動態，而非一種**狀態**。

　　精實思考模式真的截然不同。一方面，我們有傳統思考模式：領導者定義情況、決定要做什麼、執行或推動改變以達成目標，最後處理後果，尤其意想不到的後果。另一方面，我們有精實思考模式，它始於和員工一起工作而立即改善，建立相互信任並找出真正的問題；然後面對問題，藉由衡量結果與整個集團分享；隨後在改善維度方面深入思考並框定問題；最後透過逐步培養現有與新的技能而建構能力，與參與其中的員工一起形成解決方案（見表 2.4）。

　　做中學的基礎是 PDCA 循環。愛德華茲・戴明（W. Edwards Deming）博士於 1960 年代在日本工業公司推廣「計劃─實施─檢查─行動（PDCA）」，並隨後推廣至全世界。戴明的老師將原本線性的思考模式改變為循環──「舒華德循環」（Shewhart Cycle），用以描述學習如何發生在任一產品上。實際上，這個理論表達是，要學習任

傳統思考模式	精實思考模式
定義：領導者解釋事情是怎樣、事情應該如何、及他／她打算如何用一種有遠見的戰略來糾正這種情況，藉此定義狀況	**發現**：領導者鼓勵改善工作，因為他們要建立關係，並根據哪些容易或難以改善找出真正的問題所在
決定：為了達到自己設定的目標，領導者從幾條道路中為自己的組織選定一條	**面對**：透過制定特別的措施和指標，領導者與每個人分享問題，以便所有人都能看清他們的立場並面對狀況
推動：領導者或者自己做，或者推動改變，通過層層推行的行動計畫來完成這些任務，要求對「願景」忠誠，獎勵追隨者，化解阻力	**框定**：深入思考改善對狀況有何影響以及員工如何看待改善，領導者就改善維度而非目標的角度框定狀況，同時讓每個人都參與自己的進步
處理：領導者處理他／她的行動和現實狀況反推所產生的後果；這些後果通常會出人意料，而就連最聰明的戰略也會因反推而打折扣。	**形成**：透過與改善維度相關的人員一起逐步建立能力，領導者塑造出新狀況，並從改善表現中獲得更好的結果

表 2.4：精實思考模式：從與員工一起工作開始

何東西，我們首先必須改變一些東西，然後仔細檢查結果從而評估影響。

　　戴明所推廣的循環包括四個基本步驟：

1. **計畫**：計畫一項改變，或者一項以改善為目標的測試。

2. **實施**：執行，最好是小規模。

3. **檢查**：研究結果。我們學到了什麼？

4. **行動**：或者接受改變，或者放棄，也或許在不同的環境條件下
再次循環❸。

　　到目前為止，一般仍認為 PDCA 循環是豐田的核心改善工具，而
豐田自認為是 PDCA 行為的有機總合。豐田對該循環進行的主要改變
是把具體的事實當作最終的知識來源，而非資料。當然，資料仍然重
要，但精實思考模式的重點在於事實——第一手掌握狀況。

　　PDCA 循環是我們執行**發現、面對、框定和形成（4F）四階段**所
有活動的方法。我們在發現階段利用 PDCA 解決問題，了解容易產生
哪些問題、哪些問題暴露出更棘手的問題、哪些問題是尋常的、哪些
問題顯示出競爭的挑戰。在面對階段，我們利用 PDCA 計劃正確的措
施、觀察這些措施是否正確回應現場事實所揭示的挑戰，而後採用或
進行調整，直到措施發揮作用。PDCA 是用每一個員工都能與其產生
關聯的方式正確框定挑戰的基礎——規劃出新框架並測試、檢查，而
後採用或修訂。當然，PDCA 也是形成階段的主要驅動力，所有層級
的所有團隊都會嘗試不同的解決方案。

　　PDCA 也是可分割的，它可以用於更高層級的 4F，用精實的詞彙
來說就是反省，意指自我反省認清錯誤以避免再次發生。即使在運作
良好的情況下，也可以在 PDCA 循環中加入反省，以反映出仍不清楚

---

❸ H. Neave, *The Deming Dimension*, SPC Press, Knoxville, TN, 1990.

的問題和錯過的機會。框定和面對發現的問題所顯露的挑戰以形成解決方案時，我們可以檢查該解決方案是否使我們更接近我們原來的目標，以決定採用方案或計畫再試一次。

在所有層面中，4F 都是以 PDCA 思考模式為磚而堆砌起來。戴明早期便發現，要學習，首先要著手改變。相反地，沒有檢查效果的改變不會產生任何新的學習，也不會產生任何新的知識。PDCA 是精實思考模式的引擎，因為它掌握了日常工作中持續改進的動態思考模式。

傳統的思考模式本質上是機械性的──必須以更好的狀況取代令人不滿意的狀況──用的語言是高瞻遠矚的戰略、有紀律的執行，以及克服對變化的反抗（創造出完整的「變革管理」諮詢產業）。精實思考模式則是透過不斷地分享對改善維度的理解和在現實生活中實驗，與執行工作的人一起親手制定解決方案。

事實上，精實思考者通常避免談論「解決方案」，他們更喜歡「對策」（countermeasures）這個拗口的用詞，因為沒有解決方案是最終的，每一個行動都是對現存問題的嘗試性對策。精實思考模式是有機的，因為具體的解決方案會在和員工一起工作的過程中（儘管改善的方向已明確訂定且分享周知）浮現，在所有人的努力、創造力和為推動組織前進而貢獻的意願下形成。員工的認同內建於精實思考模式中，因為擴及全系統的改善維度來自各個單位的努力和主動性。精實思考是一個動態的過程，而非靜態。你永遠不會是精實的，而是永遠

在實踐精實。

「相較於想出新行動模式，採取行動以進入一種新的思考模式比較容易」，約翰‧舒克寫道[4]。這種新推理形式一個原始而強大但令人不安的面向是拒絕分離思考和行動、戰略和執行。立即小規模嘗試構想，以及觀察什麼有效、什麼沒效，能夠發展出對現實深刻、個人的理解。深層次的思考來自反覆思索「為什麼」。解決方案來自與他人一起工作，同時用某種方式平衡一個共同的探究方向，而且讓每個人都有發揮創造力的空間。在此方面而言，雖然聽起來很彆扭，但精實思考模式就是一種實踐。弗雷迪‧伯樂的老師林南八（はやし なんぱち）曾經引用他自己的老師、精實的傳奇人物大野耐一的話：「不要用你的眼睛看，用你的腳看；不要用你的腦袋思考，用你的雙手思考。」

精實思考模式是一種動態地從**發現問題**到**面對挑戰**，從**面對挑戰**到**框定改善方向**，從**框定方向**到**形成解決方案**，然後繼續尋找下一系列問題並周而復始的行動。精實思考模式奠基於最具體的做中學方法，或者，用約翰‧舒克的話來說，就是透過行動進入新的思考模式中。

---

[4] J.shook, *How to Change a Culture: Lessons from NUMMI,* MIT Sloan Management Review, January 2010.

2.2 透過改善掌握狀況

精實思考模式始於一套截然不同的假設，這套假設關乎引導我們從反思到行動的歷程。精實思考流程從「行動」階段開始：我們進行許多快速、簡短的實驗，在局部條件下**把事情做得更好**，主要方法是改善以下三種流動：

◆ 員工工作中的動作流（清除影響流動、安全和增值工作的障礙）。
◆ 工作站之間的物料流，以便更加持續地增加價值，不必因運輸、倉儲、整理和其他非增值工作而中斷。
◆ 資訊流，避免分批處理，並且更無縫地從一個工作轉換到下一個，藉此優化即時客戶需求流。

這些早期、快速的行動用意並不是解決大問題，而是要掌握現場的實際情況，更清楚理解客戶真正喜歡什麼，員工能做什麼，不能做什麼，以及哪些技術是傳承（好的），哪些是因襲（壞的）。這些重複實驗的目的是親自找出產品、人員和流程的優缺點。透過改善現在的情況，我們發現什麼是容易解決的，哪些問題再怎麼努力也沒用。實際上，我們可以直接發現我們真正的問題。

所有精實思考的核心概念都是**改善**：由負責完成工作的人持續不斷小幅度逐步改進。改善的重點是對如何做一項工作的自我反省，從

客戶的煩惱、工作困難或者不必要的成本中看到浪費，並提出不需要投資便可改善的構想。一旦採取快速的小幅度改進，你就會發現浪費的**根源**，繼而直接對付它。

改善可以以建議或問題解決的形式單獨進行，或者以團隊的形式改善團隊的工作方法。精實思考模式始於尋找機會改善自己的工作，藉此改善流程，若身為經理，則包含鼓勵和支持團隊中的改善。舉例而言，可以要求任何第一線團隊做到以下幾點：

1. 找出一些改善績效的潛在目標（團隊成員的安全、更好的品質、更快的交貨速度、更小批量帶來的更少庫存、消除浪費以提高的生產效率，或者僅僅是更輕鬆的工作）。
2. 研究他們自己的工作方法（列出他們所經歷的步驟，以及他們在每一步驟遇到的人力、機器、材料和方法問題）。
3. 提出新構想使工作更容易，更少浪費，流程更順暢。
4. 提出一個採用和批准的計畫以測試他們的新構想（通常需要管理階層的興趣、支持，以及協調其他相關部門）。
5. 測試他們的構想並衡量影響。
6. 評估他們的新方法，必要時進行修正，然後採用。

小規模、聚焦的改善工作實際上可產生稜鏡的作用，管理層藉此洞悉和明確看見更廣泛的戰略挑戰。擔任工業集團 CEO 時，賈奇和他

的團隊苦於應付戰略問題，例如他們的整體供應鏈戰略及他們在倉庫和設施上的投資決策。他要求各主要分廠的部門經理改善營運：物流部門從改善準時交貨開始，視覺化每天每小時的服務狀態和改善最後理貨到包裝客戶訂單的過程；裝配部門處理幾個自動化流程中廢品率很高的產品；機械加工部門著眼於減少改機時間，以縮小批量，確保能夠在正確的時間可獲得正確的產品；生產計劃部門的重點是平準化生產計畫，在工廠中安排規律的取貨迴圈。CEO 每週固定一個時間視察這些改善工作，鼓勵團隊，並排除組織障礙。

　　這些改善舉措挑戰了許多管理者的信念：他們的產品品質並不如他們所想像的那麼好。從尋找低成本國家中最便宜的供應商轉向尋找最靠近供應路線的最可靠的供應商，供應鏈部門可能會受益。投資於昂貴、過於高端卻無法處理來自中國的零件的機器並不值得。在幾年時間裡，透過耐心檢視所有當地團隊的改善工作，在他們碰到困難時積極支持他們，公司的管理團隊徹底重新設計供應鏈戰略，同時徹底改變公司的資金額度，將存貨周轉率提高 3 倍，從 2007 年的 5 提高到 2014 年的 15 以上。透過學習第一線團隊的改善工作，賈奇完全改寫了他公司的故事，從在中國採購所有東西和減少供給給客戶的品項，到為客戶維持一個廣泛的產品目錄，並盡可能在當地採購品質和回應性（供貨時間短）合格的產品。因為這個故事，賈奇的公司重獲競爭優勢，而這種競爭優勢原先正在逐漸削弱，因為只競爭成本的競爭把每一種產品都變成了商品。

改善的真正好處遠遠超過你（幾乎）總能得到的績效改善。價值在於團隊的學習（他們學習如何把工作做得更好）和你自己的學習（你更了解流程中的問題）。

在一個完全不同的背景下，另一個問題開啟了另一家公司的發現階段。「為什麼這部機器這麼大？」這是精實老師在第一次會議上看到這個高科技公司的旗艦產品時向克里斯多夫‧瑞布列（Christophe Riboulet）和他的工程師團隊提出的第一個問題。瑞布列是 Proditec 的 CEO，這是一家為全球製藥工業製造藥片檢驗專業設備的公司，每部機器大約是加油機大小。老師堅持，「考量藥片的尺寸，以及增值元素的尺寸——查看和彈出——為什麼機器不是咖啡機的大小？」工程師們被激怒了。他們清楚地知道為什麼需要這個尺寸——需要一定長度的輸送機構，藥片的傳送路徑在高速運行時才能保持穩定，框架也必須有足夠的尺寸才能維持穩固，還有其他功能，例如能夠容納不同的機械部件以看見藥片的兩側，還有放進各種電腦的空間。這是一種高科技產品，而且競爭對手的同類機器也一樣大。

儘管工程師們很憤怒，瑞布列卻很感興趣。他其實同意老師的觀點。他知道對 Proditec 機器的需求會繼續成長，因為監管機構不斷施壓，要求藥廠提高品質；同時，儘管公司生意很好，但他總有一種揮之不去的感覺：他們應該可以成長得更快才對。他還知道，為了應對監管機構施加的壓力，藥廠對可疑批次的藥片進行人工檢查，涉及的藥品價值和檢測費都高達數百萬歐元。此外，瑞布列發現，以肉眼逐

片檢查藥片上的表面缺陷很可怕，他的目的曾是（現在也是）用自動化的系統取代人工檢測——機器不會累，也不會感到厭煩，而且機器的生活沒有可增值之處。

瑞布列邀請老師到公司裡來，是因為他有更進一步的遠見，想要用某種方法串聯藥片檢查與生產，使檢查更接近源頭（而不是在生產後檢查整個批次）。這在技術上是不可能的，因為生產機器的速度還不能與檢查機器相匹配，而且檢查機器太大，難以裝進生產線。因為對更佳流程感到好奇，瑞布列仔細聽取老師在現場提出的問題，而且在與團隊意見相左的情形下，仍建議他們探索精實的方法。

儘管公司的銷售狀況良好，瑞布列還是很擔心。公司沒有妥善處理湧入的銷售，經理們不斷到處滅火；當他檢視這個 2012 年的規畫時，他意識到他完全不知道下一筆訂單會來自哪裡。他向老師提出這些問題，老師如常詢問了客戶投訴的主要來源。瑞布列馬上想到的是漫長的前置時間（要花費太長時間 Proditec 才會發貨一部機器）和機器安裝後的穩定性問題。老師建議做兩個實驗，以更清楚看見較深層次的問題：

1. **精品店**：雖然每部機器都根據客戶想要檢查的藥片或膠囊類型而訂製，但大部分機器是通用的。老師建議，與其等到客戶的確切訂單才開始準備裝配零件，公司可以設立自己的「精品店」或店面櫥窗，每種機型有一部客製化前的半成品庫存，隨

時可以供客戶當場查看，以及購買後進一步客製化。

2. **售後投訴委員會**：與其讓售後服務部門獨立於公司其他部門之外處理客戶投訴，老師建議在一個大管理板上顯示每件客戶投訴，分析其原因和對策，並與所有工程師分享，藉此就客戶如何使用機器及他們在實際使用中碰到的難題建立一個共同的思考空間。結果證明，在一個每個部門都習慣自行解決技術問題、因為誤解而重做被視為正常、總是互相推諉責難和事務，直到瑞布列不得不介入和做決定的公司裡，這個簡單的行動不亞於一場革命。在出現客戶投訴時直接共同面對，這種做法讓所有人都感到震驚。

出乎瑞布列意料的是，這兩個簡單的行動暴露出了比他預期更多、更深遠的問題。「精品店」行動挑戰了他的整個生產方式。直到當時，他的戰略還是把重點放在工程上，並將所有製造委託給供應商——他正在培養一個印度供應商，以降低本地供應商的裝配成本。在建立每種機型持續有客製化前的機器可供隨時購買的制度過程中，他發現他的前置時間主要取決於供應商的生產排程；供應商則利用 Proditec 高工作內容小批量的工作作為他們自己生產計畫的調節變數。他也開始看到自己的工程團隊和供應商裝配作業之間的溝通困難。來自 Proditec 的資訊往往模糊或不完整；供應商則往往選擇性地理解裝配指令，在客製化或其他方面造成嚴重的問題。

更糟糕的是，在處理投訴方面工作的過程中，瑞布列突然遭受了打擊。

儘管公司的銷售在 2011 年和 2012 年表現很好，但他的傳統客戶卻停止回購。

金融危機當然影響了大型藥廠的內部投資流程，但瑞布列問了自己一個更痛苦的問題：「要是公司品質方面的聲譽惡化到某種程度，只能依靠需要機械化檢測的新客戶生存，卻失去既有客戶的信任，那該怎麼辦？」此外，新競爭者在韓國和東歐出現，他們帶來有意思但沒包袱的產品。這些機器有自己的問題，所以並不會馬上產生生存性的威脅，但確實開始在機器的價格或靈活性上贏得一些競標。

這些早期的精實現場訓練迅速產生效果。實施精實之前，生產完全外包。供應商發貨時間是從接到訂單後 4 個月發貨交付 Proditec 進行最終測試，因此需要 6 個月的時間才能供貨給終端客戶。除了漫長的供貨前置時間之外，現有的流程無法再吸收任何生產量的增加。因此，為了維持對客戶的供貨能力，Proditec 公司不得不預先訂購機器以作為庫存，一年訂購數次，每次訂購數部。

有了精品店的構想，公司打算為下一個客戶準備好一部機器放進精品店，並具備 5 週後再補充一部新成品進店的能力。由於客戶需求增加，訂單來得太快，精品店一直沒能滿貨。然而，到 2011 年年底，Proditec 創下供貨數量的紀錄，達成客戶預期前置時間（2 至 3 個月），同時還帶來附帶效益：庫存現金翻倍。儘管很高興能夠達到銷

售巔峰，透過辛苦解決老師設定的練習，瑞布列現在清楚地看到之前一直困擾著他的挑戰——雖然他並沒有明確的想法該如何解決：

1. **再度銷售的野心**：與主要客戶建立信任關係，並且重建與現有客戶的信任關係，裝備他們的檢測機部門，並在技術上協同合作，以更妥善回應他們的需求。
2. **同步工程**：重新思考供應鏈，加強工程決策和裝配現場之間的聯繫，藉此了解如何既減少供貨前置時間又提高品質。
3. **技術表現**：審慎評估 Proditec 採用的技術，區分傳承和因襲技術，並奪回技術競爭優勢，藉此擊退新競爭者。

瑞布列正在發覺精實思考模式的第一步：**發現**。以前他透過思考市場（向哪裡推進，退出哪些市場）和技術（選擇哪種技術，迴避哪種技術）定義自己的戰略，做出他的工程師或多或少認可的決定，而工程師挑他們感覺安全（或感興趣）的部分執行，他則忽略剩下的部分。現在他在現場試圖解決精實老師提出的具體問題，他慢慢徹底改變了對自己企業的認知。他還發現，在改變了自己的想法之後，他還需要說服他的管理團隊和他的第一線工程師。

2.3 衡量結果以了解真正的課題

選擇衡量什麼和不衡量什麼是經營企業時最重要的決定之一，可以代表公司的優先事項。一份簡潔明瞭的指標清單響亮陳述出你追求什麼樣的結果，而不僅僅是計算產出。例如，先衡量事故和客戶投訴，就會發出一個明確的信息：領導者面臨的首要問題是客戶和員工安全及客戶滿意度。在傳統的商業思維中，關鍵衡量指標通常有關財務，應該從管理會計系統中流出，藉此「透過數字」營運企業。

我們將在第 6 章中提及，這些財務指標無法揭示實際的問題；相反地，它們還往往掩蓋改善可能發生的領域。精實側重於實際衡量，同時不斷質疑我們看的是哪些指標。衡量並非理所當然，而是持續討論和改善。你的儀表板很大程度反映出你對環境的感知，你選擇的衡量指標反映出你選擇面對的問題。

精實思考模式總是讓人把注意力集中於做實驗時究竟發生什麼事。為了充分了解改善過程中進行的許多短期快速實驗隱含意義，我們需要評估其對營運表現的影響。這就需要衡量，好讓我們能夠在財務管理者報告的數字之外量化企業裡和市場上真正發生了什麼事——利用讓我們能夠衡量實驗效果如何的資料，我們因而可以採納有效的手段，同時避免無效的手段。

很明顯，這並沒有固定的清單。但在一個企業裡，我們可以從這些數字開始：

◆ 銷售額

◆ 利潤

◆ 事故和接近事故的事件

◆ 品質退貨和投訴

◆ 市場占有率

◆ 客戶回應時間

◆ 庫存周轉率

◆ 生產效率

◆ 人均銷售額

◆ 每平方英尺銷售額

　　這些營運指標反映出，在盡可能減少浪費資源的情況下，優良產品是否順暢流動。可以也應該發展出其他類似指標，以作為出現部門或技術性特定問題時的對策。關鍵在於持續進行實驗和體驗結果是一個不間斷的過程。相較於建立大規模目標、偶爾而非經常把我們的進展與目標比較，更重要的是加快學習週期──學習並響應，掌握狀況，然後再調整。公司必須使用有意義的指標以理解有意義的行動。

　　歐瑞是 Wiremold 公司的 CFO，而亞特·伯恩也加入這家公司擔任 CEO，並領導了一次全面精實轉型。歐瑞體認到傳統管理會計系統顯示出的是一種扭曲的公司形象，這個形象不能準確反映真正的問題或生產現場真正的進展。雖然歐瑞已經開始嘗試其他展示財務資訊的方

式，但直到亞特加入公司，會計處程序才展開全面革新。歐瑞發現，所有財務指標（如美元或歐元）都只是某事物的一個數量結果（如銷售件數、消耗的鋼材磅數、工作的小時數，或者消耗的千瓦─小時數）乘以其價格（或成本），而要了解企業的財務表現，他需要超越標準成本，衡量實際的物理量。公司的傳統財務報表沒有反映公司物理健康狀況的基本特徵，如開發前置時間、生產前置時間、生產效率，以及供應商網路或者庫存周轉率。

參加一些改善活動後，歐瑞和其他管理團隊繼續創建一個非財務指標的系統；這個系統聚焦於終將轉化成財務改善的物理改善。在生產現場，員工建立了追蹤物理活動的圖表（如每小時節拍時間〔takt time〕表現），但這些指標只用於實際工作的場所，從不用於準備財務報告。目標是編製完成的財務報表內不含任何驚奇，不論好壞。如果驚奇還是出現，就代表報表用錯營運指標。

此外，他體認傳統的標準成本會計模糊了問題和進展，所以他創造另外一個回報財務結果的替代系統，可以給予企業中真正發生的事情更多透明度──包括他所稱的「白話損益表」，公司裡任何人都能夠理解，而非只有會計師。這些工作將在第 6 章中詳細講述。歐瑞的工作重點是工作中的「真實數字」，而非某些受泰勒主義影響的神祕數字；他和其他幾位處理同樣問題的 CFO 攜手，繼而開創現在被稱為「精實會計」的學科；這個學科正是以這樣的深刻理解為基礎❺。

表 2.5 中的指標概括出一個 10 年期內的財務與非財務結果。

	1990年	2000年
銷售額（美元）	1億	4.5億
評定價值（美元）	3,000萬	7.7億
西哈特福：		
員工平均銷售額（美元）	9萬	24萬
毛利率（%）	37.8	50.8
產出時間	4至6週	1小時至2日
產品開發前置時間	2至3年	3至12個月
供應商數量	320	43
庫存周轉率	3.4	18.0
流動資金淨值比銷售收入（%）	21.8	6.7

表 2.5：Wiremold精實前後對比結果

　　透過以這些類型的指標衡量公司狀況的特定面向，我們實際上便是投注心力於了解真實的情況。表中的數字並不重要，除非你能把每一項與你親身經歷過的真實情況聯結。事實上，這種方法更接近科學思考模式：重複實驗以測試假設、尋找更接近符合事實的解釋。這不是一個靜態的練習，而是動態的，領導者應該持續這樣做，就像科學

---

❺ 可參閱 Orest J. Fiume and Jean E. Cunningham, *Real Numbers: Management Accounting in a Lean Organization*, Managing Times Press, Durham, NC, 2003.

家從來不會忽視更新的資料集一樣，總是在尋找更好、更精確的方法來衡量觀察到的事物。

克里斯多夫・瑞布列無意間跟隨了歐瑞的領導。在決定要完全掌握精實思考模式後，瑞布列加入了一段研究的旅程，研究對象是一家專注於改善的日本公司，並在旅途中遇到另一位曾被歐瑞「白話損益表」概念吸引的 CEO。瑞布列決定建立關鍵衡量指標，以便與他的管理層團隊共用，用以面對那些他現在看到但他們並不想深思的問題。他設定每月追蹤以下指標：

◆ 銷售額（計畫和實際）
◆ 售出產品的成本（計畫和實際）
◆ 現金
◆ 庫存周轉率
◆ 員工數
◆ 客戶供貨前置時間
◆ 客戶投訴

儘管 2012 年的銷售額很高，但現有客戶仍打算嘗試來自亞洲和東歐的新產品。客戶對公司的投訴集中於服務，顯示客戶認為 Proditec 的機器很難操作，因為系統固有的複雜性，也因為設定方面的不穩定性。

那位 CEO 在他的指標清單中增加了「客戶流失率」——流失的客戶占總客戶數的百分比；管理團隊開始關注回頭客戶與一次性客戶間的比例，以及解決前者的問題。在 2012 年至 2014 年，停止訂貨的客戶數量從 10% 令人擔憂地增加到 40%。這顯示管理團隊忙於追逐新客戶（通常利用價格折扣），而非為現有客戶解決問題。透過定期檢查流失率這個簡單的動作，瑞布列現在已經開始改寫公司的故事——他讓他的管理團隊面對他們先前忽略的問題。

對此，Proditec 將資源轉而放在品質和績效上。客戶現場的所有既有課題都被視為一次改變一點以改善產品的機會，如用 LED 代替霓虹燈以獲得更穩定的照明。同時，Proditec 確定了下一代技術，可以使機器更易於使用，在客戶的生產環境中更加穩定，而且能更完善、更高速地檢測出更小的缺陷。在 2015 年至 2016 年，公司的努力開始得到回報：客戶流失率從 40% 下降到 10%，經常性客戶數是最低標 2013 年的 3 倍。Proditec 的銷售額回升到 2012 年的水準，而且客戶群還變得更穩定。他們可以如農業般收穫永續性的成長，而非為了每一個新的機會狩獵和採集。

2.4 深入思考要改善哪些維度（以及阻力會來自哪裡）

TPS 和精實思考模式的關鍵在於**目的**。我們為什麼一開始要做這

些活動？思考的面向是我們要在哪裡大膽思考。我們怎樣才能使世界
變得更美好？我們想要造成什麼樣的改變？比爾‧蓋茨想在每個人的
書桌上放一部電腦；史蒂夫‧賈伯斯想透過消除人機界面的障礙而釋
放個人的創造力。透過介紹領導者認識精實思考模式，我們想要走向
一個無浪費的社會。思考大膽的概念很難，因為我們的思考模式很容
易被我們已經知道的事物限制。

關於思考大的想法，精實思考模式表達的是**改善方向**，而非具體
解決方案。首先，讓我們想像一個**沒有**浪費的理想狀態，這個狀態將
是我們的北極星：一直在遙遠的地平線上，永遠無法企及。在精實思
考模式中，勾勒出這顆北極星的起點是理想的價值流：

- 用客戶喜歡的方式完全解決他們的問題
- 100% 良品
- 多種類的選擇
- 可根據需求立即交貨
- 無事故生產
- 按順序依次生產（無庫存）
- 100% 增值（無搬運、檢查或者停滯）
- 100% 能源效率
- 100% 員工滿意度和投入
- 比競爭對手更便宜（但仍然獲利）

完全實現這些理想目標不過是一個夢想。然而，我們經試驗局部改善以及釐清後果的經驗而探索出現狀，在這個狀態中站穩腳步，現在我們可以提出改善的維度。

在精實思考模式中，我們藉由仔細分析每一個「問題」或實際表現低於預期標準的實例尋找關鍵改善維度。然後，我們用可以從中學習的方式研究框定問題的數字，並藉此深入思考如何前進——即使我們不知道究竟最終會達成什麼樣的解決方案。從我們的現狀開始：

1. 理想的無浪費狀態是什麼？
2. 關鍵改善維度是什麼？

在這種思路下，我們現在可以聚焦於 3 種不同的差距：

1. **此時此地的狀況與我們能達到的最佳表現之間的差距**：是什麼樣的浪費阻礙我們達到我們明知道該如何達到的最佳表現？
2. **我們能達到的最佳表現與下一個重大進步之間的差距**：這是一個我們還不知道如何填補的差距，因為我們需要學習有助於我們前進的技術。
3. **沒人研究過的課題**：這些新問題甚至沒有被視為問題，它們讓人根本不知道該從何著手。將這項列入「我們不知道我們不知道什麼」的範疇。

　　不同於主流做法，精實思考模式承認我們事先並不知道解決方案的樣子和形式，思考是為了定義結果應該是什麼模樣。雖然這種思考不容易，但是有助於避免典型的框架盲點（frame blindness）──因為固著於特定結果與／或方法而解決錯誤的問題。

　　回到 Proditec，瑞布列發現一些被某一年銷售狀況良好的意外成功（以及隨之而來的訂單下降）掩蓋的深層次問題。他將客戶前置時間和客戶流失率加入每月指標──歐瑞的白話損益表中，藉此迫使公司面對它的一些深層次課題。在公司多年來的多項改善行動中，有一些讓這名 CEO 印象深刻，覺得深具教育意義。

◆ 首先，老師曾建議工程師打開系統的黑盒子元件，如採購來的相機或訂製的電路板，看看它們與其他產業最先進的視像產品相較之下如何。在這個過程中，他們意識到在許多情況下，他們做了各種變通工作，以最大限度地利用過時設備，沒有挑戰元件本身，並尋找現在也可達到同等效果的開放資源標準產品。

◆ 其次，為了趕上需求高峰期的交貨時間，CEO 開始試驗性地雇用一個熟手裝配工，要求他從底盤開始組裝一部完整的機器──並把計畫工作的內容和他遇到的所有課題都寫下來。這打開了一個潘多拉的盒子，裡面滿是各種問題，從工程部門未完成的圖紙到供應商送來的劣質零件，以及難以裝配來自公司不同部門的零件所產生的系統複雜性問題。

◆ 第三，接踵而至的是艱巨、痛苦的工作——繪製產品的整個價值流，同時詳細了解各種前置時間的各個面向，包括重工和供應商變更生產計畫。

◆ 最後，聚焦於解決已安裝產品的穩定性問題使我們了解，公司整體將品質問題（沒有穩定達成承諾的性能）視為性能問題（增加承諾），而 Proditec 的工程師只知道如何透過改變系統提高性能以解決用戶端的問題，卻不知道如何減少變異、提供更高的穩定性——這種做法雖然客戶能夠接受，但極為昂貴，而且無法維持。

從這所有實驗和思考中，CEO 提出需要從 4 個明確的方向改善公司，並可與整個公司分享：

1. 更適切地與現有客戶合作，以降低每部機器的創新數（同時公司整體繼續創新），並準確滿足客戶需求，以作為品質保證。

2. 工程和組裝部門之間更適切的團隊合作，藉此避免重工，並找到更聰明、更穩定的工程解決方案，包括重新整合大部分的裝配線和供應鏈。

3. 透過更理解產品的模組結構及軟體、視像和機械工程之間的介面，適切區分品質問題解決與性能改善問題。

4. 更妥善管理公司招聘的年輕工程師，他們尋求更多的參與及團

隊合作，覺得受阻於老傢伙們「井水不犯河水」的態度。

該公司改善方向的框架也徹底改變了 CEO 領導公司的願景。他意識到「該為哪個市場開發哪種機器」的行銷計畫是一廂情願的想法，因為最終所有客戶關心的是功能——機器能做什麼，以及不能做什麼。圍繞著 4 個核心挑戰構架他的戰略，他因而能夠給公司帶來活躍的衝勁，同時以非常具體的方式與工程部門、初期生產和供應鏈就這些維度展開日常工作。在他看來，這遠沒有之前由高層流程驅動的宏大戰略那麼「俐落」，但對一個高科技公司而言更為實用、有效，而且創造出公司轉型和重回競爭比賽所需要的活躍精神。

關鍵必勝問題的精實構架因公司而異，也因產業而異。丹自詡精實先鋒，在許多產業宣導精實行動，從快速消費品到醫療保健甚至政府。在這個過程中他發現，每個產業都有各自的特殊條件，改善方向不盡然相同，如表 2.6 所示。

精實思考模式的目的是努力應對狀況，直到你能夠藉由朝改善方向前進而發現如何使世界變得更美好。基本假設是，世界永遠不會被完全認識或理解，就算某些改善維度變得清晰，我們仍尊重它，保留它的一些神祕。

經驗豐富的精實思考者關注的另一個面向是理解**阻礙**改善的力量。大多數情況下，這種阻力並不被認為是惡意的，而是一種觀念碰撞——精實的術語或許會稱之為錯誤想法。浪費產生於流程，因為過

產業	將個別產業變得更好的改善維度
汽車	改善標準作業、流動及零組件供應
加工	區分大量品及根據需求訂製之少量品的庫存補充
零售	改善滿足購物籃和快速補貨
服務	改善不可預測工作的可預測性
軟體與IT	用自動化測試和回饋改善快速實驗
建築	改善先期設計的規格
保健	改善出院與工作計畫的視覺化
政府	改善提供服務的同步性
金融與行政	減少系統產生的非必要需求

表 2.6：精實行動改善方向

於片面關注一個結果而忽略整體結果。在 Proditec 的案例中，阻力就是很難激勵年齡較大的工程師花時間與團隊討論問題，以及「浪費」時間在他們認為無用的討論上——他們本可以用這些時間去處理冗長待辦事項清單上的工作。要讓資深工程師看到許多出現在他們待辦事項清單的事情其實正是對意圖的誤解和溝通不良的結果，而且這些工作中有些是太過狹隘的專門解決方案（而這對所有其他技術功能部門造成問題），這任務本身就絕對是一個挑戰。實際上，「如果每個人都能獨立做好自己的工作，整個公司也會運作良好」這種簡單的錯誤想法的後果往往都所費不貲，可能將公司帶到與客戶失去聯繫的危險

邊緣，後續可能導致公司遭競爭對手攻擊無防備之處。

　　當銷售產品或消耗資源的副作用被忽略，通常便會產生產業層級的浪費。工作中的浪費主要與不必要的工作有關，如為客戶處理有缺陷的產品，為員工進行非增值的工作，或在企業層級拙劣使用資本。浪費並非偶然產生，而是來自組織營運的方法。

　　浪費通常在決定批量生產時發生，因為這加重了系統最脆弱部位的負擔，導致故障或者低品質，因而產生進一步的成本──全部是為了應對錯誤的決策而進一步加劇（見圖 2.2）。

> **Mura（批量）→Muri（超負荷）→Muda（浪費）**

圖 2.2：典型的浪費產生方式[6]

　　工業史中一個不幸的副作用是深信數量會降低成本。「常識」認為數量能降低成本：你得到銷售折扣的訂購量、總是運轉得更快以處理更多的產量、批量處理訂單以便一次生產足夠數量的 IT 系統，諸如此類。這些決策中的每一項都基於「規模經濟」總是能降低成本，而這種決策已深深植入財務會計系統。

　　這種錯誤想法產生了巨大的浪費。批量生產鼓勵你在任何時候生產多於需求的產品，產生多餘的庫存；而多出來的產品都需要處理、

---

[6] Muda（無駄，むだ）、Mura（無ら，むら）和Muri（無理，むり）在TPS中共稱為ThreeM's，分別意指浪費、不穩定與不合理。

儲存，諸如此類。財務會計制系統用規則強化了這個信念，要求將一套特別區別出來的成本計入產品成本，其他「次要」費用則排除在外、視為期間費用。此外，批量生產可能會用異常的方式提出不合理的需求。例如在黑色星期五那天，零售商被迫在凌晨 4 點那麼早的時間開始營業，以便以大幅度打折的價格出售商品，而這鼓勵了購物者購買他們並不真正需要的商品，或者在以後需要用到時不再購買。準備黑色星期五的促銷需要製造商大量增加庫存，因而導致進一步的浪費。整體而言，在這種集體瘋狂購物日令人爭議的樂趣之外，你還可以看見，首先是批量生產，而後超負荷，數量折扣的決策造成總體的浪費。

　　大多數的商業決策都很常出現「決策—批量—超負荷—浪費—更糟糕的決策」循環，特別是財務管理驅動之下的商業決策，這解釋了為什麼公司每次都能做所謂「最佳」決策，最終卻還是破產。次佳的決策成為常態，因為系統式思考（這是推廣精實思考模式所需）被基於功能和穀倉的組織結構所阻礙。當系統的每一部分都尋求「最多」（某些毫無例外總會受財務系統表揚的東西），局部優化便占據主導地位。了解這些力量如何集合起來阻礙未來的改善是精實思考模式的重要成分，也是精實思考者經常思考的主題。我們常常造成自己的不幸，儘管我們幾乎沒有意識到這一點。精實思考者常問自己這樣的問題：「我現在做的哪些事背離了我的目標，而我卻沒有意識到？」

　　總之，精實思考模式提出以下問題：

1. 我們的目標是什麼？我們打算怎麼讓這個世界變得更美好？

2. 北極星，即無浪費的理想狀態是什麼？

3. 關鍵改善維度是什麼？

4. 如何定義「贏」？

5. 存在哪些造成浪費並有可能形成阻力的機制？

當你實踐時，你很快就會意識到這些問題都沒有明確的答案，而重點就在這裡。「常識」告訴我們的正好相反。我們的思考方式天生就是跳進問題之中、以熟悉的方式框定問題，想出顯而易見的解決方案，然後依此建構事例。我們為我們的「最佳」解決方案而奮戰，並視計畫受管理團隊批准為成功。精實思考模式有所不同。豐田生產系統經過精心設計，目的是讓人在汽車製造的特定脈絡下以超越平常模式的方式思考。精實思考模式具有相同目的：開創一種不同的思考模式。我們知道這很難，但事實上，如果你錯失這一點，也就錯失了精實的全部意義——最後只能驚訝於精實活動的結果並不如你所期望。

2.5 致力於能力開發

我們在現場從改善中學到愈多，就愈了解我們並不知道如何做我們需要做的事情，這就是為什麼我們需要**致力於學習曲線，而非行動計畫**。這再度徹底背離主流思考模式，因為較不關注解決當下問題。

問題是：我們如何為學習創造條件？

精實思考模式再一次徹底背離主流的「完成它」行動計畫。你可以要員工執行命令，但你不能強迫他們學習。因此，以下幾個關鍵問題有助於將重點從工程成果轉移到有意義的學習上：

1. **誰要學，跟誰一起學？**要回答的第一個問題是如何設計學習條件。我們要和誰一起學習？他們要和誰一起學習？學習意味著教導及親身實驗，關鍵的問題是能夠觸及知識（實踐上代表觸及知識淵博的人），這通常超出組織的範圍。

2. **實驗空間是怎麼建立的？**學習需要反覆實驗，以及嘗試—錯誤的清楚足跡。我們如何建立最有可能產生真正學習的自我反省？換言之，學習曲線是如何建立的？

3. **真正學習的誘因是什麼？**大多數組織性的環境對學習有偏見，因為他們認為稀有資源應該用於加強已經被證實的戰略，而非探索未經證實的戰略。學習是困難的，因為我們無法預測何時何地會出現突破或難以克服的障礙，我們還需要在長期的不確定性中保持學習團隊的積極性。必須盡早思考學習的激勵機制，以確保達到真正的學習，而非快速複製現有解決方案，或者相反地，太早處理太困難的任務而預設自己會失敗。

績效改善是快速學習的結果，本身就是結構性問題解決和對困難

課題反覆試驗的結果。在精實思考模式中,真正的「決策」是明確地投入學習和為學習創造條件,方法是透過教導員工精確的解決問題技巧以培養他們的個人能力,並藉由教導他們團隊改善技能以培養集體能力。這樣的學習是在學習做需要做(以及我們還不知道)的事情,而不只是學習理解該主題下的一般概念。這將我們帶回改善,或重複不斷的改善實驗。我們藉由要求一線團隊跨界地思考改善整體流程的方法而啟動精實思考循環。事實上,小幅度改善活動有以下三個主要用途:

1. **日常績效問題解決**,用以訓練員工更加了解他們的工作,並促使他們全力投入自我發展,這為員工應該達到的個人能力水準提供了一個良好的參考。

2. **展開團隊改善活動**,讓團隊學習他們自己的工作方法,讓團隊成員學會和組織的其他成員團隊合作,這將有助於你評估組織的真正能力。

3. 透過**針對性的實驗**學習新事物;隨著團隊努力掌握新技能,並從這些新技能中建立新的能力,你可以密切注意團隊的學習曲線。

正如賈奇和克里斯多夫·瑞布列的經歷,精實思考模式深刻改變了我們的推理模式,而這也深刻改變了我們行動和追尋目標的方法。

不同於在紙上定義狀況和在董事會的會議室內做決定，然後層層推展執行，並在產生後果時處理後果，精實思考模式是透過為真實客戶改善優良產品的流動而發現真實的問題，面對組織中大多數人選擇忽略的重大問題，藉由改善方向框定動態進步的空間和速度，並隨著員工解決一個又一個問題及從反覆實驗中發現創新方法，形成和他們一起工作的新模式。我們將介紹四個關鍵做法，可以透過改變你自己的思考方式以改變你的組織戰略：

1. **從基礎領導**，發現真正的問題，面對潛在的挑戰。
2. **掌握精實學習系統**，根據所有人都能理解並組織學習的改善方向框定你所面臨的挑戰。
3. **一次改變一點工作方式**，從員工自己重複不斷的改善行動中形成新的組織模式。
4. 透過循序漸進建立能力和看得更遠而逐步**建立戰略**，聚焦於對短期和長期成功都真正重要的事物。

Chapter 3

第三章

Lead from the Ground Up

從基礎領導

透過實作與發展以員工為核心的解決方案而學習。

　　賈奇咬牙承擔。他決定不再試圖尋找一個全面性的解決方案，而是和他的員工一起務實工作，解決老師指出的安全、品質和流動問題。局部解決。這首先意味著要面對問題。在現場，首席營運官菲德力克・菲昂賽特設置了一個平板螢幕全天候顯示卡車就位程度。物流部門根據收到的訂單計算卡車能否在截止時間之前裝滿發出。物流部門的每個人都可以全天候看到卡車的準備狀態是否「正常」（「如果維持這種狀態，我們就可以達成我們的承諾」）或「不正常」（「如果維持這種狀態，我們將無法遵守承諾，所以讓我們抬起頭檢視工作並想辦法解決」）。隨著物流部門員工開始使用該系統，他們提出了一些想法及許多、許多待解決、具體的新問題，同時賈奇開始明白，現場確實可以成為更棒的老師。

　　在裝配部門，持續改善官艾瑞克・佩佛（他之前一直與外部顧問負責生產效率專案）就實際的行動提出一個簡單的評分方案——紅色代表危險，橙色代表還可以，綠色代表良好。他把他們的系統傳授給每個區域生產經理，而這些區域生產經理提出自己的局部改善計畫以消滅所有紅色信號。事情開始運轉，賈奇和菲昂賽特定期親自查看行動的最終結果，並表彰與鼓勵他們的努力。賈奇仍然沒有看到這些行動如何能解決他那些持續增加的更大問題，但他也很欣賞公司內不斷成長的員工參與動能。

　　在品管前線，每個生產經理都在每個工作站設置紅盒子，選擇一個明顯的問題，並和技術團隊一起解決它。在這裡也一樣，以前的棘

手課題一個接一個解決；並不是用什麼了不起的方式，而是穩定且持續的方法。逐個審查後，賈奇意識到，員工不僅解決了以前被視為正常業務成本一部分的技術問題，他們還發現他們打開了一些對企業有更廣泛影響的大門，例如供應鏈政策。套用哲學家蒙田（Montaigne）的說法，賈奇正學習「與自己相悖地思考」，他還認發現，他實際上是向生產現場學習——他不僅發現自己對營運有一些根深蒂固的誤解，也發掘了嶄新、前所未有的技術解決方案。

讓賈奇感到震驚的是，他現在被要求提供選擇而非做決策。漸漸地，他從不同角度看待他的戰略性「更多選擇／更好服務」做法，意識到他和他的管理團隊每天做的所有決策都與這種做法相悖。他們基本上是對特定的事件做出特定反應，例如針對金融風暴後訂單下降，他們選擇遣散物流部門所有臨時工。是的，賈奇現在意識到，他的確需要更靈活的勞動力，但從物流部門任意裁員只會造成卡車停止裝貨、違背隔天出貨的承諾。賈奇發現「從基礎領導」的意義。

「從基礎開始」是埃米爾・辛普森（Emile Simpson）徹底反思現代軍事戰略的過程中提出的一個戰略概念。[❶]

辛普森認為，最近中東戰爭的許多戰略失誤都是因為在PowerPoint地圖上用藍色代表夥伴（我軍）和紅色代表敵人（敵軍）這種看似無害的做法。因為這假定一種穩定的關係；在一個區域裡，夥伴會根據

---

❶ E.Simpson, *War from the Ground Up*, Oxford University Press, New York, 2013.

形勢、狀況和機會而隨時變動，絕對不可能出現穩定的狀況。發現這狀況的現場指揮官成功地將重心轉放在建立夥伴的穩定性上，而非單純地攻打「壞人」，但不在現場的高級軍官則需要好多年的時間才能注意到，並開始改變對衝突本質的立場。將軍們無法控制之前的戰爭，他們需要從基礎開始重新學習目前的戰爭。

從基礎領導意味著從「現場」（一個泛用詞彙，包括所有後勤活動，無論是工廠還是辦公室）開始領導探索戰略，方法是深入地觀察實際的數據源，並將這些點連接，形成一個新的戰略圖像，而非將某個人的先入之見強加於實際的營運之中。從基礎領導並非漫無目的。這是一種確定的做法，用以改善流動（作業、產品、資訊），顯露流動的障礙，以及和基層團隊一起反覆詢問「為什麼」，藉此找出更深層次的課題。這是一個領導行為，因為這種探索並不容易，也不直觀。每一項改善工作就像是一項科學探索，探索什麼有效、什麼無效，什麼重要、什麼不重要。這需要明確的目標和現場團隊的信心，他們才能坦率說出他們的想法，不必擔心主管會為難提出問題的人。還需要相信領導者真的關心狀況，並且有興趣透過更好的產品、服務和流程而改善客戶的體驗。

從基礎領導代表：①我們透過調查現場課題並支援他們的解決方案而表示我們的關注；②與員工**一起**建立解決方案，而非與他們對立。以現場為本的解決方案將做中學和以人為本的學習結合。從基礎領導和解決具體問題的最終目的是找出真正的挑戰是什麼，而非我們

想做什麼。在現場把事情做得更好教導我們發現真正問題所在，並透過讓參與改善的人磨練技能和獲得新技能而發展能力。各種精實工具都是運用做中學原理的自學方法。

在現地把事情做得更好，需要重新建立我們的**思考**方式及我們自我組織以大規模把工作搞定的模式。現代的企業是 19 世紀官僚主義的遺毒，受軍事勝利和普魯士國王腓特烈二世的改革所影響。腓特烈二世對當時代的自動化入迷，促使他組織了自己的自動化部隊，或稱機械化人員❷。

人被現已被視為標準的技術：規則、角色、上而下的決策，以及下而上的報告（以形成上而下的決策）——轉化為機械零件。這種機制所引導出的解決方案具有以下鮮明特點：

1. 戰略和執行分離——戰略的設計來自報告和會議室裡的分析，只有在經過提煉、討論和「推銷」後，才向執行的部隊發布。
2. 「視員工如空氣」的組織設計，以達成無論把人安插在哪個職位都可工作：不考慮個性、個人專長、動機或士氣，以及個人道德。

腓特烈・泰勒（Frederick Taylor）因為提出這兩個商業世界的原

---

❷ 可見於Stephen Bungay, *The Art of Action*, Nicholas Brealey, London, 2011.

理而被世人銘記，他稱之為科學管理（Scientific Management）。最早期有諸多管理顧問提出詳細研究工作可能產生新的最佳實務績效的想法，他也是其中之一。管理工作基本上是為了確保遵循這些出自專家設計的新標準。當時美國工業勞動力因多語言移民浪潮而急劇膨脹，這些想法因而受到廣泛關注。泰勒主義的現代管理方法保留了其中許多特點。但這種思考方式的不幸後果是，儘管現在工人的平均教育水準高於一個世紀前，我們卻仍在向員工傳遞這樣的資訊：我們並不期望他們「思考」，只需要他們「做」，導致工人一天工作結束後只帶著無聊的感覺回家，有時候還會對失去自我價值而感到憤怒。

第二次世界大戰期間的下一個挑戰是訓練一支以女工為主的部隊，為打仗的士兵製造軍需品。令人矚目的企業內培訓（Training Within Industry，TWI）計畫就是第一個透過做中學而傳授工廠技能的大型工業培訓計畫[3]。這個計畫採用科學方法訓練工人和管理人員如何執行任務（工作方法）、如何培訓他人這樣做（工作指導），以及如何一起工作（工作關係）；計畫並以三個重要的準則為基礎——簡單性、可用性和標準化。儘管 TWI 非常成功，但是當原來的勞動力從戰場回來，它還是幾乎遭徹底遺忘。

當 TWI 來到第二次世界大戰後的日本，大野耐一以此作為 TPS 培

---

[3] D.Dinero, *Training Within Industry: The Foundation of Lean*, Productivity Press, New York, 2005.

訓的基礎。他更進一步發展這些理念，以它們為基礎，建立了一個不僅教導員工如何工作，也教他們如何學習改善工作的系統。我們稍後將會看到，TPS 相互關聯的元素提供了一個框架，有助於加深理解工作以及如何改善工作以便為客戶創造額外價值。

因此，精實思考模式的解決方案是：①透過做中學而制定；②以人為本而設計、與員工自己一起進化。精實領導者與員工自己一起發現「更好」的意義，並推演出整體結論，而非帶著現成的計畫介入，並將其強加於基層的員工。精實領導者和員工**一起**工作，而非將工作**加諸於**員工。

3.1 做中學

精實領導者，無論他掌管的是五人團隊還是一個幾十億美元公司，他的第一項技能是親自領導改善。這包括讓其他人積極加入並全心投入，跟隨你展開你們都認為必要的改變，並讓他們為此而工作。

這種方法與傳統領導模式大異其趣。如果是傳統模式，會有幾個天資優異的人；他們懷抱偉大的戰略願景和鋼鐵般的意志，會讓每一個人遵從計畫。這種類型的改變領導者依靠的是戰略與執行。領導者與一個關係密切的副手形成一個戰略計畫，然後傳達給薪酬優厚的核心幹部，讓他們將這些改變施加於其他所有人。

這種傳統方法的成本超出財務底線的損失，往往會浪費人力資

本。這種方法中很少涉及一般成員。被迫改變、不了解這樣做對組織或對自己的好處，導致許多人明哲保身，希望不要被波及。最後，大多數人屈服了，但只最低限度合作，而且毫不意外，由此產生的改變幾乎沒有效果。改變的新做法失敗更可能歸因於作業上的阻力，而非戰略錯誤；有問題的反而是改變的整個做法。

就精實思考模式而言，改變是以個人對自我發展的投入為基礎。如果員工了解改變的「理由」，並可以用他們接受的方式自主參與，改變——事實上就是能夠適應——就會在低廉許多的成本、相較之下較少反推力之下不斷發生。改變被視為一種個人技能，這種技能每天都透過改善而在常規、平凡無奇的工作狀況中發展。經驗顯示，一旦員工養成頻繁小幅度改變的習慣，必要時就有更大的能力積極應對較大的改變。

以上這些領導方法都是在質疑科層制度的興起。沒有任何已知的方法可以在不設立任何層級的情況下擴大組織的規模，因為人需要明確的角色、指揮鏈、程序、部門和穩定的職責範圍。但在某種程度上，任何科層制度都不可避免地沉迷於自身的結構和系統的持久性，因而無法關注真實客戶具體、當下的問題，以及明確、當下的企業環境。回到公司內部，科層制度會陷入繁文縟節，手續事務的重要性大於結果，部門的邊界成了權力鬥爭的場合，毫無意義的工作成了習慣。對抗這些科層制度的傳統方法，是在頂層改變政策，並觀察這些改變以某種方式在組織內向下滲透；然而事實上，這樣的滲透很少觸

及增值工作的層面。

　　透過持續的現場改善和日常活動中的學習，精實領導者每天都在和這些科層體制對抗。精實領導者的目標是讓組織中的所有人都投入於把工作做得更好。怎麼做？透過知道想要什麼，並且知道如何提出要求。這意味每天都要以看得見的方式實踐精實，並讓人專注於明確的改善戰略。戰略以下原則為基礎：

1. 改善客戶滿意度
2. 改善工作流
3. 讓第一次就把事情做對變得更容易
4. 改善關係

精實領導者採取以下態度引導這些改善方向：

1. **自己到現場觀察**。與其聽人在會議室裡轉述，不如到源頭親眼觀察客戶使用的產品或服務，以及實際工作的人。這麼一來，你可以確保員工在跳向解決方案前先對問題達成共識。更好的觀察和更好的討論會帶來更好的結果。

2. **以問題為首**。堅持以問題為首、不責怪他人的領導者，是尊重他人和他人觀點與經驗的明證。傾聽而不責備他人，努力傾聽他們的觀點（無論多麼怪異或有偏見），是建立相互信任的基

本態度。

3. **嘗試，觀察，思考，嘗試，觀察，思考，藉此更快地學習。** 積極尋求新的想法，每當有人提出想法，便鼓勵他／她在某個地方、用手頭的材料或較少的資源進行小幅度的嘗試，然後觀察結果並加以思考。在他／她嘗試過之後，你幫助他／她說服他／她的同事，必要時並協助獲得資金，以便在適當的時候做更大的嘗試。透過鼓勵小幅度實驗和支援員工完成艱苦的做中學，你可以使員工全心投入某項工作，而不用屈服於投資未經檢驗概念的誘惑。讓現場的員工更容易測試他們的概念不僅是一種態度。這是一種技能，也是讓你自己發現現場實際情況的墊腳石。

4. **強化合作。** 解決問題的品質、主動性，以及沒錯，達到真正突破的能力很大程度與合作的品質有關。合作是一種從彼此的想法中回彈，吸收不同觀點後更向前推進，並快速反覆進行，直到最終完成某項困難工作的能力。為了合作得更好，團隊需要更明確了解安排他們執行的工作目的為何，並相信團隊是一個安全的環境，可以用自己的聲音說話，提出新想法，並挑戰既存的問題。

透過親自支援工作團隊改善他們自己的工作方法，領導者學習到如何直接掌握組織需要面對的更大挑戰，以及如何應對。

　　當約翰・布席隆（John Bouthillon）以總裁兼 CEO 的身分接管家族的 PO 建築公司（POC）的時候，前 CEO 已經將這家發展到 1 億歐元的銷售額及……零利潤。由於 2009 年的金融危機，在他任職的第一年，公司的銷售額下降了 40%。閱讀關於豐田快速恢復的文章和傑夫・萊克影響深遠的《豐田模式》❹一書後，布席隆對精實的興趣被喚醒了。由裡至外地了解過公司後，布席隆可以看出建造公寓街區中的所有浪費，也被說服精實是公司轉型應前進的方向。在一場精實會議中，他說服一位老師幫助他證明建築既可以更少危險，也可以更少浪費。問題在於他不知道如何做到（公平地說，那位勉強同意幫忙的老師也不知道，他也完全不懂建築）。

　　約翰制定了每週探訪 4 個建築工地的制度，平均每兩個月可以視察完他所有的工地。藉由探訪一個又一個工地，他很快發現建築業和傳統製造業之間一個最大的差異是工地的進化本質──隨著建築從挖地基到建造結構再到抹灰、上油漆、鋪地板及安裝所有設備，工地本身一天天改變。似乎無法直覺性地應用傳統的精實技術。

　　與製造業的第二大區別是大量依賴承包商做專業工作。布席隆發現他的大多數工程師大部分時間是在工地辦公室為滿足總部對報告的要求而看報表，以及與承包商就法律合同爭執。沒錯，很明顯地，建

---

❹ McGraw-Hill, New York, 2004. 繁體中文版由美商麥格羅希爾國際股份有限公司台灣分公司於2004年7月出版。

築業的故事就是談判和執行。假設已經了解建造大樓的所有知識,那麼真正重要的就是:①談判謀求最低價格;②控制執行。毫不意外,這造就一個充滿衝突和不信任的有害工作環境,因而難以深入研究技術問題並找到更聰明的解決方案。

為了更充分探討這些問題,布席隆選擇先解決工地的安全和秩序問題,要求工程師花更多的時間在工地,並發展 5S 文化。5S 是一種精實工具,重點在於**整理**(sorting)並清除無用之物、在工作開始前**整頓**(straightening)工作區域、工作前後進行**清潔**(sweeping)、將前三種工作**標準化**(standardizing)為例行工作,然後透過工地管理者的紀律參與**維護**(sustaining)。這種方法可以反映工人在一天中花多少時間尋找材料和工具,以及由於溝通不明確或缺乏對當天工作的詳細規畫,有多少重工被視為理所當然❺。

---

❺ 5S 是一種精實工具,透過更妥善安排工作環境來幫助作業員改善工作流動。5S實際上是 5 個步驟:(1)整理和清除:檢視工作區域內的每一個物品,問自己它是否有用,然後清除無用的物品;(2)整頓:找出所有有用物品並確定其擺放於最有利於工作的位置;(3)清潔:確保使用中的所有物品在使用後經妥善維護和清潔;(4)標準化:建立在工作中保持工作場所整潔的規範制度;(5)維護:對於確保工作場所隨時按照 5S 保持整潔,管理階層表現出持續的支援和興趣。5S 不是一種「維持工作場所整潔」的工作,而是一種適於日常創造的思考模式,所在的環境能夠支持輕鬆、優質的工作。5S 是一個關鍵的精實制度,深層次的目的是建立管理階層與員工之間的相互信任;身為生產者的員工對自己的工作場所負責(並以他們覺得適合的方式組織工作場所),管理階層則負責為員工提供有助於他們高效工作所需的工具。

他在從基礎領導的概念引導下形成兩個基本戰略，並要求所有的工地經理都要配合：

1. 透過控制生產現場以達到工作安全。
2. 第一次就做對，或者馬上修復問題（而非等到合適時機才修復問題）。

有趣的是，由於建築工地的多樣性和不斷變化的性質，沒有一種固定的方法能夠實現這兩個原則。布席隆詢問他的工地經理，根據每個工地的特點和工地所處的建設階段，這兩個原則代表什麼意義。

在供應商這端，布席隆開始與每個工地經理討論，想找出一種與承包商合作得更好的做法，尋找明智的技術解決方案，讓承包商和公司就所花的時間或所需精力而言獲得雙贏。這包括**要求現場工程師詳細查看承包商完成的第一項工作**，以便建立安全基礎守則、品質期望值和具體的改善點，讓雙方可以就這些基礎而合作。布席隆也針對這課題採取更具戰略性的做法——他投資不同行業的承包商，藉此從內部了解他們的課題，尋求雙贏的機會。

他發現承包商面臨兩個重大問題：①前面的人沒有完全完成他的工作，不得不回來繼續做，對下一個承包商的工作流動造成技術性問題；②由於建築期間承包商的工作速度不同，後續做得快的不想被前面做得慢的拖延，因此在計劃階段採取安全餘裕，延遲派遣團隊到工

地，因而大大延長建築案的整體前置時間。

　　布席隆逐步增訂以下兩項整體戰略：

3. 離開現場之前要完成全部工作。

4. 緊縮包商與下一個包商之間的交接時間。

　　改變工地經理的做法對建築案運作的影響頗為驚人。剛開始的幾年裡，公司將建築案前置期平均縮短了20%（不是所有的工地經理都用同樣的精力投入這項工作），這意味雖然公司的營業收入損失慘重，但卻是獲利的，而且還能夠彌補失去的營業額。

　　在工地層面，這些「戰略」新措施通常看起來不怎麼偉大。除了要求工地管理團隊發展和維持 5S 工作現場的做法外，布席隆的轉型主要仰賴一個簡單的日常問題分析表（見表 3.1），工地經理和他的團隊以這張表為基礎一天探索一個問題。

　　初級工程師被要求列出問題、分析原因（並找出與產業標準之間的差距）、想出對策，並檢查糾正措施的影響。這沒什麼了不起，但在工地中，經理了解這項工作具備探索本質，並利用它找出團隊的技

日期	問題	原因	對策	影響

表 3.1：日常問題分析表

術優勢和弱點，同時指導他們更加理解他們的工作，這就產生了驚人的結果。

　　一個出乎意料之外而且讓布席隆特別感興趣的面向是，針對建築整體的能源效率，出現了更聰明的解決方案。為了找尋完成這項工作的更簡單做法，工程師找到能源效率更高的方法，既能建造大樓，又能完成工作——其中兩項獲得專利，公司之前從未發生過像這樣的事。CEO 因而制定出整體戰略的第 5 項：

　　5. 改善能源效率。

　　隨著多項改善工作累積的結果變得明顯，POC 設計出一種新建築，能源消耗降低 20%，並更用心地採用傳統的施工方法。在這個案例中，我們可以看見，改善現有的所有流程和技術，並將它們巧妙地結合起來，可以帶來更好的結果和意想不到的新思路。再次強調，這個成就不是來自預先決定然後努力「讓它實現」，而是布席隆逐步設計自己的戰略以改善一般建築的施工方法、累積各種改善構想，終至彙集形成一個突破性的成果。

　　隨著布席隆繼續每週探訪工地，他注意到面對有爭議的做法時，專案經理會被要求解釋他們的決定如何有助於提高工作安全、第一次就成功、為下一個承包商進場做更好的準備、改善交接工作，以及改善建築或施工的節能效率。當他們自己想辦法處理這些問題時，他們

常常會看到他們在最初的做法裡沒有掌握到的問題。從基礎領導是一種與實際工作的員工一起發展能力，同時逐步塑造戰略的方法。

問題仍在：我們如何確保各種改善工作不是漫無目的，而是，如同布席隆的案例，匯聚於財務底線數字上可見的改善？正如我們所見，改善的方向並非隨機，而且有 60 年的精實傳統來為我們掌舵，這正我們是需要費神深入學習精實工具的理由。

3.2 尋找以人為本的解決方案

「優秀的員工」，豐田公司現任 CEO 豐田章男說，「只有在優秀領導者的領導下才會產生。在豐田，我們說，每個領導者都是培養下一代領導者的老師。這是他們最重要的工作。」[6]

現代化企業不顧獲授權的員工和「員工是我們最重要資產」等愉快話題，本質上奠基於我們都很熟悉的**與人無關的**解決方案：規則是不可變的公司規定，而非可以隨情況調整的指導原則；職務是與個人無關的功能性位置；科層結構的存在是為了確保服從；管理者做出決定，「人手」執行；收集和彙編正確財務「數字」的資訊系統自然會形成最佳決策；正式合約是管理關系的關鍵。

---

[6] Jeff Liker and Gary Convis, *The Toyota Way to Lean Leadership*, McGraw-Hill, New York, 2012. 繁體中文版《領導維新：向豐田學習精實領導，在嚴峻挑戰下開創新局》由美商麥格羅希爾國際股份有限公司台灣分公司出版於2012年5月。

　　因為是完全正常的常識，我們提出這些概念加以思考，因而造就與人無關的解決問題方法。一個公司的課題（或更進一步，一個社會的問題）並不由組成公司的人解決。一旦確定了一個與人無關的解決方案，下一個問題就是如何讓員工遵從──因而產生對正確「改變管理」的堅持和接受。這個等式由高級管理階層制定，不考慮員工，必須透過混雜誘因、說服和壓力的手段才能推行。

　　精實思考模式明顯跳脫這種邏輯。沒有解決方案是與人無關的。確實，由於解決方案是在現場改善累積的影響之下而產生，而且依賴能力發展所需的技能建設，因此**根本上來說必定以人為本**。每個人的個性、對自身發展的投入程度、主動性和創造性構成了新能力成長的種子，發芽長出新能力，新能力再結合，產生新的解決方案。人不是問題，他們是解決方案。

　　以人為本意味經常面向員工，並接受這樣的觀點：針對我們試圖解決的問題，他們的個性、經驗、專長、士氣和道德，以及更為重要的創造力，將是深入形成最終解決方案的要素。因為精實解決方案仰賴開發能力，而能力是制度化的技能；員工因身為員工而重要，而不僅僅是機器的齒輪。以人為本涉及轉向員工，了解他們如何理解挑戰、他們遭遇什麼問題、他們有什麼想法，以及最終他們希望看到整個組織走向什麼方向。在實務中，這涉及以下內容：

◆ 經常對別人要說的話感興趣，而不僅僅是對你想聽到他們說的感

興趣。到工作現場親自觀察是所有精實思考模式的基本技能,因為如果不能證明你感興趣,那麼興趣就不存在了。親自到工作現場看,證明你很**在意**。

◆ 體認你說的某些事情會引起你面前的人深深的不安全感——這種不安全感來自他們對他們所處環境的認知、他們所感覺的事物是否對他們開放、他們對什麼感到舒服與否,諸如此類——這些不安全因素,無論合理與否,都不會被揭露。創造一個身體上和心理上安全的環境是共同討論的先決條件。

◆ 認知每個人都有自己對事物現在如何和應該如何、公司作為一個整體當下的位置和該往哪走的看法,無論你對這些看法有多少認同。你可以逼人做一些違背他們更佳判斷的事情,但如果你真的想讓他們付出貢獻,必須首先重新架構他們的思考模式——這需要建立關係與互信,方法是頻繁表達你的興趣和反覆解釋你想做的事,更重要的是留給他們思考並嘗試自己想法的空間。他們會給你驚喜的。讓人與一項任務產生連結,而後認可他對這項任務的個人貢獻,再沒有比這更強大的方法了。

◆ 找出最具備做中學能力的人,並讓他們跨越穀倉與其他部門的人聯結,藉此發展團隊合作。然後,以拔擢作為增強管理團隊學習能力的方式,藉此加強整個組織的成長和學習能力。

以人為本並不代表由下而上:領導者領導,他們在方向和工作方

式方面的影響力大得不成比例。但領導者解釋和傾聽、支持同時教導，並接受這樣的觀點：在事情真正發生的現場工作的員工對每個特定情況都有不同的感受。以人為本涉及用不同的方式思考傳統的組織反應能力，這可以透過精實思考模式的特定詞彙而反映出來──不同，因為潛在的思考模式不同於命令和控制的習慣；這種習慣透過教育和過往工作精歷而灌輸在管理人員的腦中。精實實踐的核心理念可以簡單如此表述：**若要把事情做得更好，得先培育更好的人**。在主流思考模式下，我們用抽象的術語制定解決方案，規劃實施措施，進行相應的組織，最後在組織裡填入員工，接著指導和控制他們。精實思考模式並不尋求這種類型的靜態優化，而是動態的進展。首先，我們選擇盟友，也就是與我們一起面對挑戰的人。然後他們表達希望如何組織自我，以及我們將如何合作以共同面對挑戰。這清楚顯示解決方案的品質直接取決於涉入問題者的知識、判斷和領導力（在任何情況下都一樣是這樣，但與人無關的思考模式往往遮蔽住這一點）。

　　不幸的是，沒人教我們該尋找以人為本的解決方案，即使我們自己該知道，我們的直覺反應也是在腦中解決問題，然後依靠科層機制而執行。例如在賈奇收購一家較小型的公司，藉加入電氣驅動器產品而完備他的產品線後，他立即認為他需要讓這家新收購的公司變得「精實」。賈奇曾與他的 COO（菲德力克・菲昂賽特）和精實總監（艾瑞克・佩佛）一起將他的傳統型公司成功轉型，他要求後者花些時間在新公司建立相同的標準。被收購公司的 CEO 處於更換管理團隊

的混亂中，根本看不到重點。他們是一個只有大約 40 人的小公司，一半做裝配，一半做產品設計和行政管理，實在太小了，難以開展精實。公司有 600 萬歐元的營收，110 萬歐元的庫存，86% 的準時供貨表現。

CEO 專注於發布新產品，因此讓精實總監著手改善工作坊，沒有對此多加關注。儘管如此，隨著他們將精實技術應用於工作流程，同時新產品引入，銷售額提高 20%，庫存卻還是 110 萬歐元，庫存周轉率從 2.8 躍升至 3.6 次。不幸的是，不僅公司準時供貨沒有改善，作業員也開始抱怨愈發惡化的生產線人體工學條件；剛開始輕微，然後愈來愈激烈。雖然生產能力提高許多，但工作變更加辛苦。尤其是裝配現場採用精實技術以改善流程，但 CEO 只是態度模糊地支持，並沒有親自投入，無論是對品質還是拉動都毫無作為。

管理階層於是決定停止所有進一步的進展，後退一步，與 CEO 和他的生產團隊（或者根本沒有）一起工作。首先，他們回到流動原則，透過定期拉動安定生產線，然後他們與每個作業員團隊輪流工作，以解決所有人體工學問題。他們邀請了一位人體工學專家創建一個作業員可以自己使用的評量系統。他們研究不同工作場景，變換工作站，讓員工具備多種技能，生產效率提高了 20%。開始推行精實 3 年後，銷售額又成長了 16%，達到 930 萬歐元；庫存減少 40%，降低為 68 萬歐元，庫存周轉率躍升至 8.5。更令人訝異的是，服務滿意度攀升至 96%——考量這個產業多樣少量的特性，沒人想過可能達到這麼

高的滿意度。

更重要的是，透過重新聚焦於以人為本的改善方法，產品設計與生產部門之間的合作獲得改善；在全體員工的參與下，現在解決方案源源不絕。生產部門逐漸學會完全放棄批量生產，僅依需求生產，同時和工程部門一起解決長期存在的品質問題。作業員自行協調，與管理團隊一起制定出更靈活的工時管理系統，可以更快地對臨時需求做出反應。接著，改善工作轉移到供應鏈，並與供應商更密切合作——再一次從加強的合作中得到了許多未曾預見的改善意見。最後，公司確實達到與收購方類似的成果（見表 3.2）。

將自己學到的知識應用到別人身上並回到「我說，你做」的戰略—執行風格，這種誘惑總是很強烈。我們緊接著將要說到，佩佛和菲昂賽特（這時賈奇已經退休）有很豐富的公司轉型經驗。如果佩佛的

	2009 年	2015 年	收益
銷售額（歐元）	600 萬	1,100 萬	+80%
庫存	1.1	0.44	2X
庫存周轉率	2.9	15.5	+500%
準時交貨率	86%	99%	+15%
人均銷售額（歐元）	150,000	290,000	+90%
積壓待配送訂貨	3 週	3 天	7X

表 3.2：收購公司的精實改善成果

表現不是如此出色，在面對被收購公司的 CEO 消極抵抗時如此堅韌，而且還得傾聽生產線作業員的抱怨，管理階層很可能會輕易臣服於做其他許多公司所做的事情——被早期的庫存周轉率成果所鼓勵，而繼續盲目地催促成長。在這個案例中，菲昂賽特和佩佛重新回到**發現**，並了解他們的早期改善成果意義並不等同他們在自母公司裡所見（產品的功能差別很大，人和公司歷史也是）。他們繼而**面對**這個問題並創建一個人體工學評量系統（隨後也導回其他公司），然後從那時開始，根據公司規模而框定狀況，而非逆勢而為。規模小意味著主要改善維度應該是加強生產與工程部門之間的合作（再次強調，事實證明這對規模更大、歷史更久的收購公司來說非常困難），藉此與 CEO 和生產及工程人員一起**形成**經他們創造而出的新解決方案；不是透過強迫，而是藉由精心發展製造、工程和物流能力，對新產品設計形成巨大的影響。

併購相關研究指出失敗率介於 70% 至 90%，不幸的是，賈奇之前一項類似的收購案也有這樣的經驗❼。在收購這個新公司時，他特別小心，不用自己的程序、制度和文化淹沒它。不幸的是，在大多數收購情形中，科層制約的力量表現在我們默認被收購公司應該適應我們的與人無關戰略（畢竟是為了填補戰略投資組合中的空白才收購這些

---

❼ C. Christensen, R. Alton, C. Rising, and A. Waldeck, *"The Big Idea: The New M&A Playbook,"* Harvard Business Review, March 2011.

公司）、角色（他們需要加入公司管理系統）及程序（其中有些是出於法律要求，如薩班斯－奧克斯利法案），而且它們應聽命行事。因此，在許多像這樣的技術公司收購案中，最聰明的工程師都走了，只剩下一個被扒掉聰明核心的科層組織空殼。

歐瑞的前公司 Wiremold 從 1991 年到 2001 年間收購了 21 家公司，它在收購前後都定下標準。標準之一是，在成為 Wiremold 成員的第一天，被收購公司的員工會聆聽幾個小時針對 Wiremold 及其精實戰略的介紹——介紹的重點在於改善維度。接著會組成幾個改善團隊，從當天就開始進行兩個重大問題的改善工作。在所有被收購的公司裡，這都是實際負責工作的人第一次被要求參與辨明他們的問題，並就恰當的對策提出個人意見。幾天以後，他們會毫不懷疑他們的生活將從此不同；對於他們在新環境的成功，以及整個公司的成功來說，他們的意見和參與都至關重要。

3.3 從基礎領導，從而面對真正的挑戰

精實思考模式下可持續、穩定成果的關鍵在於避免巨大、浪費性的錯誤。我們學會藉由早期小而快的失敗而在大範圍避開災難性失敗。小錯誤是做中學的一部分，大錯誤則代價昂貴。中長期的成功與領導者面對組織正在處理的現實問題的能力關係密切；面對真正的、深層次的問題是親手改善的重點。透過與周圍的人一起解決他們的課

題而認識他們，了解他們的長處和短處、偏好和忌諱，這些都是打造更佳動態結果的一部分。

精實思考模式以人為本的做法並不意味「軟」（指的是「軟技能」中「軟」），或者放任自由。以人為本的意義在於以更好的流動為圭臬，藉此支持學習曲線並避免現成的解決方案，這會需要管理階層的勇氣與毅力。這是一種截然不同的企業成長方式。毫無疑問——這樣做肯定會對員工施加壓力，促使他們要有高水準的表現。那是因為團隊領導著眼於高水準目標，同時讓員工為更好的結果承擔負責：一次一項改善，一次一個團隊，無時無地，保持小型、持續性、由員工領導的改善的動力，從而塑造未來的公司。

賈奇收購的那家公司由萊恩諾‧瑞貝林擔任 CEO，他曾分享：「我真的壓根不相信這些精實的東西，因為我看不到它如何能夠應用於像我們這樣的小型技術公司。現在我必須承認，我也從不相信我們有可能達到現在的成果。我學到許多，而且最令人驚訝和振奮人心的是，在艱難的開始之後，公司內部的關係比從前好許多。」流程可以被管理；如果必須面對真正的挑戰，而且是一起面對，就必須被從基礎**領導**。

第四章

Framing for Learning

為學習而建立框架

利用精實工具與方法提高理解，團隊合作與改善。

看見現場本身在指引出使日常決策與更大戰略選擇保持一致的方法方面有多大能耐之後，CEO 賈奇、COO 菲昂賽特和 CIO 佩佛迅速採取精實學習系統作為框架，建構他們的探索：

1. 他們建立一個關鍵指標清單，以反映每個工廠的安全性、品質、前置時間、生產效率、能源效率和士氣挑戰。

2. 他們建立拉式系統，透過更妥善規劃節拍時間以應對產品多樣化；創建連續流動的生產單元，並用小列車和看板卡內部拉動物流。

3. 他們與每個生產經理一起工作，每當發生品質問題就停止生產線，讓設備和物料逐步變得更可靠，以便更無縫地裝配。

4. 他們透過 5S、團隊穩定和日常問題解決以達到整個廠房的基本穩定性。

隨著這項工作的進展和現金曲線的改善，賈奇意識到，他的直覺性戰略選擇正以更大的一致性為框架，而且是以一種他從董事會到現場的整個公司都能夠溝通的方式。第一，他必須在第二天交付多樣的產品，同時透過拉長的供應鏈維持低庫存。舉例來說，了解中國每個月裝運一個集裝箱的零件後，物流團隊在中國建立起一個越庫貨倉，按照需求混裝集裝箱內的貨物，藉此一次減少了大約 20% 的總庫存。

第二，賈奇必須交付高品質零件，不僅在最終檢查時發現缺陷產

品拒收，而且首次就能通過每個工作站的自檢（解決機器問題），並進一步對供應商進行源頭檢查。這導致一個更深層的工程問題：設計更能容忍品質較差鑄造零件的產品，而不影響產品裝配後的性能。

第三，他必須繼續以機器加工與裝配零件，並找到一種機械化裝配方法，以解決人體工學問題，不需要投資大型機器人而導致產能過剩（以及花費資金）──這會導致更棘手的問題：安排更多當地機器加工以提高產量，藉此降低產品整體成本，免除西方高勞動力成本的不良影響。

透過以前沒有掌握的深刻理解，賈奇現在看見他的產業課題。他開始更清晰、更細緻地看待課題。他意識到這些問題都可以縮小到現場的特定活動，讓員工自己可以務實地對付精實系統暴露出來的現場問題。換句話說，當現場員工學習解決他們的日常問題，他們也在向賈奇展示如何解決他更大的、戰略性的課題。他們在學習，CEO 也在學習。這個啟示徹底顛覆賈奇對學習型組織的認識。在過去與學習型組織進行實驗的幾十年中，賈奇一直將實際的「工作」與在教室或「學習實驗室」裡發生的「學習」區隔開來。現在賈奇看見精實系統用一種在日常工作**中**學習──也就是操作學習──的方式來框定問題。賈奇發現，生產現場的精實「工具」實際上是將學習實驗室帶進日常工作，幫助每個人隨時隨地對更大的挑戰反覆進行實驗，藉此形成解決方案。

身為經理，賈奇發現自己對課題愈來愈強硬，對人卻愈來愈溫

柔。他不再接受「做不到」這樣的回答——問題必須被解決——但他會耐心嘗試不同做法,直到他們找到可行解決方案;會對過程的最後結果真心好奇,並希望能出乎意料(好的壞的都是**學習**)。透過加快現場實際改變的速度,賈奇對以親自動手的方式塑造一個每個人都投入更多、軟性抵抗力也大大降低的公司更有自信。精實工具反映出生產現場的具體進展,而他可以藉由展示出興趣、鼓勵,以及當科層障礙出現時著手清除來幫助這些進展。

「給我一個支點和一根夠長的槓桿,我便可以推動世界。」阿基米德曾如此戲言。世界確實發生了變化,在工具和思想的組合中發生變化。沒有引力理論的望遠鏡是什麼?沒有個人神學論的印刷廠是什麼?或者沒有全球資訊網連接每個網頁的概念,網路又是什麼?思想是支點,工具是世界在其上移動的槓桿。如果我們理解把事情做得更好的概念,並採用各種精實改善工具去執行,那麼精實思考模式就可以改變世界。

這些大概念稱為**框架**。框架建構出我們對一個複雜狀況的認識,並以我們的學習搭建鷹架,指引我們進入下一步(基本上等同你用來看見世界的相框)。然而框架並不會告訴你你將發現什麼:你需要看透框架並發現。為了理解精實思考模式的本質,了解許多一般被解讀為**框架**的強大工具是關鍵。不是為了快速獲得成果的手段,而是參與、理解和沒錯,框架的方法。舉例而言,及時化(Just in time,簡稱JIS)是一個框架,指的是我們應該只在需要的時候、按所需的數量,

生產所需的產品。大野耐一花多年時間改善看板的概念（用於每個箱子的卡片）才讓這個框架發揮作用。一旦看板完善了，就可以更細緻地探討 JIT 框架。

TPS 實際上是由幾個強大框架組成的系統：客戶滿意度、內建品質、及時化、標準化作業和改善，以及基本穩定性。在豐田內部，TPS 有時被稱為「思考者系統」（Thinking People System，字首縮寫亦為 TPS）。回憶起與大野耐一的培訓，豐田執行官箕浦輝幸說道：「我覺得他對我的回答根本不感興趣。他只是要我經歷過某種訓練，讓我學會如何思考。」[1] 這個系統是在解決實際問題和滿足公司需要的過程中反覆嘗試錯誤而生。[2]

箕浦說，只有將一系列鬆散的技術發展成一個成熟的系統，才能在整個公司中傳播其影響力。然而，早期教導 TPS 的專家多次提出警告，用另一個老師的話來說，系統工具的風險在於「創造出一個佛祖的形象，卻忘了注入靈魂」。[3] 沒有工具，概念只能停留於幻想；而沒有概念，工具則導致誤解。

---

[1] Teruyuki Minoura, Toyota Special Report, 2003.

[2] 可以在這本書中找到詳細紀錄：*The Birth of Lean*, Koichi Shimokawa and Takahiro Fujimoto, eds., Lean Enterprise Institute, Cambridge, MA, 2009。以及Toshiko Narusawa與約翰・舒克的原始訓練教材：*Kaizen Express*, Lean Enterprise Institute, Cambridge, MA, 2009.

[3] N. Shirozou and S. Moffett, "As Toyota Closes on GM, Quality Concers Also Grow," Wall Street Journal, August 4, 2004.

有效框定困難課題的訣竅在於避免全面性解決方案；採取並不全面壓制的方式處理課題。學會遵守紀律並依靠鷹架——一個用於以具體、容易理解的方式表達挑戰的框架；這也符合以往的傳統做法。掌握精實學習系統是我們以他人可以理解的方式來框定課題的關鍵。

TPS 本質上是一個巨大的心理鷹架結構，教導人以不同的方式思考，工作的原理是不要用想的方式進入一種新的行為方式，而是採取行動以進入一種新的思考模式。TPS 定義挑戰和練習，藉此幫助你以不同的方式認識自己的公司。這是一種學習方法，而非組織藍圖。此外，它還是一種旨在教導每個員工如何參與豐田整體戰略的學習方法。因此，為了充分掌握 TPS 的重要性，你必須了解以下兩點：

◆ TPS 是豐田在汽車市場競爭優勢的整體做法。
◆ TPS 工具是如何教導每個員工在他或她的日常工作中參與創造這種競爭優勢：不只是創造價值，而是**增加**價值。

參觀豐田工廠時，大多數人都對以下面向印象深刻：生產線靈活得令人難以置信（沒有批量生產，逐一處理各個型號）、高生產性的員工（大多數你看到的員工都流暢地遵循一個標準作業循環——沒有緊張也沒有停頓）、快速回應作業員困擾的生產線（行燈呼叫信號燈幾乎每分鐘亮起），以及員工所提出的建議量（其中 99% 被接受和實施）。毫無疑問，豐田已經建立一個更先進的工業體系，在安全方

面更加有紀律，對品質也更加重視，這個系統也明顯更加靈活、有效率。由此產生的誘惑是，我們將這個工業體系用我們自己的傳統泰勒主義術語加以解釋，並妄下結論，認為豐田有更好的製造工程師，他們設計了更好的流程和更有序的管理線（來吧，日本文化）；這個管理線更嚴格地執行這些設計，並將 TPS 看成一個龐大的標準監察機器。

再說一次，我們絕不認為豐田是一家完美的公司：它尤其不是該盲目效仿的最佳實務化身。那樣的想法會重新陷入泰勒主義的主張，認為在別處設計的制度可以千篇一律地如法炮製。我們要說的是，在最初研究的 25 年後，豐田仍然是其產業內最強大的競爭者，而且在這個過程中，它已經成為世界領先的汽車製造商，其間還將通用汽車逼至破產。令人震驚的是，豐田自 1951 年以來每年都有獲利，只除了汽車業跌至谷底的 2009 年（新車銷量比舊車報廢量少）。

有趣的是，對他們的一位高階主管來說，2009 年那段期間的結論是豐田即使在 80% 的產能下也能從工廠賺錢……然而，全球金融危機的餘波導致其產量低於 70%。因此，這家公司必須學習成為可以在70% 產能情況下獲利的靈活工廠：這又是一個大膽的挑戰。目標不是變得完美和強硬，而是永不滿足並持續努力尋找更好的做法。因此，正如竹內弘高教授所說，作為一種生活方式，與我們對「完美」系統的概念相比，豐田看似充滿似是而非的說法和矛盾❹。這家公司的系統支援員工的創造力，而非加以限制，這使得豐田既可以每天嚴格地

製造汽車，還能在不給客戶造成風險的情況下經常獲得突破性創新。

　　豐田從一開始就將 TPS 視為培訓系統，讓員工參與詳細的問題解決，藉此加深員工理解客戶眼中的品質，並讓他們與自己的團隊及公司整體一起參與改善，找到生產更多種產品卻不會製造太多浪費的方法。精實思考模式可以帶來**可持續的獲利能力**，因為獲利能力是透過不斷地改善的美德而建立在成長中。從這個意義而言，**精實**不是名詞。它是動詞。精實思考模式關乎從產品設計、製造、供應鏈到行政支援等各面向維持持續性地「精實」營運，透過與增值團隊合作創造更多的價值，同時產生更少的浪費。這是動態的，而非一種狀態──而 TPS 就是一個由豐田創造的學習框架，從以下四面向支持學習：來自明確野心的挑戰、來自「自働化」❺（jidoka）條件的著眼點、來自及時化條件的團隊合作，以及來自改善和標準化作業的現場持續改善。

---

❹ E. Osono, N. Shimizu, and H. Takeuchi, *Extreme Toyota*, Wiley, New York, 2008.

❺ 譯者注：在日語中「動」與「働」是兩個不同的漢字，發音相同但意義不同。「動」是直接從中文引進的，「働」則是日本造的漢字。自働化是讓設備或系統擁有人的「智慧」。當加工零件或產品出現不良時，設備或系統能即時判斷並自動停止。自働化強調的是人機最佳結合，而非單單用機械代替人力的自動化。因此，「自働化」並非一般意義上的自動化。

4.1 豐田如何選擇進行競爭

正如丹和他的同事在對豐田的研究中所解釋，該公司形成了自己的商業系統，以應對廿世紀五、六〇年代的四個深層（大部分是自己施加的）壓力。

◆ **激烈的競爭**：一九六〇年代的世界汽車市場被美國的三大公司宰制。日本國內汽車製造商艱難求存，他們遊說政府保護國內市場。與通商產業省（MITI，簡稱通產省，日本現經濟產業省的前身）的意願相反，二次大戰後日本的汽車製造商選擇以全種類的汽車相互競爭，而非細分市場。通產省認為，由於一九五〇年代的日本汽車市場規模小，每個分割市場只能夠容納一個製造商，然而豐田、日產、馬自達和三菱卻在全方位競爭，因此他們面臨巨大壓力，要頻繁發布新產品以吸引日益成長的日本汽車人口。

◆ **自籌資金**：1950 年時豐田幾乎破產，得到銀行援助後被迫裁員和重組（將銷售從生產中分離出來）。豐田領導者發誓再也不依賴銀行了。公司大量生產一個接一個新車型以跟上競爭節奏，這代表新車型要在現有生產線上組裝，因為公司當時並不像福特在使用的系統那樣每種產品有專用生產線。

◆ **與供應商一起進行價值分析／價值工程（VA/VE）**：相較於傳統壓榨供應商獲得降價的方式，豐田發現他們汽車的價值有很大一

部分仰賴供應商。因此，相較於將供應商視為要對付的外人，豐田要求他們創新，逐步將關鍵供應商納入及時化的供應鏈，促使他們參與 VA/VE 專案，並分享由此帶來的收益。

◆ **無罷工**：殘酷的罷工導致公司在 1951 年解體與復興，公司創始人豐田喜一郎因而辭職，豐田的領導階層基於一線管理階層與工會的關係，遵守協同勞資合作關係的政策，堅決打算不再經歷罷工。在他們的全球擴張中，無罷工政策較少得到嚴格奉行，因為公司碰到不同的工會體制，但罷工仍然被作為幾乎不計一切代價要避免的事情。

因此，豐田努力找出一套工程和製造的做法：①在各個細分市場定期發布有吸引力的新產品；②在既有生產線裝配新車型，藉此管理新舊車型間的銷售變異；③讓所有員工參與發展工程、供應和有效率製造多種產品等方面的合適做法。在一九六〇年代日本汽車市場瘋狂求生的過程中，豐田透過品質、多樣化和價格——現在經濟學家視此為客戶在競爭激烈的市場中的偏好順序——創造出一個達到客戶滿意度的明智做法。

豐田維持銷售的方法是：①如果你買了一輛豐田汽車，你永遠不會後悔，因此②你的下一輛車也會是豐田，而且根據你的需求進化，你會在豐田的產品裡以一個③合理的價格找到合適的車型。公司領導者著手解決 3 個基本問題：第一，如何保證每一輛車的設計和生產品

質？第二，如何在避免不現實的投資成本造成公司負擔的前提下提供多樣化（優質）的產品？第三，如何有效率地提供多樣化和品質？大多數製造商認為高品質和多樣性會帶來額外成本，實際上是必要的權衡。豐田認為，最高品質和最多樣應與最低成本相容。

品質被作為吸引力，可以令人放心。一輛豐田汽車應該可以看起來不錯，駕駛起來令人愉快，並具備所有預期的功能——並更穩健耐用。一輛豐田汽車應該可以行駛更長的時間，而且不需要修理（藉此保證較高的轉售價值）。購買豐田汽車，你獲得的不是最性感的款式或最快的旅程，而是買到「沒有麻煩」——豐田比任何其他汽車製造商都更能穩定實現這個特性。

要做到這一點，豐田領導者得到的結論是，品質不是檢查出來的（檢查每個產品並挑出品質差的），而是**內建**的（任何作業中，只要有品質疑問，就應該停下來調查，而非繼續組裝並假設在品檢會找出所有缺陷）。理由是，如果你允許有缺陷的產品一路走到最後品檢，然後試著將其挑選出來，你會錯過一些缺陷，而且你也無法學習，因為你不會看到它們，因為缺陷已經**被置入**產品之中了。❻

他們認為，學習解決品質問題的唯一方法是在問題真實發生時看

---

❻ 「自働化的原則是將品質內建於生產流程之中，藉此使生產產品的人具備方法和心態，不斷對品質的好壞保持警惕。」出自Tom Ehrenfeld 的文章*Lean Roundup: Jidoka*（The Lean Post, Lean Enterprise Institute（LEI）blog, October 27, 2016）。同時參見*Lean Lexicon*（Lean Enterprise Institute, Cambridge, MA, 2014）。

見問題，從而能夠解決它。這意味著在品質問題發生的流程步驟中、在它發生的時候停下來。

內建品質有兩個基本面向：

◆ **設計的穩健性**：性能在被加入最終產品之前需要證明其穩健性，這意味著大幅依賴已知的工程標準和謹慎的創新方法。豐田之所以被稱為「快速跟隨者」，是因為它在創新方面跟隨市場，而在完全測試和掌握之前，它在添加創新性能方面非常謹慎。內建的品質框架適用於所有級別的系統，從最大的層面──如果不能100% 確定，就不要將某項性能投放市場，到最細微之處──如果不能 100% 確定，就不要將工件傳遞給下一個作業者。

◆ **在每一個缺陷停止**：在裝配過程中，每一個作業都經過一次「完成確認」的檢查，而任何時候只要作業員有疑問，或者機器的自動測試顯示出一個小問題，生產線就會停止，問題會被研究，藉此使每件產品都能在標準內有把握地生產出來。由此豐田創建龐大的資料庫，記錄流程中每一個階段會遇到的問題，回饋到工程以及培訓部門並進入檢查清單，以供進一步整合處理。

內建品質而非檢查出缺陷，也就**將結果（outcome）的重要性排在產出（output）之前**：如果有很大一部分的產品存在造成客戶問題的風險，並由於有缺陷而被丟棄（或重工），那麼快速生產出任何產

品都是沒有意義的。從速度中獲得的生產效率，在事後檢查缺陷的工作中又浪費掉了。還不如一開就始放慢速度並解決問題，而非事後花費巨大的精力檢查和消除缺陷。然而，對於豐田來說，這樣的系統需要每天、每分鐘集中注意力於用心的工作。為了能夠在每一個缺陷停止，員工需要**在意**並尋找異常之處，以便將它們標記出來，這隨即又涉及與管理階層的關係，需要管理者在日常中欣然接受問題並鼓勵反映問題。

豐田銷售方式的第二個方面是多樣化。今天——和半世紀前一樣——豐田致力於為客戶提供更完善的品種（盡可能避免車型間相互侵蝕），因此當消費者的生活方式演變，仍可以在豐田產品家族裡找到他們所需要的車型。因為這個核心概念，公司從零開始打造出一個豪華品牌（Lexus），為最成功的客戶提供汽車（並在美國與德國的高端品牌競爭），以及一個年輕人品牌（Scion），針對較年輕、首次購買的車主（被認定為「失敗的實驗」，在 2016 年停止生產）。

生產多樣化產品的明顯問題是投資成本。早一九六〇年代，製造商就認為降低成本的唯一途徑是亨利‧福特（Henry Ford）的做法：用專門的生產線和設備大批量生產，透過重複經濟降低單位成本。然而，豐田無力承擔對每款新車型投資新的生產線和設備。日本的激烈競爭迫使公司頻繁推出新車型，他們堅持自籌資金發展，不願意向銀行借款投資新設備。因此，他們決心在既有的生產線上組裝所有新車型。

隨著豐田在世界各地建立分廠，一個「年輕」的工廠要學會先就單一車型按要求的產量達到最佳品質，然後處理該車型的衍生車型，最後才添加一個新車型，依此類推，力求達到日本生產線可以依序處理多個平臺的靈活性。這對資本效率的影響相當大。新工廠被設計成可以用單一車型因應基本市場，而用日本的靈活工廠應付額外的需求，因此豐田從未（除了金融危機後異常的那一年）發生使所有競爭者都處於困境的結構性產能過剩。事實上，除了災難性的 2009 年，他們每年都獲利。

豐田銷售戰略的第三個要素是合理的價格。豐田透過對品質的承諾成功壓下成本。只是選擇不生產有缺陷的產品，結果竟成為一個具成本效益的戰略（事實上，在我們知道的大多數公司中，缺陷相關的成本常輕易占銷售額的 2% 至 4%，直接影響獲利能力）。該公司還具有較高的資本效率，透過在同一設備上生產多個品種，精實公司能夠有更多現金和資本效率。

推動這一切的都是改善。內建品質和多樣性，加上靈活性**與**勞動生產效率，歸結起來就是解決數以百萬技術細節課題。豐田的做法是讓全體員工參與改善——每天把事情做得更好。因此，拉遠來看，豐田的成就可以總結為對以下方面的組織：

◆ **價值流**：不只提供一個車型，而是以規律節奏川流不息地提出多種車型，以更滿足每個新時代的客戶需求。

◆ **創意流**：鼓勵和支持公司全體員工的建議。
◆ **工作流**：透過創建一個工作組織，盡可能接近第一次就合格和單件流，以支持多樣性和生產效率，藉此解決在高成本效益之下提供多樣化產品的產業難題。

自一九九○年代以來，豐田的銷售方式增加了一個面向：排放和能源效率。自一九八○年代以來，豐田就積極投入於產品和流程的能源效率，並於 1997 年向汽車市場推出顛覆性的創新產品：油電混合動力的 Prius，自此將整體品牌形象都押在高能源效率的汽車上，並在最近推出第一款氫燃料電池汽車 Mirai（日文未來／ミライ）。以典型的豐田風格，在產品設計和流程改善中尋求能源效率，每個工廠都嚴守零掩埋和零碳排放的目標。

4.2 TPS 如何發展競爭優勢

豐田的精實系統為形成以人為本的解決方案提供了思考框架：期待員工能在支持品質、彈性、低成本和更加能源效率的前提下想辦法把工作做得更好。此外，他們在管理和前線各層級所有貢獻的總和將形塑整個系統。然而，這種方法帶來 4 個與以往所有管理風格迥異的嚴苛挑戰：

1. 你不能強迫人思考。你只能鼓勵他們思考，並在他們這麼做的時候支持他們。

2. 你不能告訴人應該有什麼樣的點子；你嘗試做的事有其更寬廣範圍，而你只能向他們展示符合此範圍的那種點子。

3. 你不能只專注於避免錯誤。這有利於鑽研技術課題，但人還需要一些主動性與創造性的思考空間。

4. 如果你不為員工創造專門用於思考和嘗試新事物的空間，你不能期望他們在日常工作中進行實驗和學習。

泰勒主義建立於這樣的信念：沒有人可以一邊工作，一邊思考工作。泰勒的見解是區隔專家——研究工作、寫下「一個最佳做法」並強加於工作者，以及根據這些專家的見解而工作的人。員工有如人類機器人般遵行工程師的工作程序。

這種框架將組織視為可互換零件（人）的機器，在通用汽車的執行官層級由艾爾弗·史隆（Alfred Sloan）的追隨者加以完善，他們追求的是彼得·杜拉克（Peter Drucker）所稱的「目標管理」。經理人的工作不被視為生產線工作，但其想法是迫使中階經理根據執行功能做出「正確」的決定。藉由定義財務目標和將薪酬與實現這些目標的績效掛鉤，公司找到一種方法可以迫使經理們做出某些類型的決定——即使他們對這些決定的結果有疑慮。大量的財務和個人評量指標促使組織和他們的員工追求短期、往往適得其反和／或矛盾的目標。中階

管理者會反覆說：「對不起，我知道這可能不是最好的做法，但我必須達到這個目標才能拿到獎金。」或者，銷售經理可能會提供客戶更慷慨的付款條件，以獲得銷售成長的獎金，而財務經理則可能需要減少未清應收帳款天數以獲取獎金，這些行為都形成組織（與個人）的衝突。

請注意，無論泰勒主義或數字管理都不能讓員工和管理人員產生真正的主動性。真正的困難在於為人的思考模式「定向」，使他們了解公司在他們身上尋求什麼，以及讓他們看到工作中的改善機會。為了做到這一點，豐田領導者隨著時間的推移建立起一個框架，以構建一個支持創造性張力的工作環境；這種張力存在於我們的目標、我們所處位置及我們應該如何實現目標之間。這使得從事工作的人能夠在任何時候都將自己定向為朝向改善目標，為日常工作中的改善創造條件，並知道如何與他們的隊友一起完成這項特定的工作。

4.3 野心

要獲得競爭優勢，你必須先**想要得到**它。這聽起來像是老生常談，但許多執行團隊已經進入這樣一種反應姿態：他們放棄比競爭對手更優秀的野心。學習系統的第一步是每天用新的能量激勵自己變得更好，就像跑道上的運動員一樣；第二步是用具體目標表述這種野心，讓所有人都能理解並產生渴望。

精實思考模式中的「更好」始於追求贏得客戶的微笑——更全面的客戶滿意度（更確切地說，是校準客戶滿意、員工參與和裨益社會），也就是價值。從這個角度來看，顧客不是要供養的「消費者」，而是需要你協助的客戶：①用他們的方式實現他們想要做的事情；②無論順境還是逆境都幫助他們，也在他們需要的時候提供協助；③用他們認為比你的競爭對手能提供的方式更具價值（成本效益更高）的方式幫助他們；④因此他們在財務上回饋你，讓你茁壯。據估計，客戶忠誠度上升 5%，相當於增加 25% 的獲利能力。客戶不是要餵養的獵物，而是長期的朋友，需要我們支持他們的生活風格選項。

TPS 框架就**安全、品質、成本、前置時間、士氣**和能源效率等方面定義客戶滿意度的挑戰。在任何情況下，你都可以自問以下問題：

- **安全**：怎樣才能將事故減半？
- **品質**：如何將客戶退貨或投訴減半？
- **成本**：如何將勞動生產效率加倍，並減少一半零件成本？
- **前置時間**：如何將從訂貨到交貨的前置時間減半（或庫存周轉率加倍）？
- **士氣**：如何提高員工士氣，將缺席率減半，以及將創意點子加倍？
- **能源效率**：如何使碳排放和能源消耗減半？

如果我們已經面對並衡量過問題，那麼這些問題都會得到一個數學上的答案。結果也許看起來不可能，但可以為創造性思考定向。如果我們努力認真看待這些數字，我們自然會開始列出阻礙我們實現目標的障礙——這些課題大多與我們目前的技術水準或做法有關。這將引導我們從價值分析（提升目前生產中的產品或服務的價值）和價值工程（提升設計用於未來的產品或服務的價值）方面找到有前景的課題，並根據成本效益公式定義價值。

這些挑戰構成一個系統，因為不能將它們獨立地看待。如果品質提升造成成本增加，那品質提升就沒有意義；反之，如果降低成本以錯誤的方式影響了品質，那麼降低成本同樣沒有意義。其基本概念是，透過同時改善所有指標，一定可以提高競爭地位——即使沒有達到所有高要求的目標。

在任何情況下，藉由衡量活動的這些價值，並做簡單的數學計算，將當前壞的數字減半或好的數字加倍，你可以輕而易舉在任何情況和職位上建立你自己的目標範圍，開始創意十足並活躍地思考：「要解決什麼問題，我才能達到這些目標？」

4.4 條件

接下來的兩個 TPS 主要框架是**內建品質**（也稱為**自働化**）和**及時化**。內建品質框架認為應該停止，而非將缺陷傳遞下去（停止、解決

問題並重新開始），藉此在問題發生時把握住它，並在即時環境中看到事實。及時化指的是只在需要的時候、按需要的數量生產需要的產品。顯然這兩個框架互相重疊，因為僅生產需要的產品的前提是所有的產品都是良品（沒有庫存填補檢查後丟棄的不合格產品），且製程有能力檢查每一個產品、不將缺陷產品傳遞下去，則需要按順序逐一生產產品，即及時化。

這些精實框架不只是概念，也具備學習鷹架的作用。正如我們之前所討論，精實思考模式試圖透過做中學找到以人為本的解決方案。因此，精實技術的一個獨到之處就是為日常做中學創造合適的職場條件。這可能是精實最難學習的一個方面，需要沉浸在 TPS 的傳統中；這個傳統在幾十年裡發展出這些形形色色的技術。

工作場所組織的兩大支柱如下：

1. **自働化條件**：創建一個視覺化的環境，讓第一次就把事情做對化為可能。在自働化條件下，任何人做任何工作都能夠辨識出可疑問題，立即尋求第二意見；如果問題被證實，則停止以解決問題並在繼續前返回標準條件，而非繞開問題工作。

2. **及時化條件**：協調所有部門、機器和人的流程以持續工作，而不累積庫存或要求過量的產能。在及時化的條件下，任何人都可以知道他／她正在進行什麼工作，以及下一個工作是什麼，手頭只有完成當下工作所需要的材料和設備，藉此避免工作停

滯或零件堆積。

精實學習系統的目標是教導個人和團隊實現：①品質（安全）；②在目標時間內；③持續增加的多樣性；以及④更低的成本和最佳的能源效率。自働化和及時化條件是視覺化的技術，可以直觀地在現場看見理想狀況，讓所有人可以一眼看出工作處在正常或異常狀態，而且讓每個人都可以有改善狀況、克服障礙的想法。每一根「支柱」都有特定的組成部分。

關於自働化和及時化條件更深層次的一點，也是最難把握的一點是，這些工具本身並不是改善。相反，它們是創造職場環境的技術，在這個環境裡，每個人都可以將自己的方向設定為：①把事情做對；②主動採取以下方式進行改善：

◆ **自働化條件是面向標準的個人培訓。**透過「在每個缺陷上停止」，作業員和技術人員每天都有機會更深入學習標準（這行，還是不行？），並在問題出現時磨練解決問題的技能，從而回到標準。培訓實際上是雙向的：藉由喚起問題，作業員也有機會教導管理人員（和工程師）從哪裡可以找到改善價值的機會。

◆ **及時化條件是為了鼓勵團隊合作和開啟改善的機會。**透過平準化拉動與盡可能接近節拍時間而建立連續流動，許多問題會出現，就跟許多機會一樣，挑戰我們目前的工作方式及各種不同部門之

間的協調方式：生產計畫、工程、生產、供應鏈等。

當然，自働化和及時化的條件總是可以改善——無論處於這兩種條件下的什麼水準都可以進步。你可以更適切地發現問題，可以更快縮短訂單到供貨的前置時間。事實上，每一個工作環境都有一定水準的自働化（什麼時候一個異常會被作為問題？）和及時化（回應需求要多久？）。關鍵在於不斷收緊這些條件，以使愈來愈小的問題可以顯現。收緊自働化和及時化條件形成一種動能；**如果**員工投入磨練標準、改善自己的工作方法，這種動能就可以提升業績。

讓我們更詳細地檢視這些工具，看看它們如何發揮學習框架的作用。

自働化條件

豐田品質和生產效率的祕訣在於追求內建品質：每項工作都第一次就合格。在流程的任何步驟中，我們都可以查找以下內容：

◆ 正確完成工作的能力，即工件第一次就合格，全無缺陷的可能性。

◆ 在問題發生之前發現工件問題的能力，即在工作中，甚至最好是工作前發現所有缺陷的可能性（見表 4.1）。

可檢測性

	差：無法發現工件合格或不合格	一般：有所察覺，但是不合格工件仍可通過	良好：所有不良工件都可以在流程中檢查出來
良好：所有工件都能第一次就正確，沒有任何重工	差	一般	良好
一般：大部分工件完成良好，但還有一些缺陷，或者需要一些重工	差	一般	一般
差：很難有良好工件，許多工件被拒收或需要重工	差	差	差

（左側縱列標題：完成能力）

表 **4.1**：發現問題的能力

　　沒有任何流程處於完美的自働化條件中，我們從改善可檢測性開始，而不嘗試直接改善能力。這為員工創造了空間，讓他們能夠思考然後提出建議如何在不盲目投資的情況下改善能力。

　　自働化通常被認為是一種品質保證：如果出現問題，作業員拉下繩子或按下按鈕，從而點亮行燈板（信號板）並停止生產線，班長迅速前去查看是什麼問題。然後，如果生產線仍然停止，組長及指揮鏈中的其他人會加入班長的行列。目的是透過使情況回到標準狀況，讓生產線盡快恢復工作。每一次生產線停止都經過檢查和分析（反覆詢

問「為什麼」）直到發現根本原因並找到對策。自働化的第一面向是永遠不要讓已知缺陷在生產線上傳遞下去。

　　自働化是一個動態系統，教導我們如何高效率地生產，其方法是：①教導員工如何執行工作；②教導管理層清除所有對輕鬆第一次就合格造成障礙的課題。自働化創造出空間，讓流程中的每個作業員對每個產品或工作得以進行一系列實驗和學習。自働化有 4 個基本要素：

1. 對工作的明確定義
2. 無論何時，只要有疑問便停工並尋求幫助的方法
3. 檢查工件或設備是否正常的明確手法
4. 系統性分析停止原因，和進一步分離人的工作與機器的工作

　　生產線經理的主要職責是藉由親自訓練員工有效率地工作，以保證員工的成功和公司的成功，這意味著教導他們工作標準和思考如何改善工作。經理的工作重點是幫助員工有效率地工作，並提出這樣的問題：「如果這些人要能自信地工作，並且每次都能第一次就合格，他們會需要些什麼？」因此，期望中，經理應該每天都要與直接下屬一起工作以建立信心；首先是員工自身的信心，而後是相互之間的信心。我們還期望經理從員工回報的各種難題中學習。自働化的各種工具，從簡單的每小時生產管理板和不起眼的紅箱子，到將缺陷零件示

眾，再到更複雜的行燈按鈕或拉繩和行燈板，都被用來支持觀察及在每次機會裡和執行增值工作的員工展開討論。

員工首先要面對的課題是：他們如何知道自己做得好還是不好？如果不能在每一個步驟判斷做得好或不好，很難自信地進入下一步驟。這麼一來，員工就會生活在一種不定期的恐懼中：他們盡最大努力工作，可是一旦出現問題，仍會被他們的主管看似隨意地斥責——這並非發展相互信任的最佳方式。

因此，我們設立標準作為理解（不是控制）的機制。遙不可及、不相關的指標並非用於控制、獎勵和懲罰；相反地，要建立即時衡量，以追蹤品質、支持指導和有效地框定問題。品質課題始於詢問以下問題：

1. 究竟有沒有一套標準？
2. 標準是否清晰易懂？
3. 標準的某些方面是否難以實現（例如針對右撇子作業員的標準是否不適用於左撇子）？
4. 標準是否在某些情況下就是不對？
5. 有沒有改善標準的想法？

經理應該檢查和培養每個人對以下內容的理解：

1. **從客戶的角度判斷對錯**：工作的意義在於幫助客戶透過我們的產品或服務得到他們想要的。因此，理解工作的第一步是清楚地了解最終客戶認為做得好或做得爛分別是什麼情況，以及如何將這份理解傳遞給自己的直接客戶，也就是價值鏈中的下一個人。

2. **一系列任務的無縫進展**：如果你想有把握地煮義大利麵，你必須知道要先把水煮沸再把義大利麵條放入水中，而非將麵條倒在水裡再加熱——而且你需要不問廚師就知道這一點。自主性也意味知道義大利麵煮熟後的下一步該做什麼：我們應該加些番茄醬、羅勒還是油？帕馬乾酪是應該加在盤子裡，還是另外放在餐桌上？掌握工作意指了解將任務分解成各個要素作業，並知道正確的順序。

3. **了解每個要素作業是否合格**：自主工作的下一步是知道每個作業合格與否的判斷標準。這不僅適用於生產產品，也適用於任何創造性工作。例如寫作時，你可以問：論點有多吸引人？每個段落有多清晰？每個句子有多簡潔？標準應該眾所周知，無須每一步都問經理或檢查員。你要讓義大利麵煮多久？扁麵和細麵的烹飪時間有所不同。客戶喜歡有嚼勁還是軟爛？

4. **了解他們工作環境條件好壞**：每個人都知道做好工作所需的所有資訊嗎？工具運作正常嗎？工作環境整潔與正常嗎？工作方法清楚嗎？這個工作站有什麼好的和壞的安全習慣？諸如此

類。在工作環境中與員工密切合作,討論如何改善製造工程或
軟體設計,藉此使工作更輕鬆;討論如何組裝產品或提供服
務,藉此能更容易第一次就合格。教導他們對自己的環境有掌
控感和擁有感也是激勵和工作滿意度的一個支柱——只要管理
階層幫助員工這麼做。

5. **有信心解決問題:**問題總會出現,這是生活的事實。能夠自主
工作代表能夠平靜面對問題,並在別人停滯、擱置問題,或試
圖繞開而非面對問題時充滿信心地對付問題。對付問題的第
一步是盡可能立即糾正其影響——這通常需要技巧。然後,下
一步是檢查每個作業要素的必要條件,以確定問題的源頭在哪
裡。這還是需要知識,因為需要知道就資訊、培訓、物料的品
質等而言,合宜的條件應該是什麼。解決問題的基本方法是觀
察、評估哪些條件有問題及如何使它們恢復正常,然後問自己
為什麼會出錯。然後繼續問為什麼?再問為什麼?一直問下
去。

　　豐田工程師強調的自働化概念第二關鍵要素是**人機工作的分離**。
這個繁瑣的詞彙意指設計出可以自行完成工作的機器,不需要人的照
顧。舉例來說,如果你按傳統做法用廚房的爐具做飯,你會有幾個鍋
子同時在在火上,你需要不斷盯著每一個鍋子,以確保按照你想要的
方式烹飪。這時人的工作和機器的工作沒有分離,因為爐具不能自行

工作。就另一方面而言，微波爐是自主工作的：你把盤子放在裡面，按下按鈕，然後繼續做其他事。微波爐烹煮菜餚，並在做好時發出「叮」的聲音，但你可以按你自己的節奏來拿煮好的菜——你並不被機器束縛。

自働化主設備是解放員工、使他們能夠專注於自己工作的關鍵。我們每次使用機器都需要你的注意力，例如當電腦突然需要升級或者出現相容性問題時，你的工作流就會中斷，而且你有犯錯和浪費時間的風險。使設備變得更自働是一場設備設計和工程的真正革命，因為目前有太多機器或系統需要人持續監督才能完成工作。自働的機器也讓你能將機器放置於工作流中，以便由人領導工作，而非機器。

最後一點是**信心**。創造自働化條件意味著建立一個現場，在這裡，人可以放心地專注於自己的工作流，因為他們知道環境會幫助他們學習並維持自己的工作標準，而設備會支援他們，而非設備需要他們支援。在現場的自信是參與和提案的基石，而自働化就如何改善物理條件以獲取更大的個人保障提供了清晰的指引。

尋求達到更高水準的自働化條件是一個改善機會的金礦，可以幫助管理者和員工看到現場具體需要改善的目標，從而有助於全面提升品質和生產效率。

及時化條件

自働化條件創造了一個環境，每個人在其中都可以在工作時學習

他們工作的微小細節。**行燈**機制觸發停止，然後知會其他人檢查你在工作中遇到的任何問題；這個機制首先且最重要作用是作為訓練裝置：讓所有員工能夠在工作中檢查自己對所實踐標準的認識和理解。自働化條件是革命性的，因為它不把工作從學習中分離出來，而是將學習內建到工作中，創造一個刺激形成點子和建議的環境。

自働化條件主要聚焦於個人學習。TPS 的第二個「支柱」，及時化條件，則強調團隊合作和更妥善學習以跨出部門邊界共同工作。**團隊合作**，就豐田而言，意味使用個人技能跨組織邊界解決問題。及時化條件就是創造一個一起工作的空間，能夠在此更協調地工作，以減少生產的浪費。

然而，大多數企業人士（也許包括所有的企業說法）將及時化理解為一個物流系統，目的是在實際需要時盡可能就近供應物料──而這只有在需求穩定或預測準確的情況下才有可能（根本沒人做到過！）。相較之下，豐田汽車的創始人，也是這個術語（日語式英語）的發明者豐田喜一郎則說，「當機器、設備和人一起工作，在不產生浪費的情況下增加價值，這就形成了理想的製造條件。」❼及時化條件的目的是提高跨功能部門的合作。的確，物流是及時化的重要特徵，因為提供了加強合作的工具，但在這裡，我們必須再次確保我

---

❼ http://www.toyota-global.com/company/vision_philosophy/toyota_production_system/origin_of_the_toyota_production_system.html.

們不會把工具和概念混淆。概念是無縫的合作；而工具，正如我們將試著闡述，是物流的一種特定形式。

及時化要解決的更大問題是提高多樣性，以更適切滿足客戶的喜好，同時不增加對客戶需求的回應時間或為多樣性增加投資──形式為庫存和延後開出發票的營運資本、更大面積（為容納專用生產線和倉庫）的固定資產，以及更多的專用設備。

例如在賈奇之前的公司裡，一個生產廠房裡填塞著一個或兩個獨立工作的生產單元，每個單元只生產一種產品。因為需求變動，且通常不如銷售預測那麼高，沒有哪個單元能夠排滿班次。因此在任何時候，少數作業員會在繁忙的單元中工作，生產一些零件的庫存；然後轉到另一個單元，生產另一種零件的補充庫存。接著這些庫存被堆高機送到倉庫，需要完成客戶訂單時，再從這些倉庫取出庫存。為了提高生產效率，製造工程部在考慮使用以機器人作業單元生產一些不需要人工組裝的零件（但仍需要人包裝零件）。一眼就能看出，廠房內無論何時都只有不到 20% 的場地和設備在使用中。當被問起時，主管估計占總工時 20% 的時間輕易浪費在將作業員從一個單元轉移到下一個單元。

賈奇和他的生產總監菲德力克‧菲昂賽特引入及時化拉式系統，將所有庫存留在生產單元內，每小時讓一個小列車僅取走客戶需要的產品。系統整體的低效率馬上變得非常顯而易見：暴露出每小時每個作業員生產更多零件（論點是有些零件總是遺失，所以需要生產更

多）正是錯誤的解決方案。為此而想砸更多錢投資自動化製程顯得很奇怪。

　　隨著問題浮出水面，現場主管和工廠經理努力設法解決；他們結合兩個工作站，在一個生產單元內生產兩種產品，並清除所有現在阻塞通道的零件庫存而騰出空間。他們逐步採取行動，直到生產團隊可以留在他們的單元裡作業，需要的零件被送到他們那裡，根據需要生產不同的產品（這需要非常努力地與零件物流部門一起工作）。

　　整整兩年後，他們釋放出一半的空間；大部分庫存都消失了（進一步騰出更多倉庫空間），也提升了準時供貨——這將問題進一步延伸到內部物流的價值流。毫不意外，及時化也提高了生產效率，因為作業員現在工作節奏穩定，不必每隔幾個小時就要在一個新的單元裡重新開機工作。這也是由主管與員工一起進行的自働化工作所帶來的效果——培訓產品知識，解決單元內的所有課題，並與製造工程部門一起更深入地支持組裝團隊。

　　及時化條件就一次生產一個產品而言框架生產。是啊，你可能會想，產品當然是一次生產一個。事實上，管理人員傾向認為產品是通用的——有一個通用的流程，生產通用的產品，所以他們把這個流程當作一個黑盒子。一次生產一個產品顛覆了這種思考模式，因為光是這樣做便創造出一個挑戰：專注於一個單一的產品，然後換下一個。透過穩定生產節奏以配合真正的客戶需求（**節拍時間**）、創建一個更連續的工件順序流（**連續流動**）、減少批量（**拉式系統**），及時化條

件使經理、工程師和員工可以聚焦於每一個產品,一次一個產品;透過逐一檢視每一個具體問題而建立對普遍問題的心理圖像(而不是與之相反,預設對生產或交貨流程的觀點)。

4.5 節拍時間

節拍時間是工具箱裡最強大──同時也最不為人所理解──的工具之一。你總是可以或多或少任意決定**節拍**──任何行為的節奏──從而在理想條件下看到產出的穩定流動。

我們都很熟悉生產速度的概念:為了保證一定的產量,我們需要每小時做好一些事。例如我們想寫每週專欄,每個月就必須寫 4 篇專欄文章。當然,這可能意味我們在這個月的前三週什麼都不寫,然後在最後一週趕出 4 篇文章。每月的生產速度達成了──以犧牲第四週的大量時間來完成寫作為代價。透過計算時間**節奏**而非速度,我們可以以不同的方式思考交貨流程。例如,安排每七天寫一篇專欄文章與安排每個月寫 4 篇有很大的不同:時間的排程將截然不同。

一九六〇年代早期,豐田的工程師發現他們生產中的汽車底盤有許多零件沒有按時送達,所以無法在前半個月安裝太多,以致於在這個月的剩餘時間裡,他們一收集到那些間歇無規律性送達的零件,就得艱苦掙扎以達成生產計畫。用大野耐一的話來說,他們意識到「如果每個月需要 1,000 個某種零件,我們應該在 25 天裡每天生產 40 個

該零件。而且，應該將生產平均分配到整個工作日。如果一個工作日是 480 分鐘，我們應該平均每 12 分鐘生產 1 件。」

在最高層次，我們可以為自己建立推出新產品的節奏。以汽車車型為例，傳統的想法是：「我們需要一款占據整個切分市場的新車。」相對來說，精實思考模式則認為：「我們需要從以前的車型中吸取教訓，使之適應時代，從而留住我們的客戶。」這是兩種截然不同的工程戰略。傳統、主流的戰略是一種非好即壞的戰略，精實戰略則是一種學習戰略。

事實上，推出車型的節拍背後截然不同的想法是新車型不同版本的流動；藉由為不斷改變的世代重新設計車型以回應同樣的切分市場，同時也與切分市場本身一起同步進化。尖端技術產品，如 iPhone，現在通常也採用相同戰略。iPhone 大約以一年的節奏發布新一代產品，每次也都發布新的 iOS 版本。任何一款 iPhone 都不是說來就來，而是新產品節奏的一部分，大約一年一款，解決或屏棄有瑕疵的性能，並且以新功能特色測試界限或技術。

計算節拍時間

在生產中，節拍時間是這樣計算的：根據大數會平均局部變異的原則，我們可以從平均需求開始計算客戶需求相對於可用生產時間的節奏：

$$節拍時間 = \frac{每日可用生產時間}{每日平均客戶需求}$$

豐田精實戰略的核心是：①實現品質；②以節拍時間；③提高同一生產線上的多樣性。因此，舉一個豐田經典的例子，如果一條生產線上所有車型的總體需求是每月 9,200 輛，並假設 20 天裡每天有 460 分鐘工作時間，我們可以得到 1 分鐘的節拍時間：我們需要看到每一分鐘從生產線產出一輛汽車。

然而，這條生產線生產 3 種車型：轎車、硬頂車和箱型車。這些車型的月度需求不同，因此生產的節拍時間也不同。例如如果每月需求 4,600 輛轎車，2,300 輛硬頂車，以及 2,300 輛箱型車，那麼各車型的節拍時間如表 4.2 所示。

透過這種簡單的計算，我們便能夠做出理想的消耗計算。在我們平準化的模擬情況下，客戶會如以下模式選擇車型：

產品	每月平均需求（輛）	每班次需求產量（輛）	節拍時間
轎車	4,600 輛	230 輛	2分
硬頂車	2,300 輛	115 輛	4分
箱型車	2,300 輛	115 輛	4分
總計	9,200 輛	460 輛	1分

表 4.2：轎車、硬頂車和箱型車的節拍時間

　　轎車、硬頂車、轎車、箱型車、轎車、硬頂車、轎車、箱型
車、轎車、硬頂車、轎車、箱型車，以此類推

　　因此我們應該努力以同一模式生產汽車，盡可能調整生產速度以與我們的銷售速度一樣。顯然，以如此流暢的方式計劃工作並不容易實現，因為大多數流程都被設計為集合成批量工作。傳統的模式會是：

　　轎車、轎車、轎車、轎車、轎車、轎車、硬頂車、硬頂車、
硬頂車、箱型車、箱型車、箱型車，以此類推。

　　透過將節拍時間視覺化，我們建立起一個明確的目標：以最平準、最具彈性的方式工作，並且知道了我們該怎麼改進生產線的生產排程和彈性。節拍時間的計算提供一個有力的畫面，讓我們看到我們如何明智地工作，以避免因堆積工件和做得比客戶真正需求更快或更慢而產生的浪費。規定的節奏改變了一切，因為現在流程的維度被設定為定期交貨。節奏為重複的工作建立起一個產能計畫，並用一次性訂單填充剩餘的可用時間。

連續流動

　　按節拍時間生產意味將心思專注於一次只生產一個產品，聚焦於

每一個單一產品。做到這一點的最好方法是**單件流**：任何裝配的零件或產品都像接力賽中的接力棒一樣，從一隻手傳遞到另一隻手。**連續流動**是指生產產品或提供服務的所有活動都是為了不中斷工作流動而組織，我們不該為了完成全部工作而中斷工作去做其他事情。

所有操作中的連續流動能夠讓每個人都看到所有工作效率低下的地方，以及員工必須立即手到手傳遞零件而需要等待或受阻的地方。管理階層通常容許庫存掩蓋這一點：即使只是工作站之間的少數部分，也會掩蓋員工在每一個循環中遇到的大部分問題。

豐田已經找到了無法準時交貨和庫存過高的 4 個主要原因。

1. **大批量**：從製造商的角度來看，大批量是方便的，因為這可以讓機器或人員迴避生產轉換的麻煩；正如我們第一次在豐田汽車供應商的生產線那裡所見，這樣的轉換總是困難。問題在於大批量必定會產生庫存，因為你必須把生產出來的所有零件放在某處，但這些零件也並無法保證交貨，因為你不太可能正好生產出一個訂單所需的零件。

2. **複雜的流動**：想達到今天生產昨天訂購的商品這個的簡單目標，不管是在製造業還是服務業，都常因批量大小（員工忙於生產計畫好的大批量）和複雜的流動而受阻。這個問題的產生是因為每個零件都有各自通過工廠的流動路線：從一部機器到下一個等待序列，再到另一個等待序列和另一部機器，諸如此

類。就像醫院裡的病人從檢查走到另一個等待序列一樣，沒有同樣的行進路線。流動愈複雜，就愈難準時完成，以及愈有可能造成零件在各個不同的區域內堆積。

3. **生產和銷售速度之間的偏差**：今天生產昨天訂購的產品應該聽起來像常識，但它與泰勒主義的執著相互矛盾：每個人和每部機器都應該盡可能努力工作。泰勒主義的企圖是使生產效率最大化：可用時間內看見的零件、檔案或病人數量。現在，這可能意味著我們有時候生產產品某個零件的速度比客戶消費的速度快得多，因此會有多餘的數量進入庫存，而在其他時候，我們則比需求慢。第一種情況應該可以接受，因為零件在庫存中；但是因為太複雜，經常會有太多現在不需要的零件，而需要的則不足夠。因此，總是達不到準時交貨和生產效率的預期水準。

4. **運輸和物流水準低下**：透過更頻繁的生產轉換以減小批量幫助並不大，除非同時能更頻繁地收集零件，這是豐田教給供應商的第一課，我們在第一章裡講述過。經驗豐富的精實實踐者早就學會，生產效率實際上與零件運輸、物流的頻率和嚴謹程度直接相關。這對大多數工廠來說有些意外，因為他們傾向把物流當作一種把貨物從一個地方移到另一個地方的手段，而非實際營運工廠的主要工具。

的確，學習過程依賴物流的嚴謹性：每個零件的平準化計畫、看板，以及像火車一樣定期收貨的物流。

4.6 平準化計畫

平準化計畫意味著在一到兩週內每天生產相同數量的產品，然後推算未來幾週內的預期。當然，實際客戶每天的需求會有所不同，但其假設是若客戶今天不買，明天也會買；如果他們今天買多了一個，明天就會少買一個。重點是，如果可能，我們可以去掉至少一或兩週內生產部門所擔心的數量變異，並且預測在接下來的幾週內會有什麼變化。

再次強調，這個工具的目的是將最穩定的計畫**視覺化**，以便看到數量變異並不一定是產量變異的主要原因。這個平準化計畫並不只是教你「平準」計畫，還教你生產重新排程的所有其他內部原因。事實上，你會被吸引去追蹤這些排程的變化，並詢問「為什麼？」其中大部分都是企業內其他部門草率決策的結果。建立（並堅持）一個平準化計畫可以教導組裝前線的經理們安排穩定作業，好讓增值團隊能夠盡全力工作，並想辦法在更穩定的環境中把事情做得更好。這是創立學習環境的關鍵能力。

4.7 利用看板拉動

　　看板是一張卡片。**看板系統**是一個將情報實體化的卡片系統，我們藉此能夠對情報流和物流「用我們的手去思考，用我們的腳去看」。一般情況下很難直覺地掌握情報流，且將情報流視為「系統」。透過將情報實體化的卡片（電子化看板並沒有多大意義，因為它沒有實物的樣子），我們可以更容易了解情報如何在系統中流動，以及哪些情報觸發了哪些行動。看板分為兩種：

◆ **領取看板**：類似購買整箱產品或零件的支票。一張看板交換一箱。在整個配送流程中將需求實體化，意指沒有相應的看板就不能「購買」箱子。在實務中，這代表如果生產單元選擇在沒有特定客戶需求的情況下生產庫存產品，它將不得不自己保留裝有產品的箱子；因為若沒有適當的領取看板——後製程的購買指示，它們就不能將箱子推給下一個製程。

◆ **生產指示看板**：每當一個箱子被購買（用領取看板），跟著箱子的生產指示看板就會被送回生產等候序列。這將生產排程實體化，就像有客戶在櫃檯排隊等著被服務。藉由用這種非常具體的方式將生產序列實體化，我們可以看到生產部門遇到的準時交貨問題，以及由批量生產或調整訂單順序所造成的各種問題（想像一下，櫃檯的店員跳過排隊中的你去服務你後面的人，因為他／

她看起來更好打交道）。

購買指示和生產指示都透過一個物料看板系統來處理；這個系統有助於物流在操作過程中隨時看到整個流程中的情報流和物料流，從而發現阻塞發生的地方並分析原因。從這個意義而言，看板更接近針灸（解開貫穿全身的能量流阻塞之處），而非外科手術（再造流程中受損的部分）。看板是實現及時化的工具，而且也是其他精實工具的根本工具，因此了解看板的歷史背景有其重要性。

豐田生產系統的出現並非完全由某個幕僚部門形成，就像大多數企業目前的 XPS，即「X〔填入公司名〕生產系統」。豐田的創始人豐田喜一郎有一個建立及時化的願景，但他的努力因二次大戰間公司遭軍隊接管及戰後的艱難條件而受阻。一九五○年代，大野耐一，一名機械工場的工程師，從美國超市裡客戶只從貨架上挑選他們想要的商品得到啟發，從而想出了解決辦法，開始使用稱為**看板**的紙板。[8] 身為傑出的工程師兼高要求的老闆，他樹立許多敵人，但他的工作價值很早就為當時豐田真正領導者豐田英二所認可。豐田英二在福特公司的研究之旅回國後提出兩個要點：首先，他根本沒有聽懂福特關於品質控制的統計術語；其次，他對福特的提案方案（諷刺的是，福

---

[8] 請參閱豐田官網上相關的記述：http://www.toyota_global.com/company/toyota_traditions/
quality/mar_apr_2004_html.

特當時即將停止這個方案）印象非常深刻。為了生產不超過所需的數量，看板訂定嚴格的更換模具規則；更換模具通常包含沖壓等棘手的流程。把事情做對，意味困難的工程工作必須有作業員參與提案，以使棘手的設備更具有彈性。逐漸地，在豐田英二的推動下，「大野的系統」開始以「看板系統」的形式在豐田傳播。大野耐一得到提拔，並繼續在全公司推廣他的看板系統。

　　隨著及時化在豐田內部傳播，它很快遭遇供應商提供大量不穩定數量零件的障礙。豐田的高階管理人員一肩挑起教導供應商 CEO 的責任，指導他們利用豐田及時化生產和內建品質的原則減少庫存和提升品質。隨著豐田的發展和國際化，他們感覺到需要將這個「系統」寫下來，以便更迅速地傳播。剛開始大野耐一反對這麼做，他認為他的教學系統是有機的，且不斷成長；但他最終還是讓步了。一九七〇年代末和八〇年代初，第一本《豐田生產系統》小冊出現，並在豐田的供應商集團中傳播。大野耐一在為小冊寫的前言中明確表示，TPS 是「實踐重於理論」，它由相互關聯的行為組成，教導如何發現和消除浪費，藉此降低成本，提升品質，並改善生產效率。他將此視為科學思考在生產中的應用，他說道：「在現場，重要的是從實際情況開始並尋找根本原因，藉此解決問題。」TPS 的明確目標是培養員工獨立思考的能力。

　　大野耐一認為，理想的工作方式是根據客戶需求用正確順序一次做一個零件。工作不應該按照預測安排，而應該按照超市管理庫存的

方式：讓客戶進來從貨架上選擇他們需要的產品，然後貨架以小的數量進行補貨。有關每個增值團隊成員的**使命**，豐田的工程師有 3 個目標：

1. **視線**：操作機器的團隊成員如何知道，他是在忙著生產現在就需要的零件，或正生產並沒有人立即需要的零件，同時卻仍缺少一些零件，因為預測弄錯了現在需求的數字（經常是這樣，就算中期預測還算準確）？[9]

2. **自主**：團隊成員如何對現在需要做什麼和下一步該做什麼產生自信？他們如何才能有一個安排所需材料的務實做法，藉此執行當前和下一個工作，而不需要保留大量庫存並打亂他們的工作節奏？

3. **改善**：利用看板盡可能接近單件流的理想狀態，依順序一次處理一件工作。理想狀態因看板而可能實現，因為當問題解決，就可從迴圈中抽出看板。改善不僅被視為公司的勝利，而且也被視為員工在工作中找到滿足感，以及管理階層透過確認真正的努力來維持動力的一種方式。

---

[9] 我們要感謝Tracey Richardson和Ernie Richardson；他們的優秀著作《*The Toyota Engagement Equation*》（McGraw-Hill, New York, 2017）就這一主題對我們有所啟發。

他們想出的辦法就是**看板**（紙板卡）。每張看板對應一個固定的工作量，將看板放置在團隊成員面前，他們就知道現在要做什麼、接下來要做什麼，就像在餐裡將訂單按順序放在廚師面前一樣，他就可以**按照同樣順序**準備菜肴。看板的目的是用盡可能少的數量，盡可能滿足客戶的實際需求。如果團隊成員必須處理擺在他們面前的一堆看板，這就違背了使用卡片的目的。

看板並不只適用於生產。例如 AIO 是一家賈奇很熟悉的公司，西里爾・丹恩（Cyril Dané）是這家公司的 CEO，為豐田和其他先進的航空和汽車製造商生產符合人體工學的輔助設備。這些設備稱為 Karakuri（からくり，機械裝置之意），是不需要能源的智慧設備，用於為作業員改善生產工作時間和工作條件。[⑩]僅利用重力或彈力等簡單的物理原理，設計這些設備對團隊來說是不斷的挑戰，需要他們透過自己的雙手思考，並投入可持續的團隊合作。

因為他的每個專案都需要用到工程技術，丹恩發現他的設計部門存在流動問題。但這對工程團隊的工作量會起什麼作用？在理想情況下，為了在最佳條件下工作，我們應該一次只處理一件完整的工作，並在開始另一個新專案前把這項工作完整做完。把未完成的工作留在辦公桌上，轉而進行下一項工作，如此這般，這不僅不具生產效益

[⑩] 請參考http://www.youtube.com/watch?v=oKudR9xO9M、http://www.youtube.com/watch?v=dbWnS127x14以及http://youtube/pB7GDtVmgPs。

（每次你這麼做就會損失 20% 的時間），而且就整體品質而言也是有風險的，因為這打破了連續性和集中性。看板的優秀之處就在於它會迫使你限制同時進行的工作數量。

現實很少盡如人意，管理階層總是會提出其他更**緊迫**的任務。重點就在**這裡**。一張看板代表一項工作的業務管理板就是區分積壓的待完成專案和應該做的工作（積壓非常類似待辦工作的庫存，而非提前完成的零件）與正在進行的工作。當然，問題在於很少有任務能夠一氣呵成。業務管理板承認大多數工作需要其他人員的輸入和回應，所以無法一氣呵成。但藉由限制可以同時進行的工作數量，你可以找到方法讓工作盡可能連續，因而改善工作流動——同時還能在過程中解決許多品質問題。

在實務中，業務管理板由兩塊白板組成：一塊注明待完成的任務——沒有優先排序；另一塊則是正在進行的任務，並限制員工可以同時進行的任務數量（每行一個）（見圖 4.1）。業務管理板的規則是，

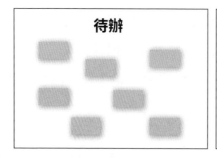

圖 4.1：業務管理板

只有當一行空出來時，你才可以把某項任務放到生產中（從左邊的管理板移至右邊的管理板）。在任何時候，作業中只有固定數量任務同時進行——在我們的例子中，這個數字是 4，也就是右邊的管理板上只可出現 4 張看板。

看板的學習框架是透過視覺化將情報流變得直覺化，並取消根據前瞻性預測所做的排程決策，以在每次情報以看板的形式經過我們手中時做出最及時的決定取而代之。看板是一個簡單的裝置，用以控制從入口到作業的工作流，藉此讓你能夠獨立地看待每一項工作，並開始學習的流程。它將改善工作流動，並透過將共同工作期望視覺化提高團隊成員的責任感。

看板**從來不是**自然出現，因為它迫使我們獨立看待每一項工作並思考，而我們的本能總是重新堆積和批量作業，並盡可能快速進行。看板是品質和學習的關鍵，而且這從來都不是容易的事。看板會對工作產能產生影響，因為工作會被處理得更快，因此入口或堆積會更快地被消耗，但這並非看板的主要功能——看板不是為了像中階經理那樣解決你的問題而存在，它的存在是為了幫助你和你的團隊成員依次逐項討論工作。

丹恩公司的簡單看板和業務管理板立即減少了工程師的工作負荷，加快了專案的進度。但更重要的是，它暴露出工程師覺得有困難的地方。為了完成看板，丹恩要求工程團隊主管在任何人接到客戶抱怨時都要停下所有人的工作，團隊便可以聚在一起討論問題，而討論

將會引導他們進入下一步。工程師們制定了一個日常會議，探討如何做 Karakuri。每天早上，一位工程團隊的成員會用大約 20 分鐘為同事講解他目前的設計和如何符合客戶的期望值，以及 AIO 就提供價值方面準備做些什麼：改善人體工學問題以及為客戶降低成本。

這種日常會議對丹恩來說是一個啟發：因為工程師現在一次只處理一個專案，可以一次只看和討論一個問題，然後便可認真地制定標準。這形成了一個對 Karakuri 設備價值的深入探索，以及提出「好」Karakuri 與「壞」Karakuri 如何區隔的深刻問題。很明顯，無論是公司或客戶工程師，都傾向於在明顯過度處理（可追溯至大野耐一的 7 種浪費）的情況下進行過度操弄他們的設計，實際上難以表現 Karakuri 設計上的**優雅**。

丹恩自稱他的任務是減輕所有工業操作的人體工學負擔：人在工作過程中決不應傷害自己或得到職業病。Karakuri 是主要的辦法，但僅限於在它為人所接受的情況下：客戶必須認為這有意義，而且喜歡用這種方式工作。他想改變產業對工作站的認知，為了實現這個更遠大的目標，丹恩首先必須改變自己公司的內部故事，不將產品視為通用設備，而是逐一專注於每項設計，藉此使工程師能夠：①更適切了解客戶需求；②逐步學會縮小範圍並掌握到底什麼會讓使用者覺得 Karakuri 聰明和有趣。利用工程部門的業務管理板，一次專注於一個項目，對於產品真正的樣貌打開一個完全不同的品質願景：它改變了框架，從不必要的複雜設計改變成對作業員更簡單、更聰明、更有力

的輔助。

4.8 定期收貨「小列車」

豐田將平準化計畫轉換為定期收貨，從每小時到 20 分鐘不等，為生產線模擬真實客戶需要的零件序列，以及在他的生產線上組裝的情況。這涉及 3 個核心實務：

1. 生產單元擁有它所有的成品，並存放在單元內的品種別料架上，而非遙遠的倉庫裡。

2. 物流部門員工每隔 20 分鐘（對任何人而言都是正常的專注時間）帶著領取看板（每張看板作為向生產單元「購買」箱子的憑證）過來領取平準地滿足計畫所需的零件。

3. 雖然有些流程需要批量生產，但生產單元的作業員藉由使用看板（領取看板轉換為在生產流程中排隊的生產看板）嚴格按照被領取零件的順序補充成品庫存。

物流的定期拉動形成每個生產單元定期（上例為 20 分鐘）的工作計畫，而這接著會提出一個具體的管理問題：團隊是否擁有他們 100% 達成被安排的生產計畫所需的一切？定期「小列車」的訓練教我們要觀察每個生產單元，並且確認它是超前了還是延誤了，以再次學習與

觀察生產單元的工作條件：

◆ 是否備齊按照所需求數量生產各種產品所需的所有零件（順便問一下，領取「小列車」是否也提供零件）？

◆ 單元裡的所有作業員是否都熟知生產良好品質零件的標準方法？

◆ 所有的作業員是否都就位而且都接受過培訓？

◆ 所有的機器都能正常運作嗎？

◆ 團隊正在提出改善提案嗎？

　　定期計畫性收貨的張力和紀律是及時化條件的支柱，藉由為各項作業創造出可見的「拉動」而改變現場；這個拉動從客戶交貨到零件（或情報）供應，貫穿整個工廠。「小列車」相當於報紙有名的截稿期限，只不過是每 20 分鐘一班。小列車建立起一種工作節奏，暴露出每一個堆積、每一項延誤的工作、每一個停滯的工作站。小列車教你如何有規律、有效率地工作；更重要的是，也教導所有部門共同努力，按時完整地交貨。

　　然而，在物流之外，及時化最終反映出不同部門如何幫助彼此成功。他們現在相互連結，同時為了保持流動，他們必須幫助彼此，不是補償彼此的錯誤和隱藏問題，而是透過創造一齣精心策劃的芭蕾舞劇，讓每個部門準時出現，並讓部門負責人可以相互討論如何讓彼此方便、協調地互相交接。

　　因此，雖然許多人將這個機制視為物流的程序，實際上它具備更廣泛的系統性目標。在公司層面，消除浪費是合作的結果，每一個參與者都有助於使每個環節在他的範圍內能夠成功，並與其他所有部門保持一致的節奏。只在需要的時候、按需要的數量生產需要的產品；與表面所見相反，這並非簡單的物流目標，而是一個相互幫助和合作的目標。

4.9 行動：如何管理以達到透過日常學習支持員工的工作滿意度

　　TPS 一個經常被提及而且難以學會的核心教訓是，如果沒有員工滿意度，就不會有客戶滿意度。現在，我們都知道，現實生活中很難掌握員工滿意度，因為首先，這因人而異；其次，情況和集體情緒有可能迅速生變。具體來說，精實主要聚焦於滿意度的兩個組成部分：對自己工作的**認同感**和團隊**參與**。

◆ **認同感**主要來自員工有自信能做好工作和處理每天發生的問題（反之，壓力源於感覺沒有足夠的內部資源以應付工作的挑戰）。透過日常努力制定標準和解決問題，精實思考模式幫助員工磨煉他們的技能，培養他們解決突發問題的自主性，以及，整體而言，使他們對自己的工作更加自信、對解決問題更感興趣。

◆ **參與**源於一種感覺，即一個人可以在團隊中工作而不必「戴上一張公司臉」。員工可以做自己，表達自己的感受與面對困難，並且採取自主，得到同事的支持，而非被壓抑或奚落。要支持這種環境，團隊改善的實際做法就是要讓團隊擁有自己工作的主權。在發現改善績效的潛力、審視目前流程和嘗試新點子的過程中，團隊成員逐漸形成自己一套一起工作的方式，並對這個方式產生擁有感；透過這個改善的過程，這種擁有感又加深了團隊中每個人的參與程度。

然而，認同感與參與需要徹底重建管理者的角色。管理者必須成為老師，這意味著從**決定**（誰做什麼事）和**控制**（檢查所做的結果）轉為**教導**（我們是否了解該如何做？）和**改善**（如何做得更好？）。這些改變只有在及時化條件下才有可能，因為拉式系統移除掉決定誰做什麼事的排程決策，因為看板使每個連續流動的生產單元可以自主了解自己必須做什麼（基本上就是按照看板上的生產指示）。因此。前線管理者得以與員工一起工作，聚焦於消除阻礙工作和讓員工無法順暢流動的障礙。

基本概念是，為了同時滿足外部和內部客戶，員工必須用心工作，而非漫不經心。其中一部分是透過自働化和及時化創造合適的工作條件，另一部分是更適切理解工作和日常解決問題以培養他們的自主性──因此高階管理者能夠盡其職責，幫助員工解決由企業環境或

組織本身施加的更大問題。前線管理者的角色是培養每個人做好各自工作的自主性，對課題負責（沒有人會看到一個孩子朝井裡看而不主動的把他拉回來，這也適用於工作），並且知道如何幫忙解決課題。正如在醫學裡，教學方法是「基於問題而學習」。培養員工意味著教會他們自主地解決一般問題：在問題出現時主動採取行動，並知道如何在各種不同情況下正確地解決問題。

精實的方法是一種**行動學習**。[11]有兩個基本前提：學習是①教導現有知識和②提出問題以啟發個人深刻理解的結果。教導和提問以以下三種廣泛的問題類型出現在問題解決的過程中：

1. 我們知道我們應該做什麼，但是發生了一些事情阻止了我們這麼做，所以問題解決就是回到我們已知應該有效的工作方式以糾正這種情況。
2. 我們不知道我們應該做什麼，或者我們發現我們所知是不正確的，所以我們必須弄清楚我們應該做什麼，然後使事情回到正軌。
3. 我們知道我們應該做什麼，而且實際上我們正在這麼做，但是我們可以想出做得更好（增加更多價值，產生更少浪費）的方法，我們會嘗試用不同的方法做。

---

[11] R. Revans, *ABC of Action Learning*, Gower, New York, 2011.

換種方式說，精實思考模式中的工作重新定義為：

$$工作＝作業（有標準的）＋改善$$

無論身為個人或身處團隊，前線管理人員可以利用 4 個基本框架幫助員工自我發展：**標準、視覺化管理、日常問題解決**和**改善**。

4.10 標準

我們對如何處理工作有信心嗎？我們怎麼知道我們知道什麼？有人真的看過操作手冊嗎？工作就像生活，我們大多透過看別人做事或重複基本指令養成工作習慣——人都是這樣學會怎麼使用新玩意——而我們傾向用這些習慣來蒙混過關。沒有一個頭腦正常的人會想利用一個新軟體的全部功能——我們自然而然會抓住能圓滿完成工作的新功能，然後便轉向其他事物。

在精實裡，標準既不是程式，也不是規則，而是對知道我們知道什麼的一種表達。標準是工作知識，以 4M 來表達：

◆ **人力**（Manpower）：自信地處理工作的基本技能

◆ **機器**（Machines）：了解設備如何運作得最好

◆ **材料**（Materials）：關於零件和構成要素，我們需要了解的內容

◆ **方法（Methods）**：產品或服務形成的方式，以及各構成要素如何結合以創造（或無法創造）品質

　　管理者的工作是釐清和教導這些工作知識的基本要素，以便每個員工在 0 至 10 分的範圍內為自己評分，並學習掌握每項要素。在快速變化的環境中，管理者的工作主要是更新上述知識和培訓員工——然後再次培訓他們。就實務而言，可將標準視為任何員工都需依其工作的培訓材料，以幫助員工自信地處理他們的工作。

4.11 視覺化管理

　　精實思考模式中的一項關鍵管理技能是**視覺化**——學會讓標準在現場活過來，使任何人都可以一眼就能直覺地看出情況是否符合標準，並負起解決問題的責任，藉此而學習。

　　為了使員工更容易停下來查找問題，並在出現問題時處理問題，精實傳統發展出一些技巧，將問題具體地視覺化為標準和非標準條件之間的差距。起點很簡單，例如在地面標出明顯的線以表示箱子並未堆放在正確的位置，但這些做法也可以和測量設備上的測量表一樣複雜。電腦的拼字檢查就是一種視覺化管理器：它在一個懷疑拼寫錯誤的詞下畫線，讓你可以停下來想一想。

　　視覺化管理有助於在問題出現時揭露它（而不是張貼過去的管理

報告，如貼在牆上的 PPT 圖表）。標準必須用可視、直覺的方式表達，使任何人都可以看到他們是否符合標準——類似以白線區隔道路的兩邊，並告訴你哪裡能走、哪裡不能走。視覺化是精實特有的技術，可以讓現場活過來，也讓員工容易對問題負責，因為問題可以直覺地顯示出來。例如在每一個工作站的看板順序列（無論生產還是工程部門）直覺地表示我們是落後進度（積壓的看板）還是提前（沒有更多的看板了）。

4.12 日常問題解決

視覺化管理和標準作業是突顯問題、使透過日常問題解決學習變得更容易的框架。**日常問題解決**是一套基本機制，能夠讓我們的心智與習慣對抗；每天調查事實真相而非本該如何，藉此保持知識新鮮。作為一種每天一次的思考練習，我們可以要求員工根據問題、原因、對策和檢查來觀察問題是如何解決的（見表 4.3）。

問題	原因	對策	檢查
與標準結果之間的差距是什麼？是因為流程中的什麼問題？	與某項特定標準之間的什麼偏差導致問題？我們的理論哪裡錯了？	怎麼讓狀況恢復到正常標準狀態？	對策是否有效？多有效？客戶是否對我們的回應滿意？我們需要進一步調查什麼？

表 4.3：思考練習：問題是如何解決的

花心思把問題視覺化為「實際狀況與理想標準之間的差距」會在人的經驗和所知之間創造心理緊張，這種緊張會在工作記憶和長期記憶之間建立回路，這就是成人學習的關鍵。

此外，透過要求員工不僅查找問題，還要查找標準（機器的原始檔、現有程序或其他），我們將注意力投入於調查。學習標準與其說是在課堂的環境中學習，不如說是透過調查某種情形、查找現有標準、認真思考差距和發生了什麼事、嘗試各種解決辦法，而在工作記憶和長期記憶之間建立一個往復不止的回路。為調查所付出的心力不僅更容易、更讓人投入，本身也形成了學習。

如果調查沒有發現與當下情況有關的標準，可以立即制定新標準以供進一步參考。標準學習和標準生產不是可離線作業的靜態活動；對所有追求卓越工作的員工而言，這兩者是在職發展（on-the-job development）的一個關鍵部分。問題解決不該抱持有一天所有的流程都能完美運作的期望——這是愚蠢的想法。問題是與環境產生摩擦的結果，所以很顯然地，無論解決了多少問題，都會出現更多的問題。依據標準進行問題解決的目的在於培養每個人在處理廣泛的工作狀況並從中學習時的能力和自主性（見表4.4）。

依標準作業（工作特定元素的相關詳細知識）和標準化作業（掌握各種工作元素順序和背後的基本技能）是品質和生產效率的真正源頭。真實生活中的成本來自於大量的人每天、整天進行例行工作。每當有一個任務出錯，成本後果都會指數式成長；從當場修復所需的時

問題解決	員工發展
問題	學習制定問題是一個關鍵的技能，涉及聚焦結果、辨識出結果不妙，以及面對錯誤或事故造成不良表現的事實，不指責他人
原因	尋找最有可能的原因就是在練習觀察真正發生什麼事，以及調查現有標準，二者都是開發系統性知識和深入探究的重要訓練——也是行動中學習的基石
對策	尋找回復標準條件的立竿見影對策，藉此同時鍛鍊創造力和能力。找尋聰明對策是在練習對抗功能僵化和因果思考，可以藉此找出真正的問題點，並展開5個「為什麼？」
檢查	研究對策並評估其影響，這就批判性思考和深入了解問題的根本原因而言至關重要，可以帶來新標準和進一步調查「為什麼？」

表 4.4：帶著標準進行問題解決，如何幫助員工發展

間，到缺陷如果一路來到最終客戶端所造成的客戶流失，再到事態真的嚴重而產生的龐大訴訟費用。對有缺陷的工作進行檢查、隔離並加以糾正是巨大的宏觀層級成本，源自於我們無法第一次就正確地完成所有工作。依據標準作業是過度成本的根本對策，但很難執行，因為無法強加於員工。

依標準作業是一種認真的專業態度，需要動機和紀律，無論做的是什麼工作或者員工的教育水準如何。這就是為什麼讓員工參與日常工作中的問題解決是一個如此強大的方法——不是解決所有問題，而是花時間逐一調查，逐步建立對工作的用心和對標準重要性的體認。

4.13 改善

在豐田的傳統中，改善主要有兩種形式：①解決問題以將狀況恢復到標準；②研究流程以改善標準。在問題解決和標準之間建立了關聯之後，我們將更加深入地自我學習和實際改善。豐田的基本信條是：「沒有流程是完美的，所以永遠有改善的空間。」改善就是尋求改善的空間，並在此過程中學習如何更妥善完成自己的工作以及維繫與他人的關係。

就實際改善而言，改善的流程和結果一樣重要。改善也關乎加強團體的**人力資本**（知識和技能）和**社會資本**（關係和信任）。當然，如果結果不是可見的改善，則流程形同虛設、正能量消失，因此兩者必須如一體的兩面般同時考慮。例如，如果我們採用由豐田老手亞特・斯莫利（Art Smalley）和加藤功（Isao Kato）提出的 6 個經典豐田式改善步驟（見表 4.5），我們就可以看到每個步驟的發展構成要素。[12]

多數精實工具，如**快速換模**（SMED）、**全面生產維護**（TPM）或問題解決（A3），事實上都是普遍性改善經常性問題的具體應用。例如，SMED 方法圍繞工具轉換的具體研究方法，聚焦於在轉換期間區隔**外部**（機器仍然運行中）與**內部**（停機中）任務。相似地，TPM

---

[12] I. Kato and A.Smalley, *Toyota Kaizen Methods*, Productivity Press, New York, 2011.

改善步驟	員工發展
1.識別績效的改進機會	透過聚焦於一項具體的績效衡量標準，並以可視的改善為目標，加深對安全、品質、成本、品種和能源效率的認識
2.研究目前的作業方式	闡明目前的工作方式，確定標準順序、各困難點所需的各種標準及快速改善當下明顯問題和點子
3.探索新想法	開發創造性思考，提出幾種不同的工作方式，探索從其他情境得出的新觀點和不同的見解
4.提出新方法及加以試驗的辦法，並得到許可	加深對組織以及如何建立快速試驗的知識，了解要說服誰，以及如有必要如何獲得許可，以便實施新的做法
5.實施新方法並追蹤結果	學會改變工作方式並小心測量，以確定新方法是否真的能改善表現
6.評價新方法	關注結果，並聽取各種觀點（特別是受影響的其他部門），以充分了解新做法的表現，以及還有其他什麼地方需要改變，以確保新的做法不會回到舊的習慣

表 4.5：經典的 6 個改善步驟

從研究機器時間損失的基本原因開始，如停機時間、設置和調機、小停機、運行緩慢、啟動缺陷和生產缺陷。雖然 TPS 是一種明確的學習方法，而非組織藍圖，但它在豐田幾十年的應用中，已經對管理實踐產生絕對的變革性影響。特別是管理現場以鼓勵改善精神，產生了以下兩個重大的影響：

1. **拉式系統管理的是工作的流動，而非前線經理。**在傳統的現場中，最主要的指導原則是無論什麼情況下都要讓工作人員忙碌，並遵行計畫系統所做出的日常排程變化。前線經理的工作主要是決定誰做什麼，然後監督工作的進行。經理很容易成為現場的決策「瓶頸」，他／她也許會太注重於產出，以至於失去對價值或人的興趣。在拉式系統下，團隊是穩定的，工作的流動遵循看板的流動，排程變更盡可能少，作業員就可以自主地知道該做什麼。

2. **前線經理的角色是指導和改善，而非決定和控制。**由於流程由拉式系統安排，前線經理的工作從「決定和控制」轉變為「指導和改善」。精實系統裡，經理的首要職責是培訓下屬，而自働化和及時化條件為此創造了環境。管理階層的任務是確保每個人都了解並維持標準與支持改善，無論是透過個人提案、日常績效的問題解決還是自主學習團體活動。控制內建於及時化和自働化之中，因為如果生產單元延誤或遇到品質問題，它會在平穩的拉動流中造成可見的波動。因此，經理的重心是在人力、機器、材料和方法方面支持問題解決。

4.14 要做到精實，必須精實思考

　　這是一個無法逃避的問題：如果你想要學習如何精實思考，你就必須熟練精實學習系統及客戶滿意度、自働化、及時化和標準作業改善之間的相互作用。多年來，我們看見許多人試圖透過鎖定某個特定面向或工具並將系統簡化為一個單一的元素以逃避學習，在最好的情況下，他們的結果維持不變，而最糟糕的則是遭遇災難性的失敗。精實系統之所以成為一個系統，是因為它創建了一個特定的思考空間，用精實的方式框定我們的挑戰（見圖 4.2）。

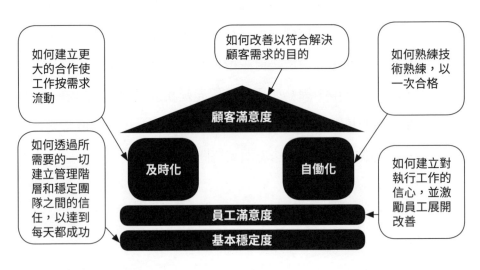

圖 4.2：精實學習系統

◆ 如何改善以符合解決顧客需求的目的

◆ 如何熟練技術，以第一次就合格

◆ 如何建立更大的合作使工作按需求流動

◆ 如何建立對執行工作的信心，並激勵員工展開改善

◆ 如何透過所需要的一切建立管理階層和穩定團隊之間的信任，以
　達到每天都成功

　　這個系統是經過幾十年的反覆嘗試錯誤而建立，體現在一些具體
工具上，而我們需要學習和掌握這些工具，不僅其操作，還有其目
的。

　　努力學習用精實系統練習著墨其企業挑戰的執行官們，總會不斷
地被這個系統的能力所震撼，因為讓他們清楚看見那些發生在他們身
邊，他們卻無法掌握的事物。

　　在精實思考模式中，透過實踐「去現場觀察」而從基礎領導和學
習親自領導改善，首先引導我們發現真正的問題，然後建立有助於向
組織的其他人溝通這些挑戰的關鍵績效指標，從而面對這些問題。接
下來，我們在精實學習系統的框架下前進，從面對挑戰開始，以精實
術語定義挑戰，同時建立尋求以人為本的解決方案所需的組織學習條
件。這種方法的美妙之處在於，由於在現場做中學，和真正做事的人
面對真正的問題，因此短期的成果會持續出現。

　　小的「勝利」應該標示出這個學習路徑的早期軌跡。即使在整個

情況還不明朗的情況下，讓每個人都聚焦於更妥善照顧他／她的客戶和解決營運問題，也會在財務上以及員工認同感方面產生顯著的短期結果。精實戰略平衡了現在（可見的短期結果）與未來（可持續的競爭優勢）的需求。正如一個老師曾經說過的：如果你只顧今天，犧牲了明天，你將不會有明天——但如果你只顧明天，犧牲了今天，你也同樣不會有明天。

發現問題、面對挑戰，並以精實的方式框定它們之後，下一步就是讓整個組織全力以赴共同創造新的解決方案，以獲得競爭優勢。用一種有機的比喻，如果績效結果是我們的勞動果實，那麼客戶滿意度、內建品質、及時化和標準作業改善這些精實框架就是樹枝；而樹幹則是豐田老手們所稱的「基本穩定性」（這是思考者系統的基石，也是樹的根，即從個人能力中獲得的能力，它滋養了樹的其他部分）。

豐田的具體解決方案對你的部門、公司、產業而言未必合適，豐田的全套改善框架亦是如此，然而，它卻是一個無比強大的出發點。當了解事實變得困難，豐田的思考者系統提供了一個堅實的空間，可以在此開始探索和調查，以建造屬於我們自己的學習框架——取代設立巨大、未經試驗的豪賭。在將豐田精實學習框架應用於你的情況時，也許並不會立即找到答案。然而，你會逐步形成學習的基礎。

在我們四人所見過的各種情形裡，採納這些框架，並透過在現場親身運用而將框架化為自己所有的領導者們成長，並學習發展自己獨

特的、基於現場的思考方式，都證實這種方法是無價的。信任和實踐
這種方法已證實是比傳統成功模式更好的方法。透徹理解精實學習框
架本身並不是終點，相反，這是獲得精實思考模式，終至發展出自己
的學習框架，藉此與所有員工一起形成解決方案的第一步。

第五章

Organize for Learning

組織學習

領導者可創建逐步改變整個組織的能力。

　　隨著賈奇和菲昂賽特對精實的理解逐步深入，他們看到了精實系統的原則在實踐層面上是如何指引他們去探索現場，並在此過程中揭示自己在營運方面的盲點。他們通過親身體驗，學習到動態改善和標準作業如何引伸出解決老問題的新方法。他們所取得的進步產生了一個新問題：有些部門進展得比其他部門快得多。令人費解的是，從表面上來看，所有的部門經理似乎同樣致力於改善和改進。一些提出最多意見的經理們行動卻最慢。起初，老師會批評那些改善做得不夠的人。所以他們為自己辯解，並且展示了一次又一次的改善，但是總體表現仍然差強人意。

　　最終賈奇和菲昂賽特能夠看到組織設計如何增強或阻礙個體的收益、個人的見解及局部的改進。一些經理能夠從他們團隊正在進行的改善中學習，並且吸取教訓來改變他們部門的程序。那些在任何實質性改善中學習的經理們，其共同心態是首先要願意去問：為什麼這項工作有其必要性？他們把浪費、缺陷或問題視為錯誤（或無知的）政策、程序和做法的結果。他們根據重複的改善建立結論，以改變他們的管理方式。

　　賈奇在組織學習方面的背景使他逐漸改變了自己的領導價值觀。他的經理們在各種情況下解決問題的能力——由於重複進行改善的結果——會被優先考慮，而不是考慮他們滅火的能力。賈奇開始意識到，最好的消防隊員撲滅的火災愈多，就會導致更多的火災發生。不進行根本性的改善，會導致大家只想得過且過，而不願意把事情做得

更好。為了創建一個真正重視此轉變的環境，他需要公司圍繞共享的能力進行組織：發展所有人的能力，並且改進連接他們工作的程序。菲昂賽特對此認為理所當然，他耐心地指導現場經理面對自己的弱點，並在拉式系統中進行更好的合作。

賈奇發現自己樂於看到人透過改善之旅而得到發展（有些人比其他人更快），同時也樂於淬煉耐心，期待每個人從改善中得出管理結論。從這些結果來看，他對改善的整個概念感到有些沮喪。但最重要的是他意識到，由工作執行者自己形成新的解決方案，與執行高層決策結果之間究竟有何區別。他看到自己的組織從改善和學習能量中產生對變化的適應與改變，而不是抵制重組或強化流程紀律。

鮮少被提出來討論的一件事是，一個組織不可能在一夜之間從「傳統」走向「精實」。組織中的某些部分會比其他部分進展得更快，而這種失衡的進展速度會對公司的支援系統帶來巨大壓力。舉例來說，Wiremold 在最初幾年中，生產流程的某些部分已轉為流動和拉動式排程，而其他部分仍依賴 MRP 進行推式排程與批量生產。在過渡時期，公司需要對兩種不同的營運方式持觀望態度，而該公司發現自己要在舊系統中創建「應對方案」以適應這兩種方法。不出所料，這造成了一種短期狀態——有些人可能會將其描述為組織混亂。與改變支援傳統批量流程的電腦和其他系統相比，搬動設備以創造流動和拉動感覺容易得多。最後，電腦、業務和會計系統成了阻礙精實發展的最大障礙。

隨著拉式系統端到端的發展，從平衡客戶需求、將其轉化為節拍時間，並從生產單元拉動生產，到平穩地向供應商提交採購情報以便使他們的工作變得更輕鬆，賈奇和菲昂賽特現在看到了團隊和團隊合作在現場的重要性。提案和改善的想法來自營運團隊，而這些團隊會被「理解其想法」的經理支持及鼓勵。當經理從改善中汲取教訓並改變他們自己的程序時，新知識將會應用在部門層面。想法的流動轉化為改變的流動。

賈奇現在清楚地看到，沒有像學習這樣的事情：只有學習的成果。學習的成果意味著變得更好。這種更有效且摒棄浪費的方法，需要逐步地建構起來，而不是像他先前所認為的那樣，只能透過狀況失靈時的「頓悟時刻」（"aha!" moments）而衍生出全面性的改變。改變是學習的產物，而不是神祕的相變。對於每個部門，CEO 和 COO 建立了一個明確的改變框架，如表 5.1 所示。

在發現和面對自己的問題，並以一種組織中所有人都能掌握的方式來框定它們之後，該如何由員工自己形成改變呢？一個簡單的方法就是培養良好的「習慣」。例如，作為一個人，你可以假設你具備有效的習慣能夠提升你的績效能力，也有一些無效、浪費的習慣會妨礙你的績效。由於這些習慣都屬於你，因此困難處在於，即使你清楚地知道自己有某些不好的習慣，你還是會對它們全部習以為常。因為改變任何習慣都是困難的。

有些習慣純粹是個人的，但是，特別是在工作中，習慣往往會傾

部門	哪個部門關心這個問題?人是由各個部門組織起來的,他們只關心自己部門發生的事情:改變哪些工作習慣以及誰將承擔哪些責任。改變發生在部門層面。
挑戰	總體的挑戰是什麼?為什麼這是當前業務環境中明確而現實的挑戰?改善的方向是什麼?
衡量	何種指標能將這項挑戰掌握得最好,並衡量我們是否在解決這個問題上一天天地表現得愈來愈好,或是相反,反而讓事情愈變愈糟?這只需一個指標。
以前的改變	在宏觀層面上列出以前的改變,通常是每年一次: ◆ 四年前,我們改變了這個政策; ◆ 三年前,我們重組了這個工作流程; ◆ 兩年前,我們獲得了這項新技術; ◆ 去年我們改變了與供應商的合作方式。 ◆ ……
目前的改變	從「以前」到「之後」,該部門目前正在進行哪些改變?部門為什麼要做出改變?部門希望得到什麼?
殘留課題	列出以往所有該部門實施改變後的未解決問題,包括從未徹底解決的課題,以及需要進一步改善的問題,能夠使每個人的滿意度皆穩定下來。
下一步的改變	一旦我們成功地實現了當前的改變,預計接下來會做出什麼改變呢?

表 5.1:改變的框架

向於在團隊層面中發展。團隊習慣是公司習慣的局部詮釋,公司習慣源自行業習慣,若追本溯源,行業習慣反映的是國家文化(儘管跨國企業愈來愈多,行業習慣甚至公司習慣都可以大幅超越國家文化)。

精實老師會認為：整個金字塔都建立在一個堅實的共同點上：人的本性。❶

既然習慣很難改變，那麼我們應該在哪裡應用變化的支點呢？個人習慣很難自己改變。另外，人性（甚至國家文化）不太可能發生太大的變化。然而，正是因為人性，團隊才會是大多數工作習慣的起源處。

人類團隊自然地由以下要素來定義：

1. **邊界：** 了解誰是團隊成員以及誰不是非常地重要。有些人偶爾出現的專案小組不是團隊，他們只是群組。團隊知道如何在自己的周圍畫出邊界，界定出團隊成員和那些不屬於團隊的人（這就是為什麼被新團隊接受是如此困難的一個重要原因）。

2. **領導者：** 任何團隊裡都會有一個領導者。團隊中的領導力通常表現在能力和自信的雙重尺度上。一個被認為了解分內之事的領導者會被視為強有力的，在面對挑戰時，不知道該做什麼的領導者就會被視為弱者（如果他們言之有理並充滿信心，那麼他們是否對錯就沒有太大關係了）。能夠激發信心的領導者會關注每一個團隊成員，並深切關心他們所發生的事情，這樣就

---

❶ T. Harada, *Management Lessons from Taiichi Ohno*, McGraw-Hill, New York, 2015. 繁體中文版《流的傳承》由美商麥格羅希爾國際股份有限公司台灣分公司出版於 2013 年。

會被視為溫暖的領導者。只為了個人目的（即使這是組織的使命）而指使他人的領導者則被認為是冷酷無情的。這兩種尺度都會有極端：過於強勢的領導者會顯得冷酷，過於溫暖的領導者又容易會顯得軟弱。天生的團隊領導者會被隊友視為既強有力又溫暖的人。他們不需要成為最能幹的人，但確實需要被認為對自己手邊的事物瞭若指掌。他們不只需要與所有人都相處得很好，還要能照顧團隊中每個成員的利益，同時仍將團隊的共同利益放在個人問題之前。

3. **習慣**：任何人類群體都會自然地產生習慣，大多時候是隨意產生的，藉以區分出不同的群體。習慣（或規範）是群體和團隊所做的行為。習慣可以是有益的，也可以是無益的。習慣往往是對內的，但它們也可以直接指向客戶和夥伴。習慣雖然棘手，但它們也可以被精確地改變，因為它們大多是隨性多變的。改變團隊內部的習慣會導致個人習慣在不知不覺中也有所轉變（這就是當人們轉換團隊或工作時會發生的事情），但是要改變每個習慣都需要經過一次次的爭論和推動。

4. **氛圍**：團隊由人所組成，只要是人就會有情緒，無論是個人還是集體的。個人能量通常會轉化為團隊活力，或者相反，導致團隊沮喪。就像個人的情緒一樣，可以將氛圍區分為不同特質——也就是穩定的傾向，例如在工作中相互信任、覺得每個人都可以放心做自己的正向特質，或者感受到被團隊其他成員經

常性貶低的負面特質。特質往往源於習慣，但也可以來自人際
關係。情緒更表面，變化也更快，但它們對高績效團隊和表現
差的團隊都會產生影響，即使是最好的團隊也有不順利的時
候。考慮情緒似乎是愚蠢的，而且它們似乎不是高層管理者所
迫切關注的問題，但它們卻構成了團隊的日常現實，值得所有
人關注。

2008 年年初，從聖誕假期回來之後，朱西・畢耶（JC Bihr）遇
到了一個嚴重的問題。實際上，他有幾個嚴重的問題。在二十世紀
九〇年代中期獲得冶金學博士學位後，畢耶被瑞士鐘錶製造商邀請
去共同創建了 Alliance MIM，這是一家採用新技術「金屬射出成型」
（MIM）開發出更便宜零件的新創公司。MIM 對於精密零件來說更
便宜、更環保，因為它是一種加成法技術（將金屬粉末和塑料粉末混
合，採用塑膠零件的模具射出成型方法，然後熱烤以脫除塑膠，最後
拋光），而不是一般的減去法加工技術（從金屬塊切削出一部分）。
儘管他的股東們基本上想尋求的是價格優勢，但畢耶想要尋求的是其
他發展途徑，他找到了一項完美的應用：豪華手機的按鍵。當他說服
一家主要的豪華手機製造商並協助其生產數位按鍵之後，幸運之神降
臨了！他突然有了兩位數的年成長。他說服董事會成員（主要是鐘錶
製造商）繼續投資該公司，並努力建構了一條可以交貨的供應鏈。但
他遇到的狀況是，訂貨簿裡有超過一年的訂單量，而預定於 1 月交貨

的訂單直到 7 月都還交不出貨，並且品質日漸惡化——導致產生了接近 20% 的退貨率。

　　從 2002 到 2007 年，公司業績呈指數式成長，銷量增加了六倍。在 2007 年的最後幾個月，畢耶擔心的是兩個截然不同的課題。首先，生產根本無法滿足需求。準時交貨率提高了 30%，他們維持著 36 天銷售量的成品庫存，26 天銷售量的在製品（WIP），以及 53 天銷售量的成型品——這是一場營運的噩夢。畢耶第二個主要的擔憂是蘋果公司推出了 iPhone。他的主要客戶是 Nokia 的一間子公司，因為不覺得受到 iPhone 威脅而聞名，它並未將 iPhone 視為一款「真正的」手機（據說 iPhone 並未通過臭名昭彰的 5 英尺跌落測試）。作為一名敏銳的技術專家，畢耶對此非常擔憂，畢竟，他自己的商業模式是用 MIM 零件取代了傳統的機械加工零件——他非常清楚「取代」意味著什麼。

　　在壓力感籠罩之下，畢耶轉向精實生產來解決品質和供應鏈的問題。他找到了一位精實老師，老師立即請他專注在品質上，並建立一個回歸於逐項解決品質問題的日常討論。他的管理團隊發現許多問題可以與作業員本人討論就能解決。複雜的流程（射出成形、烘烤、拋光等）讓物料無法輕易地流動，但透過盡可能地提高靈活性，他終於成功趕上交貨，於 2008 年年底完成了公司盈利目標並提供更好的服務——沒想到，此時金融危機爆發，訂單在 8 個月內下降了 70%。

　　隨著 iPhone 的出現，這項生意勢必將會被改變。按鍵手機消失了，而其餘業務轉移到遠東地區。該公司不得不透過製造其他類型產

品來徹底改造自己，並且必須避免再次落入單一客戶／產品占主導地位的窘境。畢耶在醫療器械和航空航太領域拓展市場，這些市場非常注重細節。此外，精實思考模式與工程師和作業員之間合作的成長經驗也持續增加。在這個階段，公司能否生存是由工程師創新和說服新客戶的能力所驅動，而生產的重點僅僅是趕上進度和生存。

經過兩年和客戶與工程師的緊密合作，Alliance 公司將看板和 SMED（快速換模）作為公司戰略的主要支柱，不僅實現了財務復甦計畫並擁有更多的客戶和更廣泛的產品。在同一設備基礎上滿足更廣泛客戶和零件的唯一方法是迅速變得靈活。品質開始改善，退貨率現已降至 5%。此時，CEO 決定積極擴展早期的看板實驗，以期釋放出足夠的空間來引進生產航太零件的專業機器。

由物流經理以自上而下的方式引入及時化，她經過自我訓練，向大家介紹並展示了所有的工具，努力地推動此一流程——雖然她獲得營運經理的大力支持，但還是遭遇到內部的抵制。儘管如此，退貨率每年下降了一半，交貨準時率提高到 92%，在製品庫存降低到 1/6，成品庫存縮減至三天以下。

這些顯著成效可以抵銷及時化為了支援頻繁換模所帶來之壓力的內部痛苦。危機不斷出現，亟需更強大的團隊合作，這在一家仍然各自為政的公司裡根本不會發生。

從大批量生產轉到一個系統，在這個系統中，作業員每隔半小時準備一次交貨零件，這在整個公司中獲得了迴響。以前，工廠是由技

術人員負責運作，他們設置工具，對零件進行初步測試，然後讓批量生產，因而可以累積幾個月的客戶需求。現在，作業員必須學會承擔大量的設置和準備工作，以便能進行更短期間的生產運作。這意味著需要修改現有工具，改變製造工程師設計工具的方式，並訓練大家能更加遵守標準。

為了創建支援拉式系統的組織結構，畢耶和他的人力資源經理參考豐田手冊中的一頁，把工廠重組為 3 至 5 人的生產單元，每個單元有一名班長（Team Leader, TL）。班長沒有行政權力，他／她是最了解流程和產品的人，他／她的目標是幫助作業員了解產品品質是否合格。他／她是品質上的第一道防線，如果班長遇到不了解的事，他／她就會直接呼叫產品經理或品管經理。在這個團隊周邊，對機器有一定了解的專家們都聽候團隊的召喚。當一個新的零件開始生產時，他們調整機器同時進行維護。培訓師被指定為每個部門創建道場（線外的作業員作業培訓場），並重新標齊所有與標準作業不符的偏差。

畢耶和他的團隊也從廚師學校獲得了靈感，就像將所有食譜細分為 40 種基本動作一樣，以前複雜的標準現在被修改成用一張表格即可完整呈現（見圖 5.1）。

然而，儘管在拉式系統的初步舉措之後，以人為本的需求已經非常明確，但 CEO 知道 Alliance 仍然是一家以工程為導向的公司。隨著變革的開展，他感受到團隊內部及生產員工和工程師之間日益緊張的關係。本來已經處於歷史新低的缺勤率加倍，人們的脾氣也變大了。

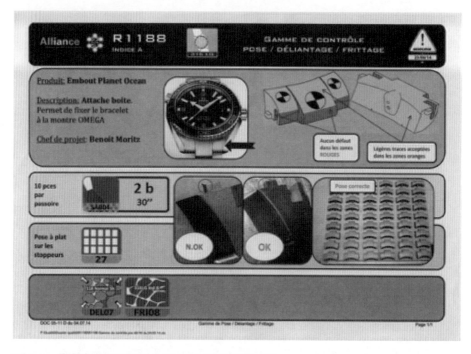

圖 5.1：複雜標準被修改成用一張表格即可呈現

　　畢耶退一步思考並和人力資源經理（她把自己的職務頭銜改成了「人事經理」）及管理團隊的其他成員討論這個問題後，他意識到拉式系統和行燈的張力，在現場建立一種對每個內部零件的交貨，都要保證有正確品質和正確時間的緊迫感和重要感。他們還看到，在創建穩定的團隊結構以支援改變為拉動流的過程中，他們挑選了最優秀的技術人員作為班長。但其中一位最好的作業員突然宣布要放棄班長的角色，對他們來說，這正是一道警鐘——警惕公司必須開始正視問題。

「我們塑造我們的工具，」畢耶喜歡說，「然後工具又塑造了我們。」在面對他的問題時，他發現需要重新界定班長的工作，從「最能夠解決技術問題，從而使拉式系統平穩運行的人」改為「在日常工作和改善中都能支援團隊的天生領袖」。頓悟之後，CEO 意識到拉式系統所帶來的進步已經如此巨大，他不需要它每天都像機器一樣完美地運轉——在這個階段不會產生很大的營運差異。為了減少產生那些必須在最後檢查才能發現的缺陷，以及生產變更時換模困難，他所必須做的就是停下來，發現以前隱藏而現在可以深入探討的問題。拉式系統穩定運行中的停工和各種小問題是不須迴避與避免的，而是需要接受和探索。事後看來，這聽起來很明顯，但對於這樣一位才華橫溢的技術人員來說，從拉式系統的機械性觀念，轉變為以人的角度來看待人的有機觀念，這是一次真正的精神革命。

通過他的見解，畢耶現在明白所有作業員的道場訓練都要考慮到相互關係才有意義，他需要逐步找到這樣的班長，他們有不錯的技術，但更重要的是，他們與同事之間要保持輕鬆的關係，人品要贏得同事的尊重：在技術和領導能力之間必須要有折衷。

最後，畢耶的公司現在已經有一年沒有發生工傷事故，210 天沒有從他的醫療器材客戶（他們的要求很高）那裡收到退貨；準時交貨率提高到 94.2%，而去年是 89%；新客戶現在占客戶總數的 15%；內部缺陷降低了一半；銷售額成長了 10%；總人數減少了 10%。畢耶把所有這些成果歸功於拉式系統，並清楚地認識到要有強大團隊和精明

團隊領導者的支持才能持續發展下去。是的，拉式系統是一種組織工具，用於改善跨部門之間的合作，明示管理人員要解決的問題，以便使每個團隊能百分之百地完成他們的每小時計畫。但是這種改善的框架就像**工廠的脊柱**一樣，只有在有機的、以合適步調發展以人為本團隊的情況下才能發揮作用。是人自己制定流程，而拉式系統則揭示了流程。

畢耶讓他的公司開始改變冶煉方式，並說服全世界從減去法金屬加工轉為加成法工藝。畢耶最初基於自己的工程決策建立公司，專案經理在那裡營運專案，工廠在那裡執行他的設計。他只需要處理一些少數、非常有利可圖的零件，即可以運作得很好，但隨著世界的變化，畢耶也不得不改變自己，以便能夠透過廣泛的產品組合和產量的大幅變化來獲得成長。這意味著從根本上改變，如圖 5.2 所示。

```
┌─────────────────────────────┐
│          找到新客戶          │
│             ↓               │
│      執行專案以製造零件       │
│             ↓               │
│         面對生產的改變        │
└─────────────────────────────┘
┌─────────────────────────────┐
│        發展工程與生產團隊      │
│             ↓               │
│    改善工程到生產過程的彈性     │
│             ↓               │
│        快速響應新客戶需求      │
└─────────────────────────────┘
```

圖 5.2：成長和適應

顯然，這種改變來自對精實思考模式的實踐，但畢耶發現這是一條艱辛之路，如果對它們的真正目的沒有深刻的理解，應用豐田技術將會成為傷人也傷己的「雙刃劍」。

老師的問題是：①如果領導者只是在親自實踐時才能學習，②在沒有經常自我反省的情況下應用工具（精實用語「hansei」），將會導致痛苦的失誤和失望。在畢耶的案例中，他了解到及時化的主要目的是揭示問題──而不是解決問題本身。

在早期，這些明顯的問題似乎確實可以透過對工程和生產施加直接壓力以獲得解決。但是隨著簡易目標的達成，以及整個流程中最明顯課題的解決，問題的性質也會發生變化，變得更加多樣化和更加詳細。在這個階段，畢耶和他的管理團隊透過艱苦探索學到的是，團隊結構以及藉由持續培訓所有作業員並由班長和生產經理編寫標準所形成的團隊發展流程──就是成功的關鍵。

一位前豐田老師曾經這樣簡單地描述，精實思考模式就是「持續流動──停下來解決問題──持續流動──停止」。組織學習意味著設置以團隊為本的結構以支援問題解決，從而即時回應拉式系統發現的所有問題，並逐步慢慢鎖緊，以盡可能地接近客戶節拍和完全連續流。

因此，有機的精實改變在公司中是可以識別的：

◆ 3 至 5 人的班團隊產生工作習慣。

◆ 30 人的組團隊產生規程來形塑那些習慣。

◆ 集團（300 人及以上）領導人通常在危機期間制定政策，因特殊情況而改變正常規程。

這個過程從來都不是一個自然的趨勢。領導者經常改變政策以改善狀況或更加滿足他們的需要（通常兩者都是），這就需要在一線管理層進行規程變更管理，而阻力通常來自一些頑固而難以改變的團隊習慣。自上而下的方法將透過專家式變革執行者，在效率學習的基礎上迫使這些規程產生變化。

另外，精實思想是在團隊層面上，在工作真正發生時，同時包含穩定性（標準）和變革（「改善」意指「為了更好而改變」）。精實變革引擎的工作原理如下：

1. 領導者將需要解決的問題（而不是解決方案）建構在團隊成員可以理解的範圍內。

2. 一線經理鼓勵和後勤團隊（由團隊領導者來領導）探索新的習慣，並採取更有效（更少浪費）的工作方式。

3. 一線經理在團隊層面上從這些創新中得出結論，並改變其部門規程。

4. 領導者調查所有這些程序變化，突顯那些能更好地回答問題的變化，並要求一線經理和團隊研究出最有趣的答案，在自己的

現場嘗試並使之更好。

由於這種通過複製和改善（精實的說法稱為「橫展」）傳播知識的過程會發生在整個公司，績效驅動的轉型中內建了有機變革，這種轉變經常被外界描述為基於績效的文化。

5.1 改善和對人的尊重

改善的深層重點是員工滿意度。當然，改善是降低誤解導致的過度成本的關鍵，但精實領導者真正的挑戰是讓所有人投入他們的工作，讓他們覺得日子變得更好；精實執行官發自內心承諾並真誠地讓員工充分發揮自己的能力。然而，這意味著期待人們發生改變。

改變既令人興奮又恐懼。我們都知道，有趣的事物是從我們的舒適區中找到的，然而，離開了舒適區就會覺得不舒服。當嘗試新事物時，人們會很容易地感受到挑戰，這往往需要他們使用更多的內部資源來解決——於是就會明白顯現出壓力和焦慮。此外，持續的挫折容易導致憤怒和偶發的衝動行為。

領導力本質上是減少恐懼和激發興奮。這意味著不斷強調失敗是好事，實際上可被視為學習流程的一部分，改變將因人而發生，而非對抗人。

從個人的角度來看，要有效地採取下一步，需要克服四個障礙：

1. **承擔責任**：任何人經過一個往井裡看的孩子時，都會把他拉回來。然而，人們往往走在街上路過垃圾時，不覺得有責任要把它撿起來並處理掉，因為這太微不足道了，或者是相反的，認為對抗全球暖化這件事超出了我們的能力。改變的第一步是承擔改變的責任，這不可避免地會令人感到尷尬或怯步。我們如何使人們更容易承擔責任呢？

2. **探索不確定的途徑**：複雜的問題往往沒有簡單的答案，而找到解決問題的正確方法，也許要對可能的解決方案進行很多的探索。這本身並不自然，因為投入時間去研究不太可能有結果的選擇，似乎是浪費精力。探索可能很有趣，但也可能令人沮喪，並且有些異想天開。第二個問題是如何使探索獲得回報，儘管早期和明顯的答案不太可能是正確的答案。

3. **克服挫折**：成功是有趣的，但遭遇挫折可能會非常痛苦。當嘗試新事物時，挫折是不可避免的，事實上，這是學習過程中的一部分：找出行不通的方式，就像幸運地找到有效的方式同樣有價值。然而，不可否認的是失敗的情緒代價（尤其是公開的失敗），而令人想迅速放棄的誘惑始終存在。第三個問題是如何使人專注於下一個嘗試，然後下一個嘗試，有技巧地從之前的失敗中學習，從而在下一次嘗試時避開之前的痛點。

4. **展望下一步**：因為可持續的結果是動態的，所以始終著眼於下一步是完成這一步的關鍵激勵因素。例如，實施精實早期容易

犯的一個錯誤是認為拉式系統是「最後一步」——這個想法使得拉動幾乎不可能實現。另外，當諸如朱西‧畢耶這樣的領導者意識到拉動是「完美」旅程的開始時，他們就會迅速地去這樣做，因為他們發現拉式系統會教他們繼續自己的旅程。如果人們認為他們正在做的事情就是這樣，那麼他們將永遠會拿出令人失望的結果。尋找下一個挑戰的樂趣就是總是需要得到他人的支持。

改善在相互關係中發生——沒有人是孤島。有些人確實是靠自己創新的——有時甚至格外明顯——但他們不得不在自己的時代與因循守舊的壓力進行鬥爭。不管他們得到何種表揚，在他們的一生中，在這些創新者改變群體規範的同時，順應當前群體規範的壓力也永遠不會停止。很少有人同時具備成為這種變革人物的創造力和適應力。對我們大多數人來說，站在同行的立場上做出改變確實很困難。由於精實學習系統完全建立在這種細微且持續不斷的改變上，因此我們需要了解改善團隊的結構，讓人們自己更容易進行這些改變。

各層級的精實領導者都有務實的方式支援這一改變。最重要的是，他們讓不舒服的感覺變得熟悉且舒適。期望每一個團隊始終致力於持續改善的主題，領導者將建立一個小幅度的改變作為團隊的內規。團隊內部的改善消除了必須與整個外界鬥爭以推進自己想法的壓力，尤其是當團隊被管理層交派任務（並認可）去提出新的工作方法

之時。

　　領導者也認識到導師對於任何學習者都非常重要。導師可以是團隊領導者，也可以是特定技能的培訓者。很明顯，在你的專業環境中有人真誠地關心你的發展，並且能鼓勵你，給你一些關於如何克服困難的建議，無論是在激勵還是在進步方面，都會造成很大的差別。在精實思考模式中，導師指導解決問題並不是為了減少錯誤（任何傳統的卓越營運方法都沉迷於此），而是為了支持新的見解。

　　團隊領導者還使用精實工具作為指導機制，這些工具旨在將典型問題分解成簡單的步驟，從而促進團隊解決問題的努力。團隊往往更善於創造新想法以便工作得更好。在團隊內部設定新任務並反覆討論是非常重要的，可以從中獲得能夠改變遊戲的意外收穫並將一切串連起來。

　　基於團隊的改善建立在相互信任的基礎上。為了在大型組織中發揮作用，你必須知道組織是如何運作的，知道該與誰交談，並知道你可以信任誰來完成他們的工作。如果你不信任該組織，自然會猜疑它並試圖繞道去實現你所需要的，從而造成進一步的組織混亂和倒退。如果沒有組織內部某種程度的體制化改善，情況遲早會逆轉。怎樣才能實現這種信任呢？唯有持續地關注管理者是否確實尊重他們的員工。

　　在精實用語中，尊重不等於友善或禮貌（友善和禮貌是很好的，但並不是所有的管理者都能既友善又能驅動變革）。它意味著深切關

心每位客戶的滿意度和每個團隊成員的成功。實際上，這意味著要遵守以下幾點：

1. 防止人身傷害或心理煩惱。

2. 確保他們理解他們工作的目的，並有辦法做好這項工作。

3. 盡最大努力了解他們的觀點，看到他們遇到的困難，並幫助他們解決問題。

4. 培訓、培訓、培訓開發基本技能和解決問題的技巧，以提高人們把工作做得更好的自主性。

5. 創造具體的機會，讓人們根據自己的想法採取行動，改善他們個人和團隊的工作方式——從個人的改善提案，到團隊的品管圈，甚至到管理層跨功能部門的改善專案。

6. 幫助人們在組織中探索，以支援他們的職涯發展和個人成功。

尊重人的精實思考模式意味著表明自己有絕對的信心，認為如果向所有員工提供正確完成工作所需的認知和非認知的基本技能，然後不斷地挑戰他們去更深入思考他們所做的事情（同時在他們遇到阻礙而難以處理時支持他們），那麼所有員工都能充分發揮他們的能力。

然而，正如豐田章男所指出的那樣，諷刺的是，一個基於員工發展的系統對員工的尊重始於對他們的挑戰，而後者通常被視為批評。沒有這樣的批評，就沒有問題意識，不會有解決問題的良性緊張，不

會去尋求更好的方法奮鬥,也就沒有進步。相互信任至關重要,正因為第一步是如此具有挑戰性,而在牢固的關係範圍內進行批評也無妨,在這裡真正使人進步的意圖被認可和接受。很不幸,如果沒有這種關係,很多人會對批評產生不良反應,因為他們會認為這是不尊重人的。為了避免這種情況,很重要的是任何挑戰或批評都是針對正在分析的系統或流程,而不是針對正在進行工作的人。

遇到阻力時人們都會成長,運動員要訓練;創新者們修修補補,直到他們成功為止。改善要與組織慣性進行鬥爭。組織學習意味著從現狀中,創建一個能支持個人和團隊面對維持現狀阻力的社會結構。

5.2 團隊領導者

「你們是如何組織起來的?」這是弗雷迪‧伯樂經常在現場問經理們的一個問題。當經理開始詳細說明組織圖表時,他會糾正:「我的意思是,你們的作業員是如何組織的?這位先生或這位女士是如何讓自己井井有條?他們是穩定團隊的一員嗎?他們的參考點是什麼?誰對他們的成功負責?」他的詢問無一例外地揭示出,無視於人的組織思維會盡可能地創造出最好的組織架構,然後似乎也會用最好的方式為現有管理人員配置員工。很少有組織圖表能夠一路連結到那些實際增值的人,他們被認為是「部門」、是「資源」,而不是被視為「人」。然而,在精實思考模式中,對人的改善和尊重都有賴團隊領

導者和一線經理的努力。

　　團隊領導者是讓團隊發揮作用的基石。團隊領導者沒有管理責任，他們是被託付了一點額外任務的常規增值員工。他們是領頭羊並首先採取行動方式領導，團隊中的其他成員則帶著團隊層面的精實工具完成任務。舉例來說，團隊領導者會有的額外任務如下：

◆ **回應團隊成員的呼喚**：每當有人遇到麻煩時，就可立刻找到人求助。然而，如果團隊領導者被認為是有能力和關心他人的，而員工認為尋求團隊領導者的幫助或建議符合自己的利益，他們就會求助於團隊領導者。反之則不然。

◆ **尊重安全規程**：團隊領導者可以解釋安全規程並不斷地就安全意識進行溝通。團隊領導者會指出好習慣和壞習慣之間的區別，並討論最近發生的事故。每個團隊成員都要為自己的安全負責，但團隊領導者在持續關注安全方面發揮了重要的作用。

◆ **了解他們所在領域任務的標準作業**：團隊領導者能夠證明標準作業是如何支援最終客戶和流程中下一個人的特定品質重點。標準作業不是創建習慣，而是要有一個明確的方法，用標準作業當作參考點來檢測一個人的習慣。在他們自己的實踐中示範標準作業，團隊領導者建立了這個參考點。經由解釋如何保持標準作業的具體要點，團隊領導者提高了團隊的品質意識。

◆ **鼓勵 5S 計畫的第四個 S——標準化**：團隊領導者帶領每個團隊

成員遵守由團隊決定的工作環境標準，並以此作為標準作業的基礎。團隊領導者在如何組織工作環境和每個人維護工作標準的能力之間的關係上，扮演著不可或缺的角色。

◆ **強調需要進一步改善的地方並領導改善活動**：團隊領導者的角色最初是大野耐一在豐田所發展出來的，指的是把改善工作做得最好的作業員配置到新生產單元作為改善班長。隨著時間的推移，這個角色愈來愈傾向於維持工作標準和培訓，但團隊領導者的核心任務仍然是找出浪費和領導改善。

　精實團隊和團隊領導者在及時化和自働化條件下運作，這兩個條件決定了每個生產單元如何能非常精確地運作。然而，重要的是要認識到拉式系統所帶來的張力，只有透過團隊領導者的領導行動才能在實際的改善中得到解決。他們是基層人員，而管理層只是在管理會議上做出重要決定。管理人員不在的時候，團隊領導者總是在那裡，他們同時是標準和改善的最終守護者。在實踐中示範標準作業（並能夠解釋它），他們給其他員工一個可依賴的參考點。通過觀察和指出浪費及領導減少浪費的活動，他們為其他員工創造了加入及創新的思考空間。團隊領導者在日常工作中承擔了將尊重員工落實的基本職責。

5.3 基本的穩定性

為了能夠支持每位作為個體的員工，團隊和團隊領導者必須在組織的價值流中找到他們正確的位置：誰和誰一起為客戶服務？價值流的目的是消除迷宮，減少系統各部分的停滯，幫助大家更容易看到根據客戶需求發出第一次生產指令之後，哪一個產品需要率先完成。在主流組織中，各流程每天都由中央管理系統優化。因為各產品的作業路徑是按照不同的順序進行，這意味著團隊可能看到其內部客戶和供應商發生變化。這是不穩定的，並很難與跨團隊的同事建立起良好的工作關係。典型的作業路徑流可能類似如圖 5.3 所示。

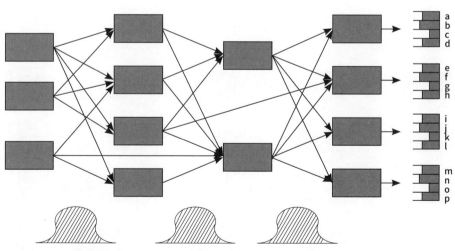

資料來源：豐田公司生產調查部（OMCD）

圖 5.3：典型的工作路徑流

為了穩定跨功能團隊的工作，我們希望盡可能地多創建價值流：產品籃中的產品一起流經同一團隊。這意味著要指定哪個團隊做哪些產品。這明顯地失去了彈性，但實際上是一種增益。只要任何團隊都可以做任何工作，當出現問題時，IT 系統總是能夠重設路徑，以解決團隊問題而消除壓力。如果固定了路徑，那麼管理層必須為特定團隊提供工作的方法，並支援團隊解決日常問題。當團隊自己學會在穩定的流程中處理更多產品時，就會發展出彈性，如圖 5.4 所示。

然而，價值流並不能消除對專業穀倉的需求。功能部門對維持和發展專業學習至關重要，而「再造」的嘗試——即圍繞流程而非技術專長——在很大程度上都失敗了。但是，團隊之間的工作流已經穩定，因此每個團隊的每日工作都必須具備：

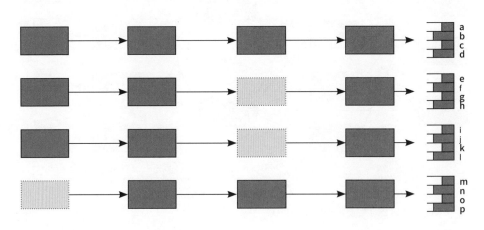

圖 5.4：價值流的工作路徑流

1. 穩定的產品清單

2. 已知的內部供應商（前製程）

3. 已知的內部客戶（後製程）

4. 穩定的設備清單

部門作為一個能力中心運作，部門負責人的首要職責是在團隊領導者的支持下培訓團隊中的每一個成員。團隊領導者必須掌握工作標準並得到團隊的高度認同。

5.4 提升管理者的學習能力

為了動態地總結精實，領導力的挑戰始於流程改善。這將明示障礙並突顯出需要解決的問題。通過建立及時化和自働化環境，這些問題得以具體方式被框定，讓員工可在團隊層面面對問題。

◆ **及時化**：一份工作正在被拉動，但尚未準備就緒，或者工作已經準備好卻無處可放置，因為它在被拉動之前就完成了。

◆ **自働化**：如果你工作時遇到一個疑問，或者被帶到你面前的元件看起來有毛病，那麼請停止、指出並呼叫協助，而不是讓一個可疑的工件進入到下一步驟。立即回應會使分析更接近原因的發生時點。

◆ **每小時生產管理板**：團隊領導者描述阻止團隊實現每小時目標的障礙，以澄清問題並與管理層分享，確保在解決問題之前都能就問題達成共識。

透過這樣的方式來框定問題，團隊利用生產管理板就可以在他們的層面把問題講清楚，他們的解決方案可以透過①解決問題，在已知標準時，縮小與標準的差距，②或者在需要開發新標準時進行改善。在這兩種情況下，團隊都很有可能想出新的工作方法並改變它的習慣。

然而，只有在一線管理人員透過解決環境課題，使新習慣成為可能從而支持它的時候，那麼這種習慣的改變才是可能且可持續的。此外，如果某個領域的管理者為了適應新的、更好的工作方式並支援它，而最終決定改變部門層面的規程，那麼這種新習慣才將真正讓整個公司受益。

因此，管理人員被期待應該要介入，向他們的團隊和團隊領導者指出問題所在。當然，他們要在解決問題的過程中支持團隊領導者和團隊。但是，在解決之後，管理人員也必須能夠從解決問題或改善工作中學習，並改善自己的工作方式。如果沒有這最後的改變，許多現場的改善很快就會逐漸消失。管理人員需要調整系統以支援新的工作方式，包括規程和激勵方面的舉措。這是姿態的完全改變，從告訴人們如何更好地完成工作（假設他們知道），到和他們一起探索在當前

環境中的「更好」意味著什麼（並使新的、更好的方式變得可能和可持續）。

要想在精實中取得成功，管理者必須能夠教導，因為培養下屬是他們的首要職責，但他們也必須能夠學習。如果不能這樣做，那麼所有的改善努力帶來的好處將很輕易就消失，因為現有的規程和激勵的抵制力量會讓它們死灰復燃。改變是困難的，任何新的工作方式都必須通過許許多多循環的實踐來支持，直到它成為一種新習慣為止。這是管理者在精實思考模式中的必要使命。走向精實不是為改變而改變，而是創造一次又一次改變的能量。

為了開始進行變革，管理者必須謹慎地構建責任感，一步一步地把事情做得更好，找出清晰的自我思考空間，鼓勵人們承擔責任：

1. **支持視覺化管理**：無論是受激勵還是自主的，員工都必須一眼就知道他們是否成功。視覺化管理的內涵被改善所豐富，它是一種技術，作為自働化原則的一部分，它必須被各個層級學習。在我們試圖改善生產線之前，我們將什麼可行、什麼不可行進行視覺化，這樣我們就可以創建一個與作業者討論的空間。再次強調，視覺化管理並不是一個無人化的解決方案，這是一種以人為本的方法，目的是在團隊內部能夠進行更好的觀察和更好的討論。

2. **讓員工參與解決日常的績效問題**：類似於醫學培訓，讓有經驗

的員工自我發展最有效方法是讓他們解決日常的績效問題。注意，這裡的想法並不是解決流程中的所有問題，使得整個流程非常有效率，因為它完全沒有問題。這是一廂情願的想法，更糟糕的是，因為大多數問題來自環境的變化，沒有一個流程會永遠沒有問題，新問題總會出現。一次解決一個問題的目的，是透過表達問題、思考根本原因、嘗試對策，以及仔細研究他們舉措的影響來培養人們對自己工作的理解。日常問題解決的真正目標是個人提出建議，當一個人自發性地提出改善工作的想法時，他／她可以和同事們分享並獲得認同——這是專業認同的終極認證。

3. **支持團隊研究他們自己的工作方法和主動改善**：任何團隊都會自然而然產生規範——也就是團隊內的行為方式，因此一方面規範團隊成員之間的相處方式，另一方面，還要將團隊與其他團隊區別開來。要求每個團隊一次選擇一個改善主題來調整生產流程的規範。要求團隊：①指出某項績效的改善潛力；②研究當前的工作方法（可以使用一些精實工具如 5S、流動和布置、統計性流程管理、或 SPC、快速換模和全員生產性維護）；③考慮新的想法；④想出一個計畫來試一試，讓組織內必要的利害相關者參與進來，以獲得專家的意見，必要時得到主管認可等等；⑤試著去衡量新想法的影響；⑥進行評估以進一步地調整思路，如果行得通就改變標準。這種持續的系統使

每個團隊都能深入思考他們自己的工作方法，是將事情做得更好的根本動力，因為它同時也建立了團隊的團結和能力，因此所發展出來的自主性和動機將成為績效團隊的一部分（但有一點需要注意：這些團隊並非「自我導向」，他們是及時化流程的一部分，他們的目標來自他們的層級體系。他們是自我改善的。）

4. **領導端到端的價值流改善專案，以形成新的解決方案：**端到端的及時化專案往往超越一個部門的範疇，當我們觀察整個供應鏈時，甚至超越一個工廠。及時化專案提供了超越組織邊界的合作機會，並在整個供應鏈上建立了共同目標，從而促成了更好的雙贏交易和更低的總浪費。通過端到端的流動來提高及時化水準有三個效果。第一，它會在某些方面增加成本——例如，在收貨場創建一個重新包裝單元，將供應商的包裝箱分裝到更小的包裝箱，然後用小列車來供應到生產線。第二，因此增加成本，明示了浪費：為什麼供應商不能直接正確的包裝，到生產線的都是小包裝箱？第三，局部的成本提高和所暴露的浪費結合在一起，很明確地突顯了對改善的需求。及時化的內在張力也會縮短改善的前置時間，從而進一步開發人力資源。

組織應該支持學習，而不是阻礙學習。然而，大多數組織的設計方式往往都是為了反映戰略和執行、指揮和控制這些主流思想的基本

性質。我們可以建立什麼樣的組織去反映精實思考模式和精實戰略？正如我們所看到的，沒有理由放棄人類組織的自然方式，包括層級、專業和一線團隊。但是我們可以用不同的方式去詮釋它們以支持精實思考模式。

◆ 首先，作為領導者，你要學會去訪問每一個工廠，鼓勵和支持來自一線團隊的流動改善。它不一定非常有條理或者一開始就特別有效，但重要的是要告訴人們，事情可以通過試試看的方法立即產生改變。

◆ 然後，你可以逐步建立視覺化管理和相應的整個現場的衡量。這需要更多的人力投資，因為這些技術需要學習（豐田公司在這類工具上有 60 年的傳統）和教導。視覺化管理是價值、自働化和及時化等精實原則的物理性展現，它為跨界團隊改善提供了一個正確的鷹架，適用於每一個團隊、每一天、每一個地方。

◆ 通過視覺化管理支持和指導改善，這樣產生的改善將揭示更多問題、新的學習和在其他地方開展業務的機會。例如，為了創建流動性和提高生產效率，必須進行物理性的改變。在這一階段，關鍵是與一線領導人密切合作，看看他們希望在哪裡採取行動，這與你自己的改善方向是否一致，以及從這些討論中能提出什麼具體的步驟。同時，這種以人為本的改善方法，將同時讓組織面臨到新的挑戰，並透過更密切的合作與相互信任來加強公司結構。

再次強調，關鍵的一步是改變自己對自己的看法：從把其他人當作實現具體結果的工具，轉而栽培有能力和自主性的同事，他們將幫助你形成解決方案，以實現你所框定的目標。是的，卓越績效源於動態的進步而不是靜態的優化，但這也意味著放棄直接控制的需要，轉為尋求動態的控制。作為領導者，這意味著要從自己團隊學習中獲得學習的興奮感。當他們能從腳邊找到更好的工作方式時，將對領導層面帶來什麼樣的變化挑戰（以及改進機會）？這就是精實的真正樂趣所在。

第六章

A New Formula for Growth

成長的新配方

精實戰略會隨著時間推移動態地醞釀出價值。

現在，我們已經研究了精實思考模式如何影響組織管理和領導的方式，接下來讓我們研究精實如何提供一種完全不同的方式來思考戰略——公司所做出的決策和行動，以及用於支持這些行動的會計和財務系統，還有公司衡量價值的指標。豐田公司和其他精實範例顯示，精實戰略是藉由隨著時間推移成長的替代方案來運作——不只提升成長上限同時也系統性地減少費用的下限，創造出其他方式無法比擬的動態機會。

與領導者必須制定大戰略來征服新市場的傳統觀點相比，這種有悖常理的做法變得更加清晰。但事實上，精實成長的關鍵是既高瞻遠矚又腳踏實地。美國一位高階管理人員談到學習如何與他的日本老闆共事時說道，「當我用特定的解決方案來回答某個特定問題時，他問我：『在這裡用的一般原則是什麼？』但是之後，當我用一般的解決方案回答時，他會問：『你的具體解決方案是什麼？』」這種詳細、具體問題和對策，以及對原則高層次思考之間的互動，是弗雷迪‧伯樂從自己的老師那裡所學來的。事實證明，深度學習是在從最精密細節到最全面視野的練習中，與在表面特徵和理論之間反覆進行的。

從頭開始學習意味著針對具體問題來進行，尋找局部對策，並透過人們自身更廣泛的意義和反覆的改善實驗來思考。然而，這些改善、這些細微的逐步努力並非隨機變動，而是更大戰略的一部分：精實戰略。

戰略是在不確定條件下實現競爭優勢的高級計畫。從這個意義上來說，發展企業的精實戰略是明確的，它取決於三個主要的戰略意圖：

1. **挑戰自己使缺點減半、優點加倍。** 無論現狀如何，都要挑戰自己，找到可從根本上改善績效的營運槓桿。透過面對關鍵問題並選擇改善的維度，我們可以向客戶和社會提供大量有吸引力的替代方案，競爭對手將不得不起而仿效。挑戰自己超越「留在賽場」的最低限度需求，是管理自己學習曲線的關鍵，並在此過程中向競爭對手施加壓力（他們不得不跟進，此時他們會發現管理自己的學習曲線變得更加困難與昂貴）。

2. **創造出一種「問題優先」的文化。** 問題是精實管理者用來運作他們領域的日常材料，從表現為挑戰的企業層面問題，到員工會遭遇到的現場層面的細微障礙。問題是精實工作的對象。管理者被教導去尋找事實的根源，直接傾聽客戶和員工的意見。他們必須承認自己不是什麼都知道，他們必須願意對事情如何被推翻進行長期的假設。他們還被教導如何視覺化問題並反覆地問「為什麼？」，直到根本原因浮出水面並執行對策。這意味著必須欣然接受令人不快的消息，而不是試圖隱瞞，管理者必須感謝員工所帶來的問題，而不是責備報告問題者，並且忽視或忽略人們關注的事情。這也意味著必須培育和支持改善措

施，管理者必須學會從中學習。

3. **釋放潛力以開發新的產品和／或服務。**透過解決產生浪費的問題，你可以釋放（人員、機器和空間）的潛力，無需增加新的產能即可成長。如果企業能夠成長，而現有資源是可以滿足這種成長的，那麼下一個銷售單元唯一顯著增加的成本僅僅是它的原材料。傳統的**投資回報**（ROI）計算是**營運效率**（邊際利潤）乘以**資本效率**（用於產出的資產）。精實戰略透過持續改善實驗來解決問題，而改變了如何改善 ROI 的財務框架，從而帶來持續學習，持續同步地改善營運效率和資本效率。這種被釋放的潛力創造了引入新產品和嘗試創新的空間，而不必承擔引進專用生產設備的財務風險。在增加生產彈性（解決所有牽涉的問題）之中消除浪費，是實實在在地持續成長並源源不斷地創新產品的關鍵。

當亞特・伯恩加入歐瑞的老公司 Wiremold 時，作為該公司的 CEO，他說，戰略在某種程度上是用這種方式表述的：「成為世界十大時間競爭者之一。」他還設置了以下指標和伸展性目標：

- 100% 的客戶服務
- 每年減少 50% 的不良品
- 庫存周轉率為 20 次

◆ 年生產效率提高 20%

◆ 5S 和視覺化管理

　　這種具有挑戰性的方法的重點是促進改善。事實上，改善是精實戰略的引擎，而時間就是它的貨幣。只透過優化現狀的一次性行動不可能實現這些極致的伸展目標（stretch goal），它們需要一種不同的持續思考和行動方式。然而，這些挑戰並非憑空想像出來。改善不是一種隨機的改變。有了精實思考模式，雖然你不知道解決方案的形式，但你確實知道要從哪裡開始尋找。25 年的精實舉措證實了豐田公司自己的做法：

◆ 提升感知品質以促進銷售（並降低成本）。

◆ 強化改善工作以降低總成本。

◆ 導入新產品（來自釋放的潛力和更高的彈性）是可持續成長的關鍵。

◆ 縮短交貨前置時間是增加利潤並產生現金的關鍵。

　　以這四個假設為出發點，Wiremold 公司獲得了顯著的成功。其企業價值在 10 年裡成長了 2467%，銷售額成長四倍多，毛利從 38% 躍升至 51%，庫存周轉率從 3 次提高到 18 次，未計利息、稅項、折舊及 EBITDA 從 6.2% 增加到 20.8%。這些顯著的財務改善是由實實在在的

現場努力所驅動——例如，將機器的換模從每週 3 次提升至每天 20 到
30 次，透過連續流動的生產單元將生產效率提高 162%。現場和工程
改善的總和作用，將交貨前置時間從 1 到 6 週減少至 1 到 2 天（客戶
服務率從 50% 改善到 98%），這反過來又推動了財務改善。

　　這些基本假設不是要執行的戰略。它們是指引團隊改善的路標。
要實現這類成果，管理層必須有一個重要的認知，就是要看到執行決
策並不意味著按目前帳簿的情況「創造數字」，而是要創造（並培養
和支持）改善的機會。在精實思考模式開始時，對於如何實現雄心勃
勃的目標會感到困惑，早期的精實工程師意識到他們需要加速團隊的
改善，而不是尋找更完美的解決方案。反過來，這又引導他們從靜態
優化角度，做出一些相當有悖常理的應對：

◆ 出現可疑零件時，應該要停止整個流程，而不是讓它們通過並到
　終檢時才檢查。當一個工作站遇到問題時，其他所有工作站也要
　停止運行。當然，如果繼續工作，把問題零件分開，等到以後更
　方便的時候再檢查，這樣似乎會更有意義。是的，這樣顯得更明
　智，但在精實的改善框架內，將會因此失去了當場、立即觀察問
　題並把它弄明白，一旦被修理好就恢復正常生產的壓力。透過停
　止整條生產線，人們可經由深入調查實際問題來了解情況，知道
　它們發生在何時何地，並從狀況中學習——同時所有相關人員都
　更有可能非常迅速地出現在現場。

◆ 根據生產所能吸收的程度來安排工程變更，並在既有的生產線上安排新產品生產，以便能夠製造出不同的型號，而不必孤注一擲地引進一項大型新產品來占領所有市場。為了彌補開發成本，立即瞄準大量銷售似乎更為明智，但大量銷售意味著專用生產的資源，並和口味多變的客戶進行豪賭，而不是在同一生產設施引入許多不同的型號來裝配，等著看客戶喜歡哪些型號（以及不喜歡哪些）。

◆ 努力減少所有的換模時間，運行盡可能最小的生產批量，以便縮短交貨前置時間和降低庫存。雖然盡可能快地快速運行設備以降低零件成本，然後把零件儲存到倉庫備用看起來更合理，但精實開拓者早就認識到系統地減少庫存有助於更多的改善，因為所有影響平穩流動的障礙都必須解決，而機器必須被改善得更可靠和更靈活。

◆ 透過標準作業進行持續的培訓，讓所有員工可以掌握更多技能，從而創建連續流動的生產線，而不依賴於專門解決「困難」課題的專家工匠。持續地培訓所有的人，而不是雇用已經培訓過的人，看起來似乎是一種不必要的開支，但這樣可以實現及時化生產並降低整個流程的總成本。

◆ 透過及時化拉式系統與供應商進行更密切的合作，以降低總成本並分享節省的資金，從而通過雙贏解決方案建立互信，因此將在與關鍵供應商的合作創新中獲得回報。當然，這顛覆了總是尋找

最低成本供應商、兩家或三家採購來降低價格的觀念，但是無縫整合創新、沒有品質課題、確保準時交貨的好處，在很大程度上彌補了強勢採購所獲得的任何價格優勢。

透過「鼓勵改善」的簡單框架，所有的精實商業決策都有了完美的意義。如果人們根據與客戶或在現場一起觀察到的事實為基礎，對問題達成共識，他們就會想出更好的方法來工作，而且整體而言，這將透過提高品質認知來增加銷售額。發展流動將減少庫存和堆積來產生現金，從而減少一層層的浪費來降低總成本，這將透過理解資本支出的真正需求而非最大需求來實現更明智的技術投資。改善精神驅動「發現、面對、框定到形成」的迴圈，將更明智的解決方案整合在一起。因此，管理層的選擇在邏輯上應該是創建更好的改善環境。

無論如何，我們並不建議放棄財務會計。相反的，我們應該用不同的詞彙來建構它，而不是彼此孤立地看待財務要素。精實思考模式突顯了這些要素之間的動態關係，以及它們背後的物理數值。

我們認識的每一位精實領導者，都必須說服那些相信透過降低任何事物的單位成本，就能降低總成本的財務經理。這些經理堅持一些關於財務的傳統智慧：他們認為根據預算逐行地控制成本，就會改善帳簿底線，降低價格和產品大眾化將可改善銷售（並提高銷售量，從而降低單位成本，進而提高盈利能力）。他們把人看作可以用自動化取代的成本。在他們的世界觀中，世界各地總有一個更便宜的地方可

將生產外包，以降低單位採購成本。

最後，他們認為只要成本不斷降低，營運就不那麼重要了，因為正如股價所看到的，價值是由財務機制所創造，而不光只是透過滿足客戶和把工作做好。然而，精實思考者從經驗中知道：①更高的銷售量是由更高的認知品質所驅動的；②更快的流量驅動了更多的現金；③更低的總成本是由改善的傳播和速度驅動的；④不斷縮短交貨前置時間和釋放產能可以更有效地利用資本。

我們在這裡看到兩種截然不同的世界觀。一種是精實觀點，認為由於每個人、每個地方、每一天的改善所帶來的能量和活力，會讓做生意的總成本下降；另一種是財務管理觀點，認為透過在會計系統中逐行控制，產品和服務的成本將可降低。

這兩種觀點一直在細節層面相互對立，精實觀點會當場糾正每一個缺陷，而財務管理觀點在批次結束時才會進行檢查。在管理層面，前者一直花時間培訓員工，讓他們參與改善工作；後者把人當成要隨時優化的成本。而在投資層面，前者使用小型靈活的機器盡可能地緊跟需求生產；後者購買功能更強大的機器，在短期間內全速生產（卻要花費冗長的批量生產期）以降低單位成本。即使在哲理層面上也存在差異，精實思考模式將公司視為一個集體的團隊，努力於從內部成長以滿足客戶、讓員工投入、造福社會；而財務管理觀點認為公司的唯一真正目的是為股東賺錢。這些代表了兩種截然不同的「價值」方式：從教育和創新中獲得忠實客戶，相對於從諸如股票回購、兼併和

收購，以及改變稅收管轄權等財務工程中提高股價。精實領導者必須
學會駕馭這兩種世界觀，精實生產經理會遇到財務管理員，精實產品
設計經理也必須與財務觀點採購人員交手，精實 COO 之上會有財務
CEO，即使是精實 CEO 也必須與財務董事會成員打交道。精實戰略很
明確：保證品質，改善週期時間，提高生產彈性，以提供競爭對手無
法提供的價值，但需要從財務角度來進行解釋。

　　透過反覆的嘗試錯誤，豐田公司創造了追求這一目標的具體方
法，藉由向客戶提供他們在生活和心靈平靜的每個階段所尋找的產
品，贏得客戶的微笑，進而獲得市場的成長；內建品質（以及避免
重新加工和其他非品質成本）所帶來的生產效率，以及從及時化中尋
求資本效率（將場地、設備和人員協調得更好，從而在創造價值的同
時減少浪費）。這是透過讓人們投身於努力去遵循標準和參與改善來
實現的。它之所以有效，是因為動態的進步可以維持卓越的整體表現
——但如何讓一個尋求下個月帳目局部優化的財務經理理解呢？

　　當提出精實結果的概要時，人們最常見的反應是：「這需要什麼
樣的投資？這種投資的回報率是多少？」大多數高階管理者只相信精
確計算的回報率。很多企業都是按照泰勒的假設來設計，其領導者追
求的是投資一項專案，然後透過降低成本來提供更高的利潤。理想情
況是藉由這樣一種方式，人們可以逐行看到成本對預算的影響。地圖
卻被當作疆域：管理會計不再是會計師計算損益的方法，而成為大多
數經理所遵循的現實。

在企業層面上，精實的承諾是，如果你讓人們改善工作流動，並在每個地方減少批量來消除停滯，那麼現金和利潤率都會改善——讓我們大膽地說句話，庫存周轉率每兩年增加一倍，並以利潤加倍為目標。然而，當一個人在追求帳目中逐行降低成本時，這個承諾就沒有多大意義了。作為財務經理，在某些時候你必須改變你的想法——這正是發生在我們其中之一（歐瑞）身上的事情。Wiremold 公司的故事是眾所周知的，並已在丹和吉姆‧沃馬克的開創性著作《精實革命》中有所論述，但迄今為止，財務總監的獨特視角卻被大大的忽略。作為一名會計師和首席財務官，歐瑞證明了在現場實施精實如何從根本上改變他對會計和財務的看法，在這個過程中，他與其他人共同創建了精實會計運動。

1987 年，歐瑞作為 CFO，很高興地報告 Wiremold 公司取得了 87 年以來的最佳表現，無論是從任何傳統的財務指標——銷售額、利潤、投資回報率，以及任何其他指標。當公司看到這些結果時，領導們意識到其中的一個因素是他們沒有外國競爭來挑戰其所在產品類別的市場領導者地位。然而，他們看到這種情況正在發生變化，他們認為，當國外競爭者的產品進入市場時，他們的產品可能會遇到價格壓力，如果想保持盈利水準就必須改善品質和成本。雖然交貨給客戶的產品品質很高，但這是經由嚴格檢查和大量內部廢料換來的成果。他們遠不是一個低成本的生產商。

因此，當公司決定在 1988 年實施及時化時，就像當時大多數的

西方公司一樣，人們認為這是一個庫存管理計畫，用來改善營運資本的周轉，「不知何故，在某種程度上」會對成本產生積極的影響。然而，在實施及時化時，他們真的不知道自己在做什麼。

歐瑞回憶說：「我們是如此的無知，在實施及時化的同時，我們也實施了一個新的 MRP 排程系統，卻沒有意識到它們是不相容的——MRP 是一個『推送』式排程系統（根據預測生產），而及時化是一個『拉動』式排程系統（根據實際需求生產）。」他們開始透過改變 MRP 中的公式去降低安全庫存水平及批量大小，從而減少庫存。由於沒有改變任何其他作業，他們開始出現更多的缺貨事件，對客戶的準時交貨表現開始從歷史最高的 98% 下降為不到 50%。結果，客戶沒有按時付款，同時公司正在失去市場占有率。

像大多數製造企業一樣，Wiremold 公司採用**標準成本會計**作為其管理會計系統。標準成本會計是一九二〇年代初期在通用汽車公司發展起來的一種管理會計制度，它深受 Alfred Sloan（科層組織）和腓特烈‧泰勒的工程工作（由工程師決定「最佳方式」、管理人員督導、作業員執行）的組織結構理論影響。當時的重點是會計記錄以追蹤庫存，並報告在大量／少品種批量工廠中生產的產品成本，以設定銷售價格，確定這些產品和工廠的「盈利能力」和投資回報率。

標準成本是為了計算產品成本的每一個要素（原材料、直接人工和間接費用）所發展出來的，然後透過複雜的交易報告系統，每月計算與標準值的偏差（稱為差異），用來表示與理想值（標準成本）的

偏差。這是歐瑞所受會計教育的一部分，也是他在擔任會計師時期審計過的東西，它代表了他認為所相信的是公認的方式。儘管這種方法所產生的財務報表對於沒有會計學位的人來說很難理解，但他認為這沒什麼，因為那正是他存在的原因。他的「工作」是向管理團隊的其他成員「解釋」這些陳述。這就是會計界的工作方式。

當時歐瑞不明白的是，從他 1978 年加入 Wiremold 公司直到 1987年，每一年都比前一年更好，他從來沒有試圖使用財務報表分析為什麼會這樣。它們只是過去勝利的得分紀錄表，幾乎沒有什麼診斷用途。「帳本底線」證實他們變得愈來愈好，這就足夠了。現在情況急轉直下，當他試圖用傳統的財務報表來理解為什麼會發生這樣的事情時，他發現它們完全沒有用。當他從標準成本中找出差異時，他發現它們沒有透露任何有用的資訊。

為了處理他的挫敗感，因為他無法理解業務中發生的事情，所以他開始嘗試財務資訊的其他表示方式。最初，這個實驗是為了簡化資訊的呈現，使其更加透明。管理層成員每個月都會收到傳統財務報表和作為「補充資訊」的簡化財務報表，並請求他們對新格式給予回饋，特別是那些對他們來說不夠明確的內容。這些新的報表開始讓他們更清楚地知道他們有多麼糟糕，以及為什麼。在精實會計的世界裡，現在稱之為「白話損益表」（見表 6.1）。[1]

---

[1] E. I. DuPont de Nemours & Co., Inc., *Guide to Venture Analysis*, 1971.

	今年	去年	增／減%
銷售額	100,000	90,000	11.1
銷售成本			
原材料：			
購買	28,100	34,900	
庫存增加／減少：材料內容	3,600	(6,000)	
原材料合計	31,700	28,900	9.7
加工成本：			
工廠工人工資	11,400	11,500	(0.9)
工廠管理人員工資	2,100	2,000	5.0
工廠福利	7,000	5,000	40.0
服務和供應品	2,400	2,500	(8.0)
廢品	2,600	4,000	(35.0)
設備折舊	2,000	1,900	5.3
加工成本合計	27,500	26,900	2.2
房屋占用成本：			
房屋折舊／租金	200	200	0
房屋服務	2,200	2,000	10.0
房屋占用成本合計	2,400	2,200	9.1
生產成本合計	61,600	58,000	6.2
生產毛利	38,400	32,000	20.0
庫存增加（減少）：人工／間接費用	(2,400)	4,000	
GAAP（一般公認會計原則）毛利	36,000	36,000	0
GAAP毛利率%	36.0%	40.0%	

表 6.1：價值流的白話損益表

　　在 1991 年最初的一次會議上，亞特・伯恩對歐瑞說：「標準成本會計隱藏了問題並且會隱藏我們將實施的改善。我們必須停止使用。」歐瑞拿出了白話損益表問，「這個怎麼樣？」他們從那時起開始使用它作為主要的財務報表，這是他們持續多年的取消標準成本會計制度，和放棄計算單個產品「標準成本」流程中的第一步。從那以後，他們使用價值流白話損益表來了解他們的盈利情況，這成為他們「精實會計」的主要工具。

　　公司使用的每一項指標都反映了它選擇去面對的問題。每個指標中隱含的資訊是，「身為老闆，我認為這是很重要的，你們身為員工，應該注意它並使其變得更好。」在傳統財務思維經理人管理的公司中，大部分最關鍵的指標（有時稱為關鍵績效指標，或 KPI）是財務指標。歐瑞知道當伯恩建立高水準指標及前文描述的伸展目標時，沒有一個是財務指標，都是營運類的。

　　第一個也是最重要的指標是專注於客戶；第二個是生產效率，是改善盈利能力的關鍵驅動力。多年前，歐瑞在攻讀碩士學位時撰寫了一篇關於生產效率的論文，從那以後，他每年都從宏觀層面為 Wiremold 公司計算生產效率。正因為如此，歐瑞清楚地認識到生產效率是一個物理概念。即使他所接受的教育和培訓是以財務分析為重點，但他意識到財務數字（美元、歐元等）最終只不過是一個物理數量乘以一個價格的乘積（美元=數量×價格）。銷售額是產品銷售數量乘以單位價格的乘積，勞動力成本是雇用人數乘以其工資的得數，

以此類推。而生產效率是產出量和用來創造產出的資源數量之間的關係。

歐瑞於是將精實和生產效率聯繫起來，他意識到 Wiremold 公司應該關注的大多數指標是集中於公式中「數量」部分的指標，因為每個人都可能會影響到這一點。顯然，既然生產效率是一個物理概念，如果你想改善它，就必須在物理上改變輸入資源和輸出之間的關係。銷售額公式的價格部分及任何投入（原材料、工資等）被稱為價格回收，由相對較少的人所控制，它不同於資源消耗。從那以後，有關指標的討論集中於以下問題：「我們做的是正確的事情嗎？我們如何知道它們正在帶來改善？」而不是這樣的傳統問題：「我們賺的錢夠嗎？」結果總是能證明他們做了很多「正確的事情」。

對大多數公司來說，一個重要的財務指標是投資回報率，它的計算方式是**營運效率**（按利潤除以銷售額的百分率）乘以**資本效率**（用銷售額除以總投資計算的周轉率）。它試圖以一個單一的數字來反映管理階層如何利用投資實現最大效益。最常用的 ROI 計算在經典杜邦模型中進行了描述（見圖 6.1）。

該模型是對構成財務投資回報率的組成部分的合理拆解。

然而，這種投資回報率框架很容易鼓勵人們逐項考慮每一個部分。就算沒有被忽視，系統成本及諸如單件流等對品質的影響也會被大打折扣。例如，銷售額會被獨立於銷售成本來考慮。許多公司提供折扣鼓勵大量購買，而不考慮持有庫存對銷售成本的影響：①造成對

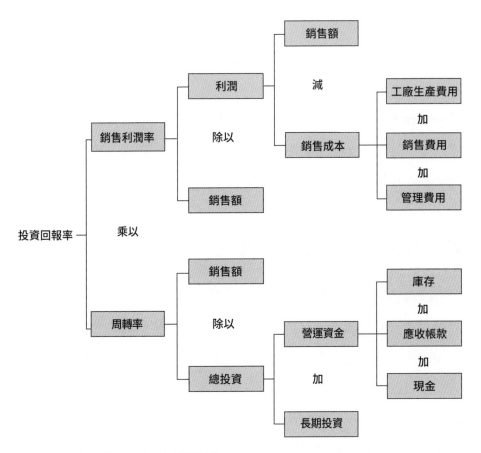

圖 6.1：影響投資回報率的因素關係

關鍵設備的高峰需求；②導致儲存產品或者其他相關物品；③因持有庫存所導致組織運輸、持有及所有其他非增值活動。同樣地，如果只是將注意力集中在銷售成本上，例如採購不考慮品質、準時交貨或批量，而只是關心採購單價，將可能會導致對客戶端交貨和品質出現問題，從而降低銷售額。

相反地，精實思維著眼於這些不同元素之間的**動態**關係。銷售額與銷售成本一起變動，如果你考慮到銷售額是由認知品質驅動，而品質是藉由在流程中內建品質實現的，這也會降低銷售成本。

然後，減少交貨前置時間會因維持銷售額和減少對營運資金的需求（減少庫存、減少應收賬款）及長期投資來影響資本效率比率（周轉率＝銷售額／總投資）。

6.1 內建品質提高利潤率

改善帶來更高利潤率和利潤的財務觀點，對於那些懂得精實戰略的人來說很有說服力，但對於那些用傳統財務管理術語思考的人則較少如此。事實上，改善是由那些實際工作的人，運用以學習為基礎的方法來實施的，這對於改善公司的財務績效至關重要。總之，透過系統化地應用改善來創造更多的價值，將不可阻擋地帶來更多的價值。改善和自働化的實踐不會改變 ROI 公式，但卻大大改變我們思考如何積極影響它的方式。精實戰略的作用在於，對有好處的多個元素產生影響（例如，它改善了品質，既增加銷售額又降低成本；並透過減少交貨前置時間創造流量來增加銷售額，同時減少了對資本投資的需求）。

研究人員麥克‧瑞諾（Michael Raynor）和孟塔茲‧哈梅（Mumtaz Ahmed）用他們能找到的最大資料庫，內有超過 25,000 家美國公司的

紀錄，用 ROI 的替代指標、**資產回報率**（ROA）對績效進行了衡量，識別卓越績效，並尋求統計規律來解釋，為什麼有些公司相對於其他「大部分公司」能隨著時間的推移脫穎而出。結果表明，卓越公司有各種各樣的形態和組成方式。在根據資料進行各種統計分析之後，他們對卓越表現者與眾不同的原因得出了三個規則：①更好而不是更便宜──它們進行價格以外的差異化競爭；②收入優於成本──它們優先考慮增加收入而不是降低成本；③此外再沒有其他規則──你必須改變一切以遵循規則①和②[❷]。

這似乎夠簡單易懂。然而，麥克・瑞諾指出了這種方法的核心問題：這很難。用他的話來說：「只有在你遵循它們的時候，規則才能發揮魔力，即使在你不想這樣做的時候，即使你可以找到理由去做其他的事情，因為你被其他的欲望或其他考慮因素拉去別的方向，這時候你還是要遵循規則。」他認為，找到能夠增加收入的更好方式是「零亂的、奇怪的和不確定的」。相比之下，降低價格或削減成本是「整潔的、熟悉的和可靠的」。[❸]

就如登山是一個棘手的問題，它的解決方案也很奇怪，甚至很難知道從哪裡開始。這會讓人感覺有點冒險。另外，財務經理熟悉來自

[❷] M. E. Raynor and M. Ahmed, "Three Rules for Making a Company Truly Great," Harvard Business Review, April 2013.

[❸] https://www.youtube.com/watch?v=lIzCjT7Znmc.

客戶、競爭對手的價格壓力，及按照預算表逐行削減成本的價格壓力，他們會順著降低價格和成本這條阻力最小的路徑，面對的是已知的問題和已知的解決方案，這是一個井然有序的方法。而精實思考模式是一種結構化的方法，以更好的產品來尋求更高的收入，保持努力往上攀升，但會讓人覺得淩亂、奇怪和不確定。

6.2 總成本隨著改善的強度而減少

過去的一百多年以來，製造業一直由以狹隘的勞動分工和信仰規模經濟的泰勒主義所驅動。這兩個觀點都已被編入大多數製造業所採用的現代標準成本會計制度之中。規模經濟的思維流程是這樣的：「如果我們能夠在更短的時間內生產更多的件數，我們就可以降低產品的成本，從而提供更低的銷售價格。」

為了實現此目標，公司必須投資愈來愈大的機器，以便能以愈來愈快的速度運轉。當安裝這些機器時，為每臺機器上製造的零件建立一個標準成本，包括由機器每小時額定產出所帶來的人工和間接費用。為了避免令人不快的人工和間接費用差異（這是非常糟糕的事情），即使是在需求不足的情況下，公司還是必須保持機器運轉。公司所創造的庫存帶來搬動、儲存、保險等一系列作業，所有產品的這方面成本都透過間接費用分攤。庫存當然要支付費用，但現金成本則被視為當期費用，且絕不會在產品成本中顯示出來。

　　另一方面，精實思考模式則認為，「讓我們只做我們所需要的東西，只有在我們需要的時候才生產需要的數量，讓我們以流動的方式，避免那些不為客戶創造價值的工作。」當我們這樣想的時候，我們就會意識到，大多數大型機器（它們被謔稱為「紀念碑」）對手頭任務來說都是矯枉過正。我們意識到，工程師（在 Wiremold 公司他們被稱為「目錄工程師」）喜歡購買或製造許多具有花俏功能且過於複雜的機器。我們也意識到，應該有專門用於完成手頭任務的機器，不需要有過多功能，這樣就可以減少資本投資。

　　在 Wiremold 公司的精實之旅中，它就遇到了許多投資過度的實例。1995 年，它收購了一家在中國製造脈衝波抑制產品的公司。它有一個非常大的波峰焊接機來焊接電路板，後者是每個脈衝波抑制器的組成部分，它必須在一個單獨的溫控室裡作業。電路板首先在另一個區域組裝、裝箱，然後運到波峰焊接室存放。

　　當需要時，將電路板從箱子中取出，使用波峰焊接機進行加工，重新裝箱並移入庫存區。一段時間後，它們被從庫存區轉移到裝配線上，從箱子中取出後再安裝在最終產品中。一次只能製造一種電路板，以適應波峰焊接機的換模，因此有各種大批量的電路板儲存在各處。波峰焊接流程需要配備四到六個人，因為在 12 英尺長的機器兩端都需要人手，還要加上一些物料處理員。為了提供彈性，減少庫存，提高生產效率和更好的品質，公司建造了自己的小型（大約 2×5 英尺）、單件流的波峰焊接機，可以直接配置在流動裝配線上。

電路板一旦插件完成，就可以直接放在波峰焊接機上，然後以不間斷流動的方式組裝成成品。這些小型且大小合適的機器是由公司內部建造，費用約為每臺 5,000 美元，相對地非常低廉，可配置在各個裝配線上。它們可使公司在不同的生產線上同時製造和焊接多種產品，從而大大提高了生產彈性，明顯改善了對客戶的回應時間，並且提高了品質，減少了庫存和空間需求。此外，在這個新的流程中需要的人員更少，可以讓這些多出來的人力去應付增加的客戶需求。

存在的謬論之一認為精實轉變是非常資本密集的。事實上，這也是歐瑞最初基於之前一個糟糕經驗所得出的看法。Wiremold 公司之前曾試圖採用及時化，但錯誤地認為這是一個庫存管理技術。他們知道及時化包含了僅在需要（但不知道是誰的需要，因為生產計畫仍然由 MRP 決定）時購買和製造產品，因此開始減少 MRP 系統中的計算批量。

當然，當 Wiremold 公司這樣做時，因為生產批量變小了，這種嘗試需要更頻繁的機器換模。公司還聽說應該減少機器換模時間，以便可以更頻繁地換模。當公司向製造工程師詢問希望改善機器裝備以加快換模速度時需要多少錢，他們查閱了供應商目錄並提出一個巨額數字，因為該公司擁有的機器數量太多了。這遠遠超出了公司可以承擔的費用，所以最後他們什麼也沒做。由於實施了頻繁的小批量生產，但換模時間仍長，他們也發現由於機器維護不良，在不同型號的生產之間還需要檢修模具，而沒有能力更頻繁地換模，所以他們開始經歷

嚴重缺貨的窘況，客戶準時交貨率也從 98% 下降為不到 50%。

　　當亞特‧伯恩接任 CEO 時，一個初期精實改善活動的目標是將沖床換模時間從 90 分鐘縮短成 10 分鐘，他要求歐瑞加入改善團隊。歐瑞當時還以為需要了解技術工作才能改善它，他的反應是，「但我對沖床一無所知。我無法為團隊帶來任何貢獻。」然而他還是加入團隊並實現了目標，歐瑞後來了解到改善就是一種學習的活動。此外，改善還教會大家，在其他事情之外，團隊合作也是改善的原則和工具。

　　之前，工程師們提出了昂貴的解決方案來縮短換模時間。這一回藉由反覆的改善，以及讓團隊所有成員有一起思考的空間，團隊將沖床換模時間從 90 分鐘縮短至 5 分 5 秒……只花費了 100 美元。這讓歐瑞了解到「目錄工程師」提出的「解決方案」其實是錯誤思考方式的結果。與人們普遍的認知相反，實施精實的實際成本並不涉及大量的資本支出。

　　Wiremold 公司位於康乃迪克州西哈福特的主工廠，生產的是鋼製的電纜配線管理系統。每個系統由各種尺寸的通道組成，稱為線槽，以及一系列配件，包括接線盒（圓形和矩形）、連接系統轉角的彎頭等等。圓形盒的生產量最高，是典型的過度投資。表 6.2 顯示了幾年來一系列改善行為的結果總結。

　　這並不意味著改善「不需資本投入」。從上述例子可以看出，在這幾年的時間裡，Wiremold 公司花費了 72,000 美元，主要用於採購大小合適的設備來取代超大型設備。然而，這項投資有助於顯著提高生

	改善前	改善1後	改善2後	改善3後	改善4後	改善5後
作業員數量／人	8	4	2	2	1	1
換模時間／分	5小時	2小時	45分鐘	30分鐘	30分鐘	15分鐘
生產型號數量／天	1	5	5	5	9	10
占地面積／平方英尺[a]	1,116	1,116	340	459	459	459
品質檢查%	0%	100%	100%	100%	100%	100%
在製品庫存／件	1,750	1,610	10	5	9	9
模架距離／步	另一棟建築	50	50	55	55	55

注：改善前，備料、噴漆和組裝都不在生產線上。

改善1：將備料工序移進生產線。減少換模時間。

改善2：購入合適尺寸（更小的）沖床，花費65,000美元。減少換模時間。

改善3：將包裝工序移進生產線，新的收縮包裝機花費7,000美元。減少換模時間。

改善4：使用預噴漆鋼材，取消線外噴漆工程。在生產線增加機器間的傳送機構。

a：未計算線外工程的占地面積。

表 6.2：對 Wiremold 公司主工廠進行的一系列改善的結果總結

產效率（從 8 個作業員減少到 1 個），改善了品質、減少空間消耗，並降低庫存、縮短了交貨前置時間，從而在真正及時化的基礎上改善客戶服務。

關於精實的一個最大誤解是假設所有改善活動帶來的成果，都會立即在公司財務報表中以收益的形式展現出來。它們不會這樣。一些類型的改善，如減少廢品、減少能源消耗或者減少供應商，都將會顯

示為立即的節省開支。然而，釋放潛能帶來的提高生產效率，並不會帶來立即的利潤改善，因為人員和機器仍然是公司成本結構的一部分。

　　為了將這些好處實現為額外利潤，管理層必須在這種新生產結構的基礎上增加銷售、減少加班、控制員工流失率、將目前的外包改為內製等。許多精實轉型工作會失敗，是因為管理層誤判改善團隊報告的收益都是虛幻消息，然後就放棄了。沒有人教他們需要做些什麼，來實現人們為提高利潤而創造出的生產效率。

6.3 未來的銷售需要更彈性投資所支持的新產品導入

　　精實是一種成長戰略，而不是降低成本的戰略。在競爭激烈的市場中，成長戰略就是要說服更多的忠誠客戶與我們合作。這意味著：①說服既有客戶繼續與我們合作，當他們需要更新時，繼續回購我們的產品或服務。並且②說服新客戶給我們一個機會。從這個意義上來說，成長來自將客戶視為朋友並幫助他們解決問題（而不是作為我們「獵獲」的客戶，這樣我們就能剝削他們），無論他們處於順境或逆境都支持他們，並證明他們與我們合作時，將比與我們的任何競爭對手合作賺更多的錢。

　　成長最好是藉由定期的、相對快速的方法提供新產品。雖然成長

也可以透過從競爭對手那兒搶得市場占有率來實現（這是一種昂貴的方法，因為會導致價格戰），但首選方法是向客戶提供更高價值的新產品來增加市場規模，並抓住該市場的所有成長。當亞特‧伯恩來到Wiremold 公司時，他做的最初幾件事之一是建立幾個目標，其中之一是每三到五年將公司規模擴充一倍——一半來自有機成長，一半選擇性收購。事實上，這家公司在四年內規模擴大了一倍，之後的四年內又增加了一倍，並在 2000 年被出售時正要實現第三次加倍成長。Wiremold 公司同時專注於改進生產及產品開發。它意識到，如果客戶不相信它能夠履行其品質和交貨的承諾，他們就不會對新產品的介紹感興趣。

目標是「夯實基礎」（客戶服務、生產、物流等），並加速新產品開發。透過「基礎改善」，公司提升了品質，準時交貨率從不到50% 提高到 98% 以上。它的客戶隨後也會願意傾聽其新產品的介紹。藉由採用品質機能展開（QFD），其新產品導入週期可以從幾年縮短到幾個月不等。

在此一過程中，公司決定透過在產品開發流程中結合**目標成本法**的工具，從而導入**成本企劃**的概念。傳統的產品開發方法是直到產品被設計完成、且成本可以確定之後，會計部門才會介入。如果成本太高，則需要一段時間重新設計。目標成本法知道任何產品成本的大部分都是由其設計所決定，因此要求在設計流程開始時確定預期成本（目標銷售價格－預期利潤＝目標成本）。該目標成本成為工程規範

的一部分。因此，設計工程師將同時設計合適的匹配、外形、功能等零件特徵和成本。

隨著時間的推移，Wiremold 公司將其新產品導入速度從每年二到三次提高到每季四到五次，同時這些產品都是按照保證預期利潤水準的方式設計的。Wiremold 公司從以往與 GDP 成長率平行的歷史成長率（這是典型的美國電氣行業成長率）轉為加速成長。它讓「派餅」的尺寸變大了。當然，因開發的產品為客戶提供了更多價值，所以它也從競爭對手那裡獲得了一些市場占有率。

使用精實戰略來取得競爭優勢的一個絕佳例子是，出於安全原因，《國家電氣規範》改變了嵌入式電氣設備的規格，但將實施日期定為兩年後。歐瑞的公司認為這是一個機會。對他們來說，它已經是一個非常有利可圖的產品，而公司是市場的領導者。該公司決定加速下一代產品的開發，並在規定日期之前就將其導入市場，它之所以能這樣做，是因為改善了產品開發流程。

新設計的產品：①滿足了新的安全要求；②外觀更好，有新的性能；③在安裝競爭對手產品所需的相同時間內，電工可以安裝 8 臺設備；④由於新的設計所需裝配人工比原來少了三分之二，因此成本更低。儘管與其所取代的產品相比，它們的價格硬是多了一倍，但公司還是開始從競爭對手那裡奪取了市場占有率。建築師喜歡新的外觀和性能；設計工程師現在有了一個符合新安全要求的產品，因此不願意指定競爭者的產品；而電工可以在八分之一的時間內就完成工作並繼

續下一個工作。

　　歐瑞的公司讓銷售人員在出售產品時強調「安裝成本」的概念，而不是產品本身的成本。因此儘管其購買價格較高，但對於業主來說，安裝成本比任何競爭對手都還要低——這是一個多贏的實例。

6.4 提升品質、流動性縮短前置時間，可增加銷售與庫存的周轉率

　　無論是中國工廠的電路板，還是西哈福特工廠的圓盒事例，都揭示了 Wiremold 公司以反覆使用的方法來減少庫存，從而提高其營運資本效率。當類似的機器被群組配置在功能別工作區（如沖壓、銑削、鑽孔、塗裝和裝配）時，其換模時間較長，會需要在不同功能別的工作區之間堆積並搬動大量庫存。當功能別配置被拆除，必要的設備被移到流動式生產線（也就是更緊密地連結）、換模時間被壓縮之後，對庫存的需求降低了，與此同時交貨前置時間也縮短了。在 10 年的時間裡，西哈福特工廠的庫存周轉率改善到 18.0 次。然而，在前 5 年的進展情況依次是這樣的：

◆ 1990 年：3.4（精實前）
◆ 1991 年：4.6

◆ 1992年：8.5
◆ 1993年：10.0
◆ 1994年：12.0
◆ 1995年：14.9

改善庫存周轉率的這個進展，是在反覆實施創建流動性的改善活動之後取得的。精實不是一種「無庫存」戰略，但它確實經由重複的改善，為其他改善創造了條件，如改善品質來改善銷售量、創建流動性以減少供貨前置時間和浪費的成本、釋放潛能以支持增加的銷量，及透過減少整個流程中的庫存需求來產生額外的現金。

組織是動態的。事實上，組織中的所有事情都以某種方式相互關聯。然而，傳統財務導向的管理者做決策時，會把改變某件事情（一個程序、一個政策或其他事情）視為一個獨立的決定，他們不會認可或是乾脆忽略相互關聯性。

因此，如同在真空中進行改變，常會創造充其量的次優化，最壞的狀況是發生負面和意想不到的後果。精實戰略致力於了解存在的相互關連性以避免這些陷阱，認為沒有什麼是「神聖而不可變更」的，一切都可以改善，並積極尋找那些帶來工作卻不能給客戶帶來任何價值的問題。此外，精實戰略認識到，是人的知識在做工作，知識是改善的最強大動力，學習主要是透過實踐，而投資於員工以改善他們解決問題的能力，是創造競爭優勢的最佳途徑。

　　最終，精實戰略是創建可重複學習的方法之一。這與其說是尋找一種在某處奏效的手法，然後跨越疆界，用千篇一律的方法全面複製，不如應該學習如何用一般的方法來處理一般問題，以找到該地的精實解決方案。要做到這一點，你需要一個起點、一個前進的方向、重複的現場實驗，以及一個專注於從這些實驗中學習的管理團隊。

　　起點是由精實傳統提供的——無論你在哪裡，你都可以挑戰自己以提升安全性和品質，並縮短交貨前置時間來提高交貨的一致性。在流程和個人層面上改善工作的流動性，揭露營運中的所有問題，這將使你能夠專注於那些必須改善的真正技術問題，以便給競爭對手施加壓力。我們在之前討論過的精實學習系統將允許你把這些問題納入日常工作之中，讓員工自己開始提出這樣的問題：「這種改善在我的日常工作中意味著什麼？」如果你可以有條理地與激勵、促進、支持改善的管理者一起學習，並從中得出正確的結論，那麼現場學習將逐步融入產品和流程之中，使整個公司愈來愈強大。

第七章

Reusable Learning for Continuously Growing Value

持續成長價值的可重複利用學習

學習從正確的起點開始，循著清晰的改善方向學習。

正如前面幾章所揭示，精實體現了一種從根本上完全不同的思考方式，即一種改變組織、財務和行為方式的認知革命。精實戰略的要素不同於傳統的智慧，從不同的成長方式到不同的領導和管理方式。具體而言，精實戰略的要素包括以下內容：

1. 提升感知品質以促進銷售。
2. 強化改善工作以降低總成本。
3. 導入新產品是可持續成長的關鍵。
4. 縮短交貨前置時間是增加利潤和產出現金的關鍵。

現在我們來看看精實戰略在實務中的應用。我們將會看到管理銷售和服務部門的克雷瑞克兄弟法比亞諾和傅立歐如何將危機化為轉機，讓他們的老師埃哈‧蓋爾頓對其集團公司的工業部門進行轉型——運用價值分析和價值工程，進行了從石油公司轉為獨立客戶的客戶群體轉型。在 FCI 公司，皮耶爾‧瓦哈雅和義斯‧梅若透過提高品質、降低營運成本與提高公司價值三倍，從根本上改寫了一個 10 億歐元電子公司的故事。最後，正如我們在賈奇自己公司的案例中所見，其戰略是拉動種類多樣的型號，主要是透過看板、一些 SMED 及品質問題解決來實現——剩下的問題就是「**該怎麼做**」？

尤其，我們將會看到精實戰略如何引領公司處理複雜的問題：首先，整合組織的所有要素與價值保持一致；其次，持續接納而不是迴

避及時回應，以及追求產出價值而非結果。在接下來的章節中，我們
將分享公司如何在高層（朝著真正的目標）和基層同時進行精實實踐
的案例。使用整個豐田生產系統（TPS）作為系統者所面臨的持續挑
戰，是從具體到抽象然後再回到具體。你不能把工具分開，但重點
是，一方面學習戰略（高層次），另一方面探索方法（工具），讓你
從一個想法轉移到下一個。

7.1 利用精實戰略發展學習能力以因應不確定性

　　精實思考模式本質上是一種**學會學習**的結構化方法。我們承認，
永遠沒有兩種相同的條件，因此沒有可供複製的解決方案。然而卻有
一些可複製的方法去解決特定的典型問題：知道從哪裡開始，尋找
一些典型的解決方案，然後透過重複的嘗試─觀察、嘗試─觀察來
探索。精實戰略旨在了解到哪裡尋找學習時刻，以創造進行改善的條
件，從而使改善對客戶有利，解除員工的負擔並降低總成本。由於領
導團隊在不同層次會遇到不同的情況，無論是在公司、小企業還是部
門科層組織，身在其中的人都很難知道從何處著手實施精實戰略。

　　這種方法讓人發現到，先自我轉型再進行組織轉型的真正第一步
是找到可與之共事的老師。好老師難尋──真正的老師通常是學生─
大師這種傳統鏈節的一部分，這可以追溯到 TPS 誕生時，圍繞在豐田

英二和大野耐一周圍的工程師團隊。老師們在自己的學徒階段就已經學會精實的判斷力和精實工具的嚴格應用，而他們也是用精實術語對各種情況言傳口述，這也成為老師傳授 TPS 傳統的一部分，這使他們有著獨特的價值，但卻往往難以學習（有趣的是，老師會根據他們的大師是誰而有所傳承和帶來不同的側重點）。

　　作為精實教學傳統的一部分，老師通常會首先讓你解決小的、非常具體的問題，這似乎和你所知道的自身較大問題沒有太大關係。對許多人來說，這非常令人不安──而且經常令人沮喪。對老師來說，這是在考驗你的決心、你在實際問題上進步的能力，同時也顯示你對實際情況了解程度的方法。接下來，老師會教你運用幾個具體的精實工具，並幫助你逐項運用這些工具來建構整個精實系統，但並不一定會在很高層級的精實原則解釋之外給你總體目標。要真正自學，你就需要透過做中學。如果我們回頭去看之前學習過的各種第一手案例，老師要把我們帶往何處？他們並不是在教導解決方案，而是在教導如何學習：

1. **清理視窗、行遠必自邇。**先從解決當前客戶和員工的問題開始，再找出更深層的問題是什麼。當你這麼做，就建立了精實學習系統的視覺化基礎，為團隊自己創造在職學習的條件。

2. **建立精實學習系統，以改善品質工作的流動性（加速改善）。**專注於以下四個基本戰略，可以顯示具體和高層級需要解決的

問題：①透過提高品質減少不良，從而增加銷售量；②加速改善的節奏和培訓員工解決問題，降低成本底線；③透過釋放潛能，為導入新產品提供空間；④縮短前置時間以提高庫存周轉率。

3. **進行反覆的實驗，學習關鍵技術流程。**由於關鍵技術問題比競爭對手解決得更好，因此競爭優勢得以實現。隨著由精實學習系統暴露出的這些問題變得更加清晰，只要管理人員隨時留意新的想法，知道如何培養和支持他們，然後相應地改變組織，團隊自己就能提出原創的解決方案。

精實思考模式產生了**可重複利用的學習**：方法是進入問題並尋找建立在基層員工想法的獨特解決方案。然而，對那些習慣重複利用**知識**（或者說，在很多情況下是指觀點）並在任何情況下都會複製他們所知的經理而言，這種方法會讓他們感到不舒服。

這種差異很大程度上取決於哲學家大衛・休謨（David Hume）提出的基本問題：「在允許自己進行歸納之前，我應該親眼目睹多少實例？」精實思考模式是深刻的經驗，需要反覆實踐才能得出可靠的結論。老師的作用是透過指出前所未見的問題（**發現**），堅持他們要承認這些問題（**面對**），討論應對問題的精實方式（**框定**），以及挑戰改善團隊持續努力，直到得出解決方案（**形成**），從而深化思考。那麼，我們要怎樣才能獲得這些新的學習技能呢？當我們不知道從何開

始的時候，我們到底該如何開始呢？

7.2 從「清理視窗」到改善品質流動

　　法比諾和傅立歐・克雷瑞克，分別是一家大型加油機企業的義大利銷售和服務部的 CEO 和 COO，當他們看到在不久的將來會丟掉很大一部分業務的市場占有率，卻不知道該如何避免的時候，他們求助於精實。他們公司向義大利的加油站出售加油機及與之配套的維修合約。加油站網絡傳統上主要屬於石油公司，各種直營的和特許經營的加油站混在一起，還有一些大型的獨立公司，如連鎖超市，最後還有完全獨立的業主營運一到五、六個加油站。

　　該公司的主要業務是與石油公司合作，有與石油公司採購部門集中談判的大量服務合約，主要是價格和服務層級的協定。石油公司的範圍很廣，從價格低廉的最低服務，到高價高品質要求的服務。在金融危機時期，義大利服務市場迅速開始轉變。低成本的石油公司透過建立公開招標制度進一步提高了價格壓力（至少有一個在這種招標情況下贏得合約的服務公司因此而破產），同時優質石油公司開始從加油站網絡中脫離出來。在事情層出不窮之後的四年間，銷售給石油公司的服務額下降了30%，形勢非常嚴峻。

　　法比亞諾和傅立歐多年來一直對精實深感興趣，他們嘗試過幾個諮詢專案，但並未找到一個真正適合他們服務企業的方法。大多數情

況下，顧問們似乎都採用了標準工具，他們花了很多時間，從每個人那裡得到的盡是些無關緊要的結果。然而，當他們第一次真正感受到價格壓力，卻看不到任何明顯的機會，可以進一步降低成本而不傷害業務時，他們向埃哈‧蓋爾頓求助。最近剛退休的蓋爾頓是生產業務單位的總監，曾採用精實思考模式對加油機（在蘇格蘭和法國製造）的設計與生產進行過轉型。作為加油機經銷商，兩兄弟見證過他在品質和交貨方面的改善，以及前幾年他們得到的每年 4% 的設備轉讓價格折扣，這使他們相信蓋爾頓可以作為他們的老師來幫助他們。

蓋爾頓之前並沒有服務業的經驗，他說服他們進行精實思考，從而找出真正的優先問題：首先，從現狀改善工作，而不是試圖用逐行削減成本來應對低價。最明顯的浪費來源是什麼？在現場觀察之後，三個改善機會立即顯現出來。

◆ 作業調度是一個關鍵性的行為，派遣維修技術人員到正確的地點去做正確的工作，根據合約性質，當然還有打開機器後的發現，工作內容可能也會有所改變。在這個方面處理問題有很大的學習機會。當被詢問有何問題時，調度員立即說，可能發生的最愚蠢事件是派技術員到現場後，卻發現他沒有能力做這項工作，不是缺少零件就是缺少資訊，再不然就是不符所需的專長。

◆ 各個營運中心也都被各個無法繼續維修的舊機器堵塞，這些機器必須根據各種合約安排來為客戶保留。這掩蓋了由於維護而產生

的其他各種混亂，同時也隱藏了拆卸零件以替換絕版零件的需求。反應到將正確零件交給正確技術人員的調度問題上，結果表明，對技術人員零件服務的需求是偶然性的，於是他們使用小貨車來存放「以防萬一」的零件。

◆ 銷售人員習慣與石油公司的採購部門打交道，但他們很少親自去拜訪加油站的業主。他們透過合約的透鏡來看待服務，而不是對加油機進行實際維修或對加油站進行工作來服務。同樣地，服務報告被用來統計，而不是當成工具去深入了解客戶如何使用他們的加油機及他們真正需要是什麼。

CEO 法比亞諾開始訪問客戶的加油站，看看公司可能錯過了什麼銷售機會。COO 傅立歐則開始投入改善零件在業務中的物流問題，並從技術人員的訪談中受益。他們開始面對他們的問題，衡量對本地技術人員的零件服務，逐步縮小內部交貨的時間窗口，同時仔細查看調度辦公室的每一件客戶投訴。在團隊改善的第一年裡，這些課題的迅速改善帶來了令人感興趣的機會。但來自於石油公司的價格壓力持續攀升，更多的競爭性投標因極低的底價而丟失。

克雷瑞克兄弟的公司最終獲得了一份他們之前在競標中失去的合約，畢竟，加油站需要維護。

事實證明，獨立的加油站業主們更樂意與當地的小型營運商合作，因為他們覺得大企業的「公司性格」做法不適合他們。他們覺得

技術人員沒有傾聽他們的意見，具體問題也被銷售人員所忽視，「品質」僅意味著更多的文書工作。相反，從與調度員的工作中發現，與石油公司有關的品質問題大多是關於合約的解釋，而不是實際發生在加油站的事情。克雷瑞克兄弟發現，不同客戶看重的是不同的東西：

◆ **優質石油公司**：服務協定在規畫和程序方面最為重要。
◆ **低價石油公司**：這些公司希望減少關於合約所包含內容的無止盡、預期的逐點談判。
◆ **獨立加油站業主**：加油站業主希望透過個別照料以確保油站良好營運，並能持續經營自己的企業。

克雷瑞克兄弟建立了一套新的指標，從銷售總額、安全課題、客戶抱怨、庫存周轉率、服務貨車庫存、交貨時間和零件成本等方面，明確區分設備銷售與服務。在此一過程中，他們意識到，由於只想著跟隨他們的企業客戶，所以從來沒有清楚地將銷售加油機與經營服務業務分隔開來，因為合約談判往往將兩者混在一起。隨著他們逐步建立起精實學習系統來解決日常工作中的問題，開展了改善團隊學習小組，並重新思考了整個流程（特別是關於開票，一個特別的義大利問題），他們逐步將改善方向縮小到需要做到以下幾點：

◆ 傾聽獨立加油站業主的特定需求和風格，並與他們每個人建立信

任關系，了解獨立加油站業主對如何經營自己的企業有不同的想
法和不同的偏好。

◆ 培養技術人員的彈性，從而避免電工不接觸機械類工作，或者反
之所造成的阻礙。透過在每個營運中心建立專門的訓練區域和課
程，他們著重於掌握最頻繁的操作內容，這會帶來跨工種的可能
性——例如，電工可以學會更換濾油器——這也意味著可以減少
人員由於缺乏多種技能而在加油站之間的奔波次數。

◆ 透過學習及時化供應，持續加速零件在各個業務中的流動，還意
外導致為其他維護人員開發零件供應線。

◆ 開發新的「全站服務」工作，包括站內建設和系統檢查，以提供
給尋找「一站購足」的加油站業主。

雖然他們對石油公司的銷售額持續下降，但他們對調度員和技術
人員能力的耐心培養仍然出現了成果，在此期間，獨立客戶的收入增
加了一倍以上（見圖 7.1）。

此外，隨著庫存周轉率從 2011 年的 7 次加倍到 2014 年的 15 次，
利潤率也是一樣，從 2012 年的 8% 提高到 2015 年的 15.6%（見圖 7.2
和圖 7.3）。

克雷瑞克兄弟的企業認識到，之前僅僅作為可有可無的「獨立客
戶」，現在已經成為一個重要的成長領域，而且同樣重要的是，它也
是一個有利可圖的領域。獨立客戶部分的銷售成長並不是來自一個更

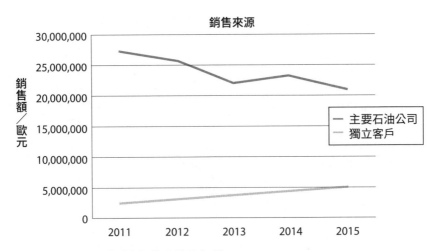

圖 7.1：2011—2014 年獨立客戶收入加倍

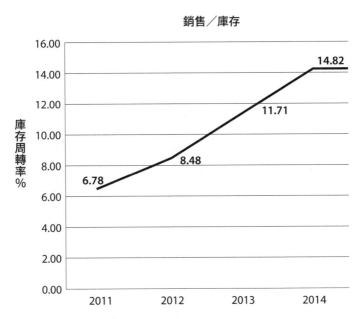

圖 7.2：2011—2014 年庫存周轉率示意圖

邊際收益

圖 7.3：2011—2014 年的利潤示意圖

為精簡的銷售流程和管理系統（儘管沒有人對此提出異議），而是來自對價值的不同理解。精實學習系統使公司得以逐個調查客戶的營業模式、公司能為客戶提供的價值，以及產生這種價值的最佳方法（見表 7.1）。

對 CEO 來說，重大突破在於從著眼於從通用類型合約的銷售（我們必須出售的產品）轉變到解決個體客戶的問題（提供和交付價值）。這一洞見從根本上改變了他對整個企業的看法：讓我們從客戶著手，而不是擔憂市場、活動區域、資源及二十世紀軍事思維常用的

客戶營業模式	價值分析	價值工程
客戶如何營運他們的加油站，他們如何靠加油站賺錢，我們如何幫助他們實現此目標，並尊重他們的喜好？	現有的合約和現有的工作中，我們該怎麼做才能進一步協助客戶，我們該如何藉由消除浪費來降低成本？	我們應該為客戶提供哪些新功能，才能進一步幫助他們發展業務並提高自己的業績？

表 7.1：調查客戶價值

詞彙。客戶們喜歡他們的營業模式，因為他們能找到方便的產品和服務來幫助他們解決問題。可重複利用的學習就是將每個客戶視為個體，而不是用一般詞彙「客戶」兩字來考量，並在交貨過程中提高彈性，以適應特定的客戶營業模式，而不是簡化通用流程。

　　從精實中，克雷瑞克兄弟找到了一種方法來專注於作為企業領導人的重要事項，而不會被每天突然出現的忙亂營運課題所壓垮。他們可以反省這些核心問題：公司提供什麼價值，以及提供給誰？我們需要面對怎樣的挑戰才能交付這些價值？與競爭對手相比，我們為客戶提供了哪些優勢？我們如何幫助員工做好每天的工作？我們應該投資哪些技術？還有，整體而言，我們想要成為什麼樣的公司？

　　面臨同樣變化步調的大多數競爭對手都在努力適應外部市場因素。精實戰略幫助克雷瑞克兄弟變得更敏捷，並引導他們的員工更快地改變。在這一轉變過程中，他們需要使公司盡可能穩定，讓公司的每個人都與客戶保持聯繫、開發新技能，並對所要做的工作採取新的

態度，同時繼續日復一日地運行服務合約而不會造成重大的中斷。

後來，法比亞諾和傅立歐強調了幾個對公司工作方式產生深遠影響的關鍵做法：

- **觀察客戶現場：逐個與客戶保持聯繫。** 通過定期到客戶現場訪問，他們可以直接與每位客戶聯繫並了解事實，這些事實形成了獨立於他們中層主管之外的意見。這也幫助他們意識到他們一直在致力於提供通用的服務，並認識到這很難適應個性化的客戶需求──甚至實際上根本沒有聽到這些需求的要求。

- **技能道場訓練：一次一個重新聚焦在員工的工作上，需要培養什麼和需要改變什麼。** 克雷瑞克兄弟要求管理人員定期用一天時間與技術人員一同坐在服務現場，觀察實際工作是如何進行的。他們還設立了專門的訓練道場，為每個技術人員制訂了定期訓練計畫。起初，他們著重於少見或特殊的操作，但後來他們意識到即使在最頻繁的一般作業中，還是有許多需要學習的地方。這樣，他們就能夠縮小實際作業中需要改變之處。這也為工種間進行最小限的交叉培訓提供了機會，而減少了不必要的客戶間旅程。

- **日常問題解決：不斷建立個性化客戶價值和解決自身流程中障礙之間的視線聯繫。** 要求團隊領導者每天調查一個客戶或技術人員的現場問題。這個想法並不是要消除流程中所有問題（這是不可能的），而是要學會用更好的方法探索問題並解決它們。這種做

法使員工能夠不斷地澄清他們試圖為客戶提供的價值，如何轉化為日常工作決策的理解（主要是日常問題，如加快運送稀有零件或帳單問題等），這種做法把崇高的目標轉變為日常行動。

◆ **持續的團隊改善：培養團隊主人翁的思想和信心，並鼓勵團隊繼續努力。** 最後，員工自己解決了大部分領導者的問題。在戰略層面上，他們了解要做什麼才能在產業重組中生存下來，但大多數流程層級的解決方案，是由各團隊自己在各個中心，進行一個個改善並發現新工作方式之後才得到的。這些團隊發掘了聰明的方法來響應客戶問題，同時簡化了自己的內部流程（有時還會帶來驚人的結果）。例如，米蘭中心搬到了一個新的地點，面積只有原來的一半（占成本的四分之一），但絲毫不覺得像原來的設施那麼擁擠──這就是團隊自身不斷改善的結果。

◆ **提案系統：加速點子的流動，並認可每個人的貢獻。** 透過教導他們的中層主管來支持提案系統，並系統性地突顯每個中心的月度提案，他們得以排除某些困擾，並開始表彰對企業真正的貢獻者。表彰提案（公司能夠認可 98% 提交的提案）讓領導者可以加速整個公司的點子流動，並更清楚地了解哪個團隊運作良好，有著開放、友好的氛圍有利於主動性，以及哪個團隊仍然存在問題，不是良好的工作職場。

「我們相信，精實實踐是我們成功扭轉公司的關鍵，」他們說，

「在這個動盪時期，我們不僅成功地保持住總營業額，而且 EBITDA 也增加了 70%，這是因為我們的改善使得成品庫存降低了 50%，維修備件降低了 30%，技術人員小貨車庫存降低 35%。我們將所有 5 個配送中心的成品和備件占地面積縮減了一半，將銷售交貨前置期從 8 週縮短到 6 週，備件交貨前置期從 15 天縮短到 5 天。我們的準時介入搶修紀錄從 80% 增加到 95%。如果沒有在現場學習到精實思考模式，我們不確定公司今天是否還會存在。」

7.3 使用學習系統強化改善降低成本底線

一旦企業問題在一個地區變得清晰，精實工作者就可以專注於如何在大的運營基地領導改善。這就是動態精實系統為全面學習所搭建的鷹架。皮耶爾・瓦哈雅強力宣導精實成為企業戰略。在 FCI 公司被一家私募股權投資公司收購後，他接任了這個集團公司的 CEO，這是一個 13 億歐元連接器企業，在全世界擁有 14,000 名員工。他的工作是將它轉型以便再出售。在 4 年內，他使銷售額成長了 40%，降低的生產成本為銷售額的 7%，並且提高了盈利能力，主要是向公司灌輸內建品質文化（見圖 7.4）。

公司在應對 2008 年金融危機餘波的同時，改善了盈利能力，也增加了投資者價值（見圖 7.5）。

瓦哈雅之前在擔任一家汽車零件供應商的 CEO 時就很出名，他親

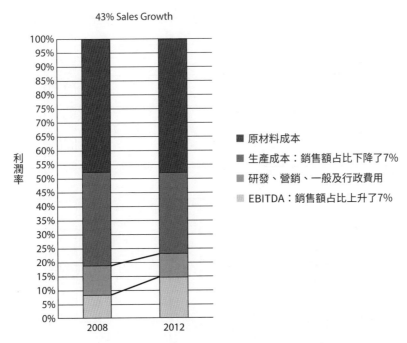

圖 7.4：2008—2012 年 FCI 增加銷售，降低製造成本與增加利潤

自在庫存間走動，看著一卷卷鋼材庫存的標籤，每次發現材料在那裡放了超過一個月（實際上有時候是幾年）都會問「為什麼」。他以前曾與作為老師的弗雷迪‧伯樂一起工作過，他們（和精實總監義斯‧梅若）一起建立了他以前公司的精實系統。FCI 公司的精實優勢將從最好的條件開始：一位精實經驗豐富的 CEO 致力要學習更多，還有一位經驗豐富的精實總監致力於改善過去的經驗，以及一位沉浸在精實傳統中的老師（他自己的老師曾直接為大野耐一工作）。瓦哈雅在 2008 年金融危機即將襲擊全球經濟的幾個月前接任 CEO。並且在 4

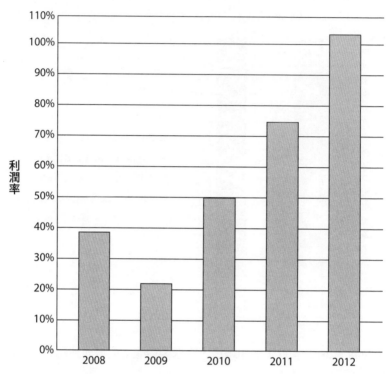

圖 7.5：2008—2012 年 FCI 的 EBITDA 成長

年裡，直到私募股權公司出售該公司，他使該集團的總價值增加了兩倍。

　　如何對這樣的大公司進行精實？從哪裡開始？如果精實是解決「大公司病」的解毒劑，那麼在全球化企業中，這不是更困難嗎？在四大洲有 20 個工廠和幾個開發中心，你會從哪裡開始？每家公司的答案都是特有的，但問題是一樣的：我們現在如何才能為客戶提高價值，以及我們如何在下一代產品中為客戶創造價值？研究表明，FCI

在客戶認知方面表現平平，瓦哈雅在 2008 年春天對集團的管理團隊說：「我們的目標是在市場占有率、成長率、利潤和員工賦能方面成為產業的標竿。」確實，每一位 CEO 在他工作的第一天都會這麼說，問題是，「該怎麼做？」再問一次，你會從哪裡開始？

在他任期的第一年，瓦哈雅從訪問 24 個工廠和開發中心開始。連接器行業的共識是，差異是來自創新而非營運能力。然而，當瓦哈雅見過從作業員到工廠經理等員工之後，他認為，隨著新進入者對原有參與者的競爭壓力愈來愈大，這個產業正在發生變化。他得出的結論是，品質和客戶服務現在成為創新之外的關鍵驅動力[1]。因此，他的主要困難是讓他在亞洲、美國和歐洲工作的經理們面對此課題。

為此，瓦哈雅制定了幾個關鍵績效指標（KPI），他告訴他的直接下屬他會忽略公司以前使用過的其他所有指標（其中大部分隨著各自的業務單位而不同）。他還告訴他們，他不會按照財務報告管理企業，而是按照營運績效的改善。他的目標和 KPI 如表 7.2 所示。

更重要的是，每個工廠必須每月衡量這些結果。挑戰並非在年底達成目標，而是平準地、按部就班地做到這一點（見圖 7.6）：

◆ 每個工廠每月減少 3% 事故數量。

---

[1] Cynthia Laumuno and Enver Yucesan, *Lean Manufacturing at FCI(A): The Global Challenge, INSEAD*, Harvard Business Review Case Study, June 25, 2012.

重點	一級KPI	目標	二級KPI
客戶滿意度	品質（客訴）	客訴減半	在品質牆上的員工數 配合8D審計 每百萬進廠零件不良率（PPM）
	客戶服務（對流程管理的管理，即MPM）	延誤發貨減半	銷售和營運部門承諾 供應批量大小（收貨頻次） 生產批量大小（相同零件的生產間隔時間）
員工賦能	安全（事故）	事故減少3/4	提案 缺勤 基於團隊的組織承諾 離職率
成本和現金改善	供應鏈（工廠流動時間）	流動時間減半	庫齡
			非直接交貨
			物流中心流動時間

表 7.2：瓦哈雅的目標和 KPI

◆ 每個工廠每月品質客訴數量減少 2%。

◆ 每個工廠每月交貨延誤數量減少 2%。

◆ 每個工廠每月減少 2% 的庫存。

　　顯然，並不是所有的工廠在一開始都處在同一水準，但這並不是瓦哈雅的重點——他要的是學習和改善的速度，而不是靜態的優化。工廠的反應各不相同，按照持續改善（CI）速度的綜合衡量，圖 7.7

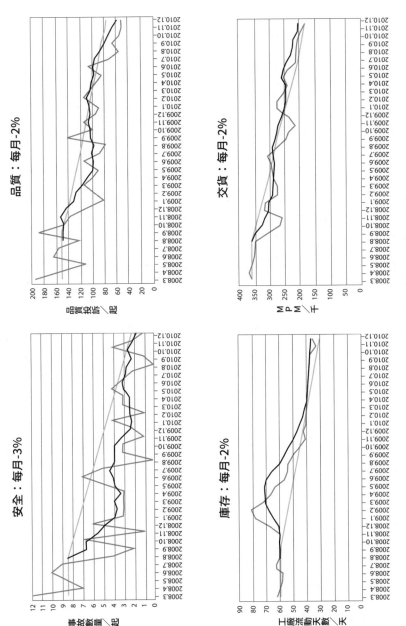

圖 7.6：FCI 的每月 KPI 結果

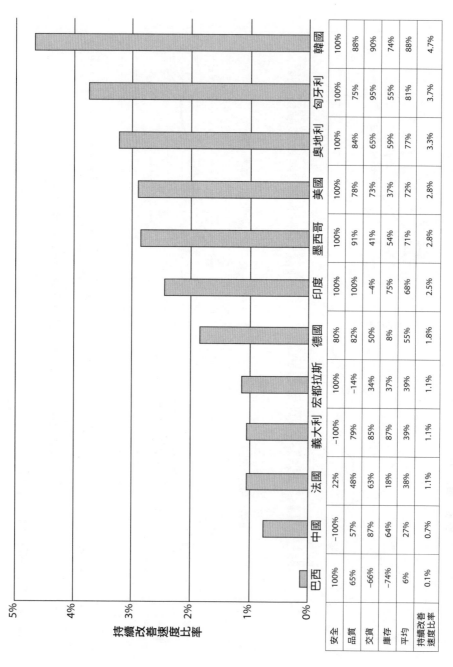

	巴西	中國	法國	義大利	宏都拉斯	德國	印度	墨西哥	美國	奧地利	匈牙利	韓國
安全	100%	-100%	22%	-100%	100%	80%	100%	100%	100%	100%	100%	100%
品質	65%	57%	48%	79%	-14%	82%	100%	91%	78%	84%	75%	88%
交貨	-66%	87%	63%	85%	34%	50%	-4%	41%	73%	65%	95%	90%
庫存	-74%	64%	18%	87%	37%	8%	75%	54%	37%	59%	55%	74%
平均	6%	27%	38%	39%	39%	55%	68%	71%	72%	77%	81%	88%
持續改善速度比率	0.1%	0.7%	1.1%	1.1%	1.1%	1.8%	2.5%	2.8%	2.8%	3.3%	3.7%	4.7%

圖7.7：各個 FCI 生產工廠不同的持續改善速度比率

顯示了最終的情況。

從客戶的角度來看，價值有三個面向：第一是性能，這是對客戶承諾的功能（大多數競爭對手承諾的功能水準相似）；第二是品質，這是我們隨著時間為客戶實現這一性能的程度；第三是使用成本，這是使用該產品的總成本，包括從獲得到使用和維護、再到產品生命週期結束時進行處置的所有成本。

從交貨開始

從客戶那裡得到的早期回饋是，FCI 最失敗的承諾是交貨。客戶必須持有大量的連接器庫存以應對交貨的不可預知性。要提升服務客戶的品質，瓦哈雅必須解決的第一個問題就是服務品質。

瓦哈雅和梅若需要讓工廠經理明白這個問題對整個公司而言是何等重要，因此他們聚焦於使用一個簡單工具來幫助經理們了解交貨的具體問題：卡車準備區（truck preparation area,TPA）。卡車準備區是畫在物流區地面上的一個方塊，用以在卡車到達之前準備每輛卡車的貨物。當卡車到達時，所有的物件都已經實際就位，立刻可以裝車，然後卡車就能夠立即離開。卡車準備區是一個簡單的機制，可以在客戶收貨碼頭發現有什麼貨及有什麼短缺之前，就管制貨品是否可以全部裝進卡車。

一個簡單的理貨管理板與畫在地上的卡車準備區一起使用，如表7.3 所示。

目的地	離開時間	卡車準備區	準備結束時間	狀態	備注

表7.3：和畫在地上的卡車準備區一起使用的理貨管理板

　　卡車準備區聽起來簡單得可笑，但實際上簡單卻絕不容易。工廠經理和他們的物流經理對此常常保持緘默，更別說有點抗拒了，因為組織卡車準備區將會帶來極大複雜性和劇烈摩擦。在大多數公司，人員已經失去了對交貨的控制，發貨是由 MRP 主導的。當系統認為物件已進入庫存，就會叫來卡車；當系統認為物件已經生產出來，就會將其放入庫存。準時交貨是一個反覆排程混亂反饋迴路的結果——沒有哪個人能理解這一切。

　　卡車準備區是視覺化管理這一精實理念的直觀案例。物料不再透過螢幕上的數字管制，而是透過物理上的逐箱管制：確認物料是否準時到位。裝運地點的人員被要求區分「好」卡車（所有箱子都在那裡，準確地說，沒有少也沒有多）和「壞」卡車（少了一箱，或者多了一箱）。起初，「好」卡車的比例少得驚人，但員工們逐步學會改善。每輛卡車都要由發貨的員工自己逐次逐箱仔細檢查。

　　視覺化控制構建物理環境的方式是：所有人都能隨時了解需要做

什麼。工廠經理不需要時時刻刻親自到場，告訴員工卡車應該準時完成裝貨——卡車準備區會幫他們這麼做。

卡車準備區的基本原則是節省卡車。當看到卡車在「準備結束時間」並未完成，管理人員必須介入以省下卡車，這意味著回到生產區，停止生產流程中任何其他產品的製造，優先製造不足的箱子內的產品（如果有元件的話）。然後，管理層需要進行「5 個為什麼」分析，立即找出發生問題的原因，並改善導致問題的作業程序。

這是一項艱巨的工作，但整體而言，工廠經理人員已著手進行，結果開始有所改善（見圖 7.8）。在他兩年一次的訪問中，瓦哈雅總是

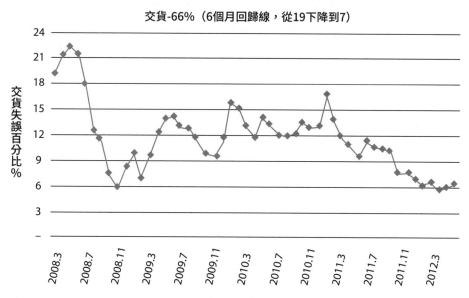

圖 7.8：從 2008—2012 年 FCI 的交貨結果對比圖

首先去卡車準備區，以表示他對客戶服務的興趣，並激發員工進行更好的服務，傾聽他們遇到的阻礙（許多阻礙來自他們無法接觸公司的其他區域，但他可以），並且支持他們的改善提案。

產品的內建品質

同樣地，瓦哈雅從客戶那裡聽到的更嚴重品質問題是不良率很高。在某些市場，如日本，根本不容許出現有缺陷的連接器，不達標品質成本會立即反應在一屋子的作業員，他們彎著腰拿著放大鏡識別和區分所有可疑產品──這種成本直接從利潤中扣除。而其他市場只會抱怨。

瓦哈雅和梅若採取了同樣的方法將品質問題視覺化，從而使生產線員工了解到他們給客戶製造的問題。首先，在生產單元本身系統化地進行最終檢查，並當場分析每一個缺陷產品。團隊領導者的職責是進行立即分析和檢查整個箱子，以確保箱子內的產品──如挽救卡車的精神。當出現無法處理的問題時，團隊領導者也會立刻呼叫管理層人員。

檢查每一個零件都要花費極高成本，只有在必要的情況下才能這麼做。真正的問題是教導員工何時採用 100% 的檢查率，何時不採用：

1. 如果一個生產單元產生了客訴

2. 它就要建立 100% 檢查牆

3. 檢查放在該流程結束的地方，並將結果立即回饋給生產單元

4. 直到採用 100% 檢查率都沒有再發現缺陷，才撤除檢查牆

5. 直到再次出現客戶投訴，如此反覆進行

　　該工具的目的是培養員工對自己工作的責任感，並立即進一步調查不良的零件。在許多工廠中，品質牆讓員工深入思考如何在流程中發現不良的零件，以及如何處理它們。

　　內建品質的下一步是**一發現缺陷就停止**。在一個試驗工廠裡，梅若一開始從車間的 50 臺機器裡挑了 3 臺，讓工廠的工程師重新設定程式，讓它們確實地能夠在出現一個缺陷時就停止工作。其後果是整體設備效率（overall equipment effectiveness, OEE）立即從 80% 降到了 30%，對生產產生了巨大的影響。面對這個問題，梅若將 3 名維修工程師都分配給了這 3 臺機器，而由其餘的機器暫時繼續生產。工程師們首先清理了一發現缺陷即停止的所有小問題，使 OEE 提升了一半；其次他們一邊學習，一邊處理更大的問題。經過一個月的艱苦努力，這 3 臺機器都回到它們最初的 OEE，而且產出品質大大地提高了。然後，梅若處理接下來的 3 臺機器，以此類推，直到覆蓋整個區域。

　　為了能夠在整個集團複製這個實驗，接下來，他為集團的所有工廠設計了一個系統，在這個系統裡，如果一臺機器被重新程式設計為一發現缺陷即停止，就可以獲得一個綠色徽章（一個標籤）；如果不

是，就獲得一個紅色徽章；如果它在某些情況下停在第一個缺陷發生時，但在別的情況並未停止，則獲得一個黃色的。工廠經理現在必須制訂一個計畫，將他們所有機器從紅色和黃色標籤變為綠色標籤，建立經典的自働化——首先改善偵測、報告不良的能力，進而改善解決不良的能力。

在這個產業中，改善交貨和品質問題對銷售產生了巨大的影響，銷售在此期間增加了 40% 以上——同時，學習系統帶來了現場學習，整體上降低了成本並支持了銷售。

用精實學習系統支援現場學習

從俯視圖來看，瓦哈雅、伯樂和梅若進行過的精實項目可以描述如下：

◆ CEO 親訪並展示其承諾，並在不同地點和情況下團隊遇到的具體問題中學習。

◆ 關鍵績效指標（非財務性的）挑戰持續改善流程的速度。

◆ 用視覺化管理系統讓大家共用現場問題，從而快速反應。

◆ 形成去中心化的管理慣例，將權能分散到工作站。

◆ 組織解決問題的工作坊，以發現浪費並展開持續改善。

從傳統的管理心態來看，精實計畫很容易理解為一個直接的控制流程：以避免錯誤並更嚴格地控制作業。實際上根本不是這樣。這是一個教育計畫，公司的每個員工都可以自我定位並了解：①如何維持水準；② CEO 真的很關心他們的表現，並隨時可以提供幫助；③職場是如何安排的；④避免錯誤的基本原則；⑤他們被期待要動腦筋想出點子並主動把工作做得更好。

從基層來看是什麼樣子的呢？某個 FCI 在中國公司的工廠廠長（plant manager, PM）描述了他是如何被引進精實計畫[2]。CEO 對他個人訪談，並提出了對工廠的期待——快速學習，特別是在安全改善方面——之後，這位在公司不同崗位工作了 13 年的廠長，參加了一個為期 9 天的標準課程，課程分為三段式，分別在印度、美國和中國各學習 3 天。然後，他被要求找一個人全職負責與由義斯‧梅若帶領的精實中心小組（為整個 FCI 集團服務的 7 個人）對口協調。

啟動儀式之後，這位廠長的首要任務是建立視覺化管理——同時，並在此過程中解決任何困擾工作的安全課題。當廠長培訓他的直接下屬來建立這些視覺化標準時，他意識到他需要自信地回答一些反覆出現的提問，如精實的目的是什麼？目前正在追求什麼樣的短期目標？學習精實對工廠有什麼好處？

---

[2] Cynthia Laumuno and Enver Yucesan, *Lean Manufacturing at FCI(B): Deploying Lean at Nantong China, INSEAD*, Harvard Business Review Case Study, June 25, 2012.

每一個視覺化標準要求新的管理階層慣行就位，再強調一次，這需要廠長持續的培訓。這些管理階層慣行的核心是在每個生產單元的每日快速會議上討論當天目標和前一天的問題。這時，廠長會發現自己要花三分之一的時間在現場，確認生產線經理獲得了他們為達成目標所需的全部資源。他的主要問題是讓他自己的管理人員掌握關於品質的新思路，他現在對此的理解是「如果你發現了一個缺陷，就停止生產。想想你做了什麼及如何改善它」，這和工廠的既有習慣是相悖的。團隊需要學會：①對缺陷的反應應該是停止生產和進行思考；②經理必須親自去現場檢查物料，而不是依賴他們在電腦螢幕上看到的東西。

當他與梅若舉辦過各種研討會後，這位廠長意識到，這些研討會的目的不是要實施一種新的工作方式，而是教會他一種分析其營運的新方法（見表 7.4）。

掌握了這個正在轉變的基本原則之後，他現在意識到他必須使用這個計畫作為學習方法，將改善工作坊作為一種基礎工具，讓團隊理解在消除浪費和「5 個為什麼」的思考方面公司對他們有何期待。這位廠長與該地區的精實經理制訂了一個計畫，確保工廠所有員工每年至少參與一次工作坊——這讓改善工作坊的次數大幅增加，如圖 7.9 所示。

在開始這個計畫時，工廠曾發生過 1 次事故，平均每個月有 1.5 宗客訴，交貨延誤率為 4%，交貨前置時間大約為 65 天，批量生產平

	分析	以了解這些
布置與5S	分析週期時間變異，以視覺化布置的特性、區域的日常管理及作業平衡等變異的主要來源	浪費的主要來源，是許多阻礙員工清楚看到如何自我組織以進行順暢、持續生產的原因之間的摩擦。
快速品質反應	逐個列出潛在因素，進行不良分析，測試每種假設以改善工作標準	未經考慮的行為或錯誤技術會導致生產出不良品，只有經過嚴格的驗證假設，才能曝露出品質問題。
快速換模	錄影分析換模作業，區分外部作業（機器仍在運轉時可作業）與內部作業（停機時才可作業），重組為外部作業化，並減少最終調整	大批量是所有壞事的第二來源（第一是讓不良的工件通過），因為批量愈大，愈難發現缺陷，而庫存最終會阻塞系統並延誤準時交貨。
全面生產維護（TPM）	按生產損失的原因，如停工、放緩、換模、缺陷等進行生產運行的日常分析，透過更好的維護來提升機器的使用	如果沒有良好的維護和了解，設備將會成為造成週期時間變異的主要原因。為了支持人們的成功，我們必須分離人機作業，把員工從設備的桎梏中解放出來。

表 7.4：營運分析以觸發學習

均時間為 1 週。兩年後，該工廠從計畫開始以來就沒有再發生過事故，客訴減少到 0.6 次，延誤交貨率 0.5%，交貨前置時間減少到 26 天，批量生產時間更降至 2.5 天。

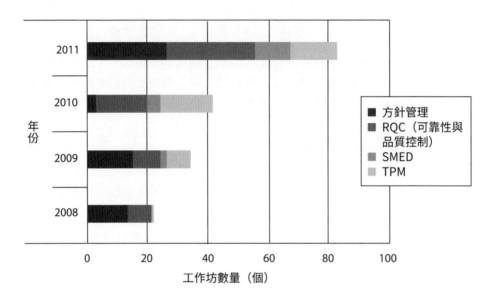

圖 7.9：改善工作坊數量的成長

　　這說明了精實思考模式的改變流程：這些工具可以幫助當地領導者改寫自己的故事，因為他們可以更加了解自己的處境和問題，並開始與其增值團隊用與原來不同的方式做事。隨著每個經理改寫其區域的故事，全球都出現新的機會，從而加速了在全公司層面的學習。集合的改善工作坊是在精實計畫中快速進步的工廠所特有的。然而，如果不創建可重複利用的學習，這些工作坊本身並不能產生業績表現。整體而言，FCI 的工廠經理必須在一些方面改變他們的問題解決習慣，如表 7.5 所示。

　　因為員工不會被輕易說服，但會自己做決定，所以管理階層唯一能做的就是創造機會，重複產生「哇！」的時刻。由經理親自發起更

舊習慣	新習慣
在董事辦公室裡管理工廠，根據高級管理人員的報告做決策。	在現場管理工廠，刺激各個工作層級的團隊去解決具體問題，讓高層管理人員在工作中支援他們。
告訴客戶：「事情就是這樣，我們正在盡最大努力為您服務，所以請耐心等待。」	傾聽客戶的抱怨，盡可能地解決他們眼前的問題，同時深入探究內部營運問題的根本性原因。
為了能全速生產，實施批量檢查，以解決品質問題。	發現一個缺陷時就停止生產，以解決品質問題，鼓勵一線管理層在問題一出現時就解決它們。
透過持有大量成品和零件滿足交貨的需求。	透過小批量生產和從供應商收牛奶方式的領取，讓供應鏈更具有彈性，從而滿足交貨的需求。
培訓員工的方式是派遣專家強化新的流程，並要求中層管理人員嚴格執行。	讓員工參與改善活動來培訓他們，要求進行嚴格的假設試驗並提問「為什麼？」

表 7.5：必需改變的問題解決習慣

緊湊的改善工作坊，可加速他／她對需要從做中學（和教導）的理解。

　　瓦哈雅說道：「精實不僅是改善營運的一種方法，它也是思考企業所有面向的方法。更重要的是，它是一個完整的戰略，而且它還讓我在職業生涯中成功對 4 家公司進行轉型。我認為精實是一種將戰略思想與實際行動結合的方法，培養公司所有員工來實現大規模的轉型。」

7.4 重複試驗而壯大學習

在賈奇的老公司裡，COO 菲德力克・菲昂賽特和持續改善總監艾瑞克・佩佛成功地與他們的老師合作建立了精實學習系統的多個面向，如聚焦於減少缺陷及加速流動。事實上，雖然在 2009 年（受雷曼兄弟危機影響）營業額下降到了 7,900 萬歐元，但庫存僅為 800 萬歐元（見表 7.6）。如果周轉率維持在前一年的 6 次，庫存將會是 1,300 萬——這個簡單的改變已經從生產流程中釋放出 500 萬歐元的現金（在非常需要的時期）。

為了實現拉式系統，菲昂賽特、佩佛和計畫經理馬沙亞・弗麥克斯（Matthias Fumex）努力平衡顧客的需求並學習節拍時間的紀律。菲昂賽特和他的團隊並沒有著重於產品別的實際節拍時間，但他們建立了每天用一個固定節拍生產固定批量的高銷量產品的要求。這一批產品必須用同樣的節拍在整個工廠的流程中流動，從而創造了從鑄件到

年份	2004	2005	2006	2007	2008	2009	2010	2011	2012	2013
銷售額／百萬歐元	65	69	73	80	83	72	75	79	79	78
庫存／百萬歐元	14	15	11	16	13	8	7	6,5	6,6	6
周轉次數／年	2.7	2.7	3.5	3.4	3.4	4.8	5.5	6.5	7.2	8.0

表 7.6：2004—2013 年的銷售額、庫存和周轉率（銷售成本／庫存）

完成包裝的順暢產品流。這個數量是根據產品類型而定。

運營中累積的所有常見症狀很快就顯現出來：①大批量；②對銷售速度沒有明確的概念；③複雜重疊的生產流程；④內部運輸和物流不順暢（事實上，長年來物流部門都被大大忽視了，能力和士氣都處於一種災難性的狀態）。為了更掌握這個問題，菲昂賽特和他的持續改善總監艾瑞克・佩佛計算過，通常情況下，數以千計的產品中只有不到 10% 的產品占每月總銷售額的 50%。他們起草了一份簡短的名單，並決定從銷量比較高的產品開始逐項確認。結果，在每一個裝配單元中，占據大部分生產時間的只有兩到三個高銷量產品。在沒有實際簡化流動路徑的情況下，他們現在可以先檢查幾個產品的路徑，然後再處理整個系統的問題。

逐項建立產品的拉式系統之後，他們建構了自己的學習曲線，因為每一個新的嘗試都創造了機會，從頭開始檢查什麼有效、什麼無效，和梅若一次只在 3 臺機器上實施一發現缺陷就停止的做法類似。將反覆出現的問題分解成一些小步驟，而不是冒著風險的孤注一擲，這是管理學習的重要部分，因此能在同一個主題上重複計畫—實施—檢查—行動這個 PDCA 循環——從而學習。對於這些少數幾個產品，他們決定將批量調整到需求量——其想法就是，對於幾個銷量非常高的產品，每天都正好按照前一天的需求進行生產。他們認為，整體而言，如果這些高銷量產品的產量能累積到工廠需求量的一半，他們就應該可以大幅度地穩定流動。接下來的問題是：批量應該是多少？

接著，計畫經理弗麥克斯檢查了銷量最高產品的情況，發現大數定律也適用：數量比例的差異相對其他種類的產品確實小很多。結果，他們決定每週計畫採用前一週的平均每日需求量，然後他們要求生產單元每天完全按照這一數量生產。短短幾個月內，準時交貨率提高了 20%。到第一年年底，庫存周轉率已經提高了 40% 以上。

透過一套固定流程的一系列固定產品（一系列固定設備）形成了**價值流**。價值流實際上以其整體節拍時間和產品個別的節拍時間為代表。這種節拍改變了一切，因為現在流程是按照規律的交貨來設定。節拍圍繞重複的工作創建了一個產能計畫，可以在剩餘的可用時間內完成一次性工作的填入。節拍還有另一個優勢，即可以更直覺地暴露那些不符合常規模式的產品。計畫經理經由一般常規節拍概念的運作，開始從嘗試錯誤中學習的進程，而不斷地提升工廠的績效表現，如圖 7.10 所示。

然而，這些結果並不是在不考慮人員參與的情況下，就直接推出新流程，或從一開始就應用精實物流的機械式方法來實現的。公司範圍的成果出現是產品計畫部的弗麥克斯和生產部的佩佛精心推進的結果，還有 COO 菲昂賽特的密切追蹤——有趣使整個工作得以展開，沒錯，是有趣和探索。多年來對同一問題反覆試驗的結果，弗麥克斯有了以下的認識：

◆ **第 1 年**：著重於幾個高銷量產品，並利用生產流程拉動它們。在

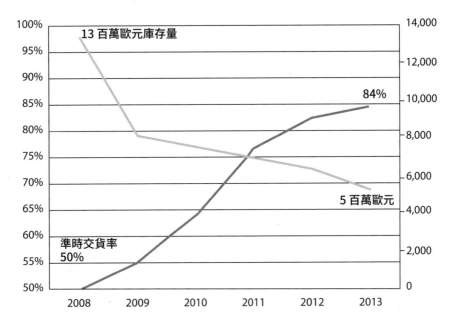

圖 **7.10**：工廠的持續改善

幾個月內，成品庫存降到三分之一，準時交貨率提高了 20%。然而，雖然定期地生產高銷量產品很有效（根據大數定律，客戶即使這個星期不買，他們下週也會買），但有些產品仍會短缺，因為客戶會不規律、但大量地購買這些產品。

◆ **第 2 年**：生產高銷量產品的產能足以生產一天的平均需量，但並不足以滿足不規律地銷售給大客戶的臨時大訂單。於是創建一個新的「中等銷量」類別，相對於高銷量產品維持了若干完成品庫存，這個類別只有原料或半成品庫存，一旦客戶需要就能夠立即生產。由於需求並不規律，其生產可以調節庫存水準。結果，

庫存價值雖回升了一些，但準時交貨率繼續提高了 15%。然而，現在看來，這種做法對俄羅斯市場是行不通的：它有明顯的季節性，滿足夏季需求激增所需的庫存量相當大──而且總是不夠。

◆ **第 3 年**：由於平準化拉動原則現已被多次試驗證實，其想法是把俄羅斯市場視為一個「完美的客戶」，可以全年訂購相同數量的產品──從而建立了一個與俄羅斯市場最低歷史銷量一致的庫存。這樣一來，隨著夏季銷售季節的開始，工廠只需要為俄羅斯生產超出庫存量、額外的零件，而不是以占用其他市場的產能為代價，生產所有夏季訂單的零件。在需求量低的季節裡，每週安排生產一定數量，一部分用作銷售，一部分則留作夏季用的庫存。然後在高需求季節，則根據實際需求進行追加的生產安排。隨著庫存金額創歷史新低，準時交貨率再次提升了 20%。然而，平準化生產排程表顯示，零件以不規則的大批量到達，造成因欠缺零件而生產中斷，和龐大零件庫存的矛盾現象。

◆ **第 4 年**：為了能夠平準化頻繁的小批量交貨，將拉動原則應用到供應鏈中。與供應商重新協商合約，並使用定期收牛奶的供應方式等等，讓交貨更平準。這是一個持續性的工作，持續到第 5 年和第 6 年，試驗了越庫作業和就近在當地重新尋找零件供應商，這兩者逐步從根本上改變了整個供應鏈。

透過重複同樣節拍時間的實驗，如提起粽子串般，出現了愈來愈

困難的狀況，並從中累積了學習成果。弗麥克斯並非從他的第一次嘗試就學會，而是在不同的情況下，對同樣的問題一次又一次的努力，得到更深入的理解而學習。在他這樣做的同時，他變得更能自主地解決各種意想不到的現實狀況，並對他作為計畫經理的工作有了更深入的理解——其中一些帶來了組織上的調整，因為他調動了大部分的預估計畫人員來強化供應鏈辦公室及平準化對供應商的需求。事後的紀錄讓學習過程看起來順暢可靠，但這是一種事後的錯覺。事實上，在每一個階段，沒有人知道會有什麼結果。弗麥克斯的學習曲線必須要維持下去，有幾個機制在起作用：

1. **拉式系統本身就是一個嚴苛的大師。**外部最早研究豐田拉式系統的研究人員認為精實是「脆弱的」——意思是，每當某個事故給系統帶來大變異，它都會失敗。而正是這種脆弱成了拉式系統的力量，這就像在一根桿子上轉動盤子：如果你停止轉動桿子，盤子就會掉下來。弗麥克斯必須一次又一次面對拉式系統的崩潰，而且他必須弄清楚每一次是哪個思慮不周的決定導致了問題，又是哪個隱藏的誤解導致了這種決定。

2. **領導者的關心。**弗麥克斯從不必孤單地進行試驗——CEO 和 COO 都對什麼能彌補現有系統的不足感到好奇，他們會定期過來觀察進展，討論、聽取並且學習。如果員工感受不到他們掌握了問題，他們可以自由參與試驗，而管理團隊則作為其後盾

（廠長會認真地提醒交貨表現和庫存水準），他們必須要謹言慎行、服從命令遵守規定，並避免製造麻煩。

3. **領導者支持（並鼓勵）**。當弗麥克斯學會了改變排程和供應鏈管理的習慣之後，他不斷地遇到一個又一個的障礙，包括來自意想不到的問題，諸如銷售和生產這些其他部門的功能間障礙，以及來自自己團隊不想改變做事方式或思考新可能性的內部障礙。任何一個務實的經理都會處理其中的一些問題，但很少會處理全部。而高階管理階層的支援是非常重要的，這可以掃除道路上的障礙，並解決經理人員影響範圍之外的問題，這些問題只有領導者能夠解決（很多事情對領導者而言是容易的，但對系統中的某些人卻幾乎不可能做到）。高階管理階層的支持所表現出的認同也非常必要，特別是當一些新事物被同事批評或抗拒的時候——學習需要時間，而在這段期間需要維持動機。

4. **仍然聚焦於哪些有效，哪些無效**。領導者的一個關鍵角色是幫助經理們後退一步，並不斷地提出關鍵問題：什麼有效？什麼無效？經理們會很自然地被一些他們想做的事情，他們在路上遭遇的障礙，以及所有這一切有多麼不公平等事情轉移了焦點。領導者需要不斷地重申學習的合理性：有些方法有效，有些無效，而還有許多則無關緊要。挑戰在於繼續進行對假設的試驗，即使當時的情況可能令人感到困惑或沮喪。

在這個延展的學習過程中，弗麥克斯學會用不同方式看待他的工作和利用他的專業工具（如 MRP），以及開發特別的工具以平準化成品的流動和生產排程。他還學會了和採購與供應鏈部門合作地更好，從而解決供應鏈中的問題，因此從上游到下游的新工具和技術產生了溢出效應，同時希望有朝一日在供應商那裡也能獲得這種效果。根據演繹的精實原則，透過仔細分析每個試驗有效和無效的案例，排程辦公室發展出獨特的逐案知識，維持了持續改善曲線，從而實現了 200% 的現金轉換率。

精實突破取決於改善的品質：提出正確的問題，團隊會得出新的、意想不到的方法來裂解難題。顯然，對執行官的挑戰在於學會要問什麼正確的問題——這正是老師所教導的。雖然沒有兩種情況真的相似，但精實思考的空間都是根據參考點所建構而成，如海灣上可見的浮標，劃定了比賽區域等，如表 7.7 所示。

當然，一個人航向哪裡很重要。在下一章中，我們將藉由不斷地回饋各個層級的組織構成部分，來看看精實戰略是如何建立這種彈性和創新性。

從哪裡尋找結果	如何建立改善條件	培養每個員工主動解決問題
◆ 更快的交貨改善了銷售。 ◆ 減少缺陷提高了銷售量並降低了總成本。 ◆ 縮短交貨前置時間改善了人員與設備的運用，並騰出現金。 ◆ 釋放產能改善了新產品的引進。	◆ 停止工作並調查每個缺陷——不要帶著問題工作。 ◆ 改善工作、活動、個人作業、以及資訊的流動。 ◆ 明確的標準作業，讓所有員工可以參照比對他們的工作。 ◆ 支持各團隊和他們工作條件的基本穩定性。	◆ 激發員工發現自身問題和改善的意願。 ◆ 支持他們面對困難並堅持克服障礙。 ◆ 教導他們按照精實學習系統框定問題。 ◆ 藉由對他們的實驗採取行動，並一起形成更大的解決方案來鼓勵反覆探索。

表 7.7：精實思考空間的參考點

第八章

Accelerate the Gains

加速收穫

將營運中所習得的再投資於改善產品，將能加速收穫，反之亦然。

在賈奇的公司被出售後，他退休了，他思考了一個關鍵問題：**精
實是可持續的嗎？**

菲昂賽特和佩佛持續推行精實學習，他們享受了幾年令人印象深
刻的成果，但隨著時間的推移，新老闆恢復傳統財務決策的壓力愈來
愈大，迫使他們既要放棄又要繼續前進。很自然地，公司迅速恢復到
精實前的績效水準。有趣的是，收購方認為他們是致力於精實，因
優化流程而獲得短期會計結果（這也是他們收購 Socla 公司的部分原
因）。

新老闆讓精實專家根據公司路線圖加快展開流動最大化，利用改
善活動給公司增加「故事」，而不是真正尋求啟發基層人員的思路和
主動性。沒有意識到這一點，新老闆就扼殺了改善的魔力；沒有來自
於每支團隊每天改善精神的支持，不出意外地，所謂的流動最大化就
停止了工作。

Wiremold 公司也在 2000 年被一家大型工業公司收購。當時，它至
少在兩個層級都擁有強大的精實領導者，但即使是這樣的優勢也不足
以讓它倖存，因為當時是在非精實思考模式老闆所任命的非精實思考
模式領導團隊的領導之下。在亞特・伯恩和歐瑞退休兩年後，整個高
級管理團隊都走了……不是因為被解雇，而是因為他們不能容忍被迫
做非精實的事情（例如，增加生產批量、建立庫存，以價格而非價值
為基礎進行銷售）。黃金法則依然有效：擁有黃金的人制定了規則。

不幸的是，傳統的泰勒主義公司和顧問都曲解了精實，他們做的

事情基本上毫無創新或新穎可言，坦白說，也絲毫不令人感到興奮，他們把精實簡化為僅僅是另一個基於以下三種普遍性營運工作的卓越營運專案：

1. 由專家主導的改善活動計畫，通常是為了「透過消除浪費來降低成本」，卻很少針對改善品質或縮短交貨前置時間，以及以下雙重目的：①產生節約；②培訓作業團隊來管理他們的績效和解決問題。

2. 無意識地（不是有意地）過度使用管理慣行，例如每天 5 分鐘的站立會議及職場設備維護，諸如 5S（隨時保持職場井然有序）。

3. 進度反省和成熟度評核，以衡量從降低成本活動中獲得的累計節約，以及在公司範圍內獲得「最佳實踐」的進展。

　　儘管現在已經很普遍，但這些「精實」項目與真正的精實有著令人困惑的區別，而被精實思考模式的創立者批評為泰勒主義管理的現代延伸（因此忽略關鍵目標，諸如使整個組織工作地更流暢，以及吸引第一線員工而非專職人員來改善他們的工作，以提高客戶體驗）。它們也被豐田公司的 TPS 老手批評為無意義的管理階層祈雨舞，它們遠離了工作及讓客戶感到滿意的現場，以及由透徹理解「加工點」的員工創造利潤的現場──工具接觸零件從而增加價值的當下（相對於許多為實現加工點所必需的、但實際上卻沒有為產品或服務的功能添

加任何直接價值的不同任務）。然而，由於這些項目已經普遍盛行，而且由於它們的流行期一般在 2 至 4 年，因此它們已經傳播了這樣一種觀念，即精實基本上是不可持續的。

那麼，精實是不可持續的嗎？顯然，精實公司不會出現這樣的事情，由精實思想者領導的才是精實公司。這是一場思想的戰爭。當這些人離開並由主流的財務式管理者所取代時，毫不意外地，舊思維將恢復舊的工作方式。儘管如此，精實承諾的是一種可持續的成長。在過去的 60 年裡，無論何種情況下，豐田公司一直都在「精實」自己。正如我們今天所說的，它仍然依賴其「思考者系統」來提升汽車性能，同時將新生產設施的成本大幅度降低了 40%，使它們更小更靈活（在同一生產線同時裝配多達 8 種汽車型號）並改善其能源效率。豐田透過持續頂尖的精實領導力做到了這一點。

在系統的創建者之後怎樣才能維持這些呢？與菲昂賽特討論時，賈奇意識到他們對這個棘手的問題有了答案，但最終他們沒有時間去完全實現它。只有當你形成閉環——透過產品和服務的改善，消除浪費所釋放的價值並回饋給客戶——才能實現可持續的競爭優勢。以學習為基礎，精實建立了三個動態良性迴圈：更高的客戶滿意度來自更好的產品，更好的產品來自改善的生產流程，改善的生產流程來自與供應商和其創新能力更緊密的連結（見圖 8.1）。

從對精實產生興趣開始，當賈奇讓傳統顧問執行生產力專案時，他就一直關注精實對產品開發的影響。其中一個專案是重新設計關鍵

圖8.1：精實的三個動態良性迴圈

產品的價值分析計畫。這個專案是按照傳統觀點，透過在工程、生產和供應鏈之間進行許多曠日費時的會議，以深入分析「價值」來優化現有的專案。這項工作非常耗時耗力，結果卻令人失望，目標是降低成本20%，卻只降低了5%——但它對於揭露部門之間對價值構成看法的分歧，卻讓人覺得非常有趣。

他們開始和老師一起工作並清理生產視窗之後，老師催促他們重啟價值分析專案。使用他在生產流程中曾用過的同一種發現邏輯，他建議專注於一些快速的改善，以便在實踐中更加了解產品。每個功能（工程、生產和採購）最初考慮的，都是從自己的專業視角來看可以對產品立即改善的東西，然後他們聚在一起看看是否能就那些明顯的備選改善特性達成共識。

老師告訴他們要限制產品的改變數量以限制給客戶帶來的現實風

險，因此他們很快就同意了一份改變的短名單，這些改變將有利於各項功能，並且不會影響性能或品質（事實上，這些改變會改善二者）。老師進一步建議他們用模型和實驗來嘗試，而不是在紙上解決所有問題然後製作原型。工程師們製作了一組原型，來測試團隊討論的不同方案。在六個月的時間裡，項目組完成了一個更好的產品，成本降低了 23%。這次成功的一個關鍵部分，是基於現場的工程改變及在生產中實現的價值分析改善。

不幸的是，賈奇那時已經退休，儘管菲昂賽特意識到之前所做事情的重要性，但他在嘗試將這種方法應用於所有產品的政治鬥爭中失敗了，公司依然以財務為基準來決定哪些產品應該保留，哪些應該放棄。但是，賈奇和菲昂賽特看到了精實可否持續發展這個問題的答案。可持續的、盈利的成長得益於定期向客戶提供更好的產品：

◆ **將產品視為一種價值流**：不是追求銷售完美產品以占據整個市場的目標，而是以一種有規律的節奏提供改善過的產品，這將給競爭對手施加壓力。每次疊代只實施數量有限的改變，以避免給性能和品質帶來風險，並根據客戶喜歡與否而演進產品。在 Wiremold，公司領導者稱這種思考模式是讓競爭對手「追逐我們的尾燈」。當競爭對手模仿 Wiremold 的最新版本時，公司已經推出了下一個。

◆ **產品的這種演進由技術流程的演進所支援**：如果組裝和塗裝流程

沒有從根本上進行改善並讓工程師做出更明智的設計決策，新產品特性的改善就會給生產帶來很大的困難。

一家公司只不過是它為客戶提供的產品和／或服務的總和。精實思考模式的真正目的，是將消除生產流程中的浪費而獲得的價值，為客戶重新注入更好的設計和更多的價值。

因為奠定了以下的基礎，所以精實思考模式是可持續成長的關鍵：

◆ 更好的個別產品，更強大且包含更多的性能，因為他們一步一步地按照有規律的節奏逐步改善同一個產品，與客戶喜歡（或不喜歡）保持一致，從而保持有機的演進。

◆ 有機會在穩定產品上推出一些真正創新的性能（而不是完全創新的「產品」），從而為新的、可靠的客戶提供獨創產品。

◆ 更廣泛更清晰的產品系列，客戶可以根據其使用情況找到所需產品（同一客戶可以購買多種不同的產品），產品之間不會競食，從而保護每個產品的邊際利潤。

在他富有洞察力的著作《*How Toyota Became #1*》中，研究員 David Magee 解釋了製造業傳說中的豐田生產體系，但他強調別的東西才是它持久成功的祕密：也就是更好的汽車。他寫道：「當買家以較低的

價格買到更多東西時，他們通常是快樂的。許多業內觀察人士說，豐田與競爭對手的同類車相比，平均每輛車的價值要高出 2,500 美元。」[1] 令人震驚的是，豐田實際上每輛車的利潤更高，因為顧客願意為感知價值（perceived value）付出代價，而不要求更多的折扣。據《底特律新聞》報導，根據 EBIT 資料，豐田公司平均每輛車的息稅前利潤比競爭對手多出 2,700 美元。豐田始終如一地履行其品質承諾，使顧客一次又一次地回頭光顧，這使其得以維持實際價格，而持續不斷的改善為真正的創新和更低的總成本提供了空間。

我們知道的豐田公司構建者豐田英二，他在自傳《*Toyota: Fifty Years in Motion*》（Harper & Row，1987）中很少提到豐田生產系統。他的全部精力都集中在設計和製造人們會買的汽車上，因為它們提供了很高的性價比。並不是說 TPS 不重要。豐田英二受福特公司的提案系統啟發，在他大伯父豐田佐吉（「有人的智慧的自働化，機器一發現缺陷即會自動停止」）和堂兄豐田喜一郎（「在需要的時間按照需要的數量生產需要的東西，從而徹底消除浪費」）的革命思想中加入了創意提案系統。豐田公司持續支持（往往是保護）大野耐一，讓他開發以豐田的獨特方式「製造」的具體方法，這成為 TPS 的基礎。他提倡「每日改善」和「好的思考，好的產品」的理念[2]，主要關心的是培養更好的人才來製造更好的汽車。豐田生產系統是一個全公司的教

---

[1] David Magee, *How Toyota Became #1*, Penguin, New York, 2007.

育系統，它教導人們如何改進技術流程，為工程師提供具體的工具以製造出更好的汽車。

　　大多數公司純粹將知識和學習視為一個集體過程──假定公司以某種方式「學習」。這只是草率的想法，因為沒有證據可以證明這一點。一個以人為本的企業願景，將其視為一群人（或多或少）一起實現一個共同的目標：幫助客戶解決某些或其他問題，對此收費，並以此謀生，或多或少有利可圖。每個人都可以很快得學習，包括技術事實和實踐，每個人也可以學會與同事合作得更好，協調涉及新知識的工作。對外部人士來說，這個企業看起來像是在學習……直到一個關鍵人物離開或在一場內部政治鬥爭中落敗，就會失去所有所謂的學習。畢竟，全錄發明了滑鼠卻從未使用過它，柯達完善了數碼攝影卻從未使用過它，諸如此類的事。

　　以人為本在產品設計中尤為重要。每一個時代都有有天賦和有遠見的工程師，他們發明偉大的裝置，然後企業家圍繞他們的發明創立公司。我們看到當他們離開後一般會發生什麼：公司轉變成委員會設計並很快失去了它的優勢，最終甚至失去其存在意義。你需要人的心智來整合消費者快速變化的時代思潮和能夠提供適合新產品的技術流程。

　　豐田長期以來都了解這一點，並從很早就將任何新產品的全部責

---

❷ Eiji Toyoda, *Toyota: Fifty Years in Motion*, Kodansha International, Tokyo, 1985.

任賦予一個人——一個總工程師（chief engineer, CE），其責任是透過設計合適的概念和產品架構以適應時代，從而抓住消費者的心。總工程師是對產品成功負全責的人（包括產品的設計架構，但不是專案經理），他們對任何工程師都沒有管轄權，後者仍在功能部門主管的管轄之下。

由於一個人的學習速度比集體快得多，因此這個系統使豐田公司能夠繼續快速地提供新穎的新產品，同時保持產品系列的品質和連續性。豐田英二認為，只有單個人才能對生產優秀汽車的技術決定作最後的判斷。他建立了由中村健也創辦的系統，中村是豐田公司的第一位總工程師，開發了皇冠車型（Crown），這是該公司在二十世紀五〇年代第一款成功的乘用車。和大野耐一一樣，中村被認為是脾氣暴躁和嚴苛的人，但他得到了豐田英二的支持。他是豐田公司領導者相信的個體工程師，能夠從客戶體驗中獲得直覺，並將其轉化為設計參數。

總工程師首先也是最重要的技術人員——他們親自設計產品的架構。他們有巨大的影響力，但對（除了他們的助理小團隊之外的）其他工程師沒有直接管轄權。其想法是公司委託他們設計一個成功的車型，由專門的功能部門作為承包商。因此，總工程師還有責任為他的項目設置關鍵里程碑（因此可以對不同的專案進行不同的管理）。總工程師負責處理新技術（當他們覺得已經準備好了），與面對標準的、眾所周知但乏味的解決方案之間的權衡問題。功能部門領導人有

複雜的任務，他們要在新技術實驗與培訓工程師掌握已知標準之間取得平衡。

因此，豐田車型有著比其他汽車製造商更具特質的演進（一些其他的日本汽車製造商，如本田，也遵循同樣的方法）。總工程師首先應該實踐「現地現物」──去現場觀察事實──在客戶購買、使用和儲存產品，與做出何處要增加價值與何處忽略決定的現場。總工程師需要徹底了解現有產品，以便確定一個明確的需解決問題清單（通常，生產部門同時也在努力解決這些問題）及在哪裡可以改善價值。

一個經典的豐田故事是，總工程師橫谷雄司負責設計 2004 年款的 Sienna（SE，賽納）休旅車，他決定駕駛現有的 Sienna 和其他休旅車走遍美國各大州、加拿大各省和墨西哥的大部分地區。在他行駛 53,000 英里的過程中，他得出結論，有幾個性能需要改善，例如決定要對座位增加更多價值。[3]或者他意識到美國家庭和他們的孩子一直在車上長途旅行，因此內裝設計真的很重要。新一代的 Sienna 交給了新總工程師森和生氏（Kazuo Mori），他覺得車子需要變得更明快。在 2011 年款中，透過專注於某些性能（如懸吊微調）提供了司機和乘客一種明快的感覺，他讓 Sienna 變得更具運動性和酷感（「從駕駛者的角度來看，SE 相當酷」，一名記者證實[4]）。

---

[3] G. S. Vasilash, *Considering Sienna: 53,000 Miles in the Making*, Automotive Design & Production, Gardner Publications, 2003.

8.1 考慮產品演進的節拍時間

另一個為保持銷售而形成價值的關鍵部分，是不要將每一個項目都看作單一事件，而應該是**為客戶提供服務的產品價值流**。隨著產品和服務自身的發展，給客戶帶來的基本價值也隨之演進。形成更高的價值首先意味著要建立一個有規律的產品演進節奏，就像蘋果公司定期發布新的 iPhone 一樣。產品演進的這個「節拍時間」是形成價值的支柱。每一段新的進化都被委託給一位總工程師，他的工作是提供一個疊代的產品，讓人們不僅僅是喜歡，更會愛上它。

透過表 8.1 中豐田公司明星產品 Corolla 的演進，我們可以看到總工程師與產品型號是如何嚙合在一起的。這款車跨越 11 代車型的總體戰略是，在保持家用車定位的同時，也為它裝備下一代車型的功能——從 1966 第一款車型開始，它的總體概念一直沒有改變。然而，每一位總工程師都被要求在當前的環境下找到一個新的概念，來培養汽車與其客戶之間的關係。

Corolla 每一代新車型都以頂級屬性讓基準家用車包含更多的價值。每位總工程師的任務是在同樣的方向上以新車型來振興品牌。總工程師要為汽車提供一個「概念」，它將作為意向陳述，以便專案上的任何設計師都能掌握設計意圖。這個總工程師概念應該以某種方式

---

❹ Kim Reynolds, *First Test: 2011 Toyota Sienna LE, The New Best Minivan on the Market*, MotorTrend, December 24, 2009.

代	總工程師（CE）	引述	大環境	理念
第一代： 1966—1970年	長谷川龍雄，之前是Publica車型的CE，也是首位整理對CE的期望和CE任務的工程師。	「80分主義＋α理念。」1分的失敗都是不可接受的，即使總分80分。如果不能在某些方面具備＋α以達到90分性能（一流性能），你就無法抓住公眾的心。	汽車化正在日本蓬勃發展。	豐田正在採用以往從未在國內生產的汽車中使用過的技術。新的性能和設備可與高級型號的車相媲美。
第二代： 1970—1974年	長谷川龍雄，除了開發第二代Corolla，還負責管理CE。		經濟快速成長，日本顧客開始養成挑剔的口味。	豐田關注「感覺」，它大力拓展了運動車型的產品線。
第三代： 1974—1979年	佐佐木紫郎，擔任底盤部門主管之後轉入產品企劃室，在長谷川龍雄的領導下支持Corolla的開發，直至擔任CE。	「不要在成本方面努力成為優等生。」成本計畫會為你帶來廉價的劣質產品。汽車對顧客而言是一種投資，因此更好的產品，即將被愉快地購買，即使它稍微貴一點。	出口愈來愈受歡迎，在美國要符合「馬斯基法」❺的嚴格環保排放標準。	豐田透過提高駕駛性能、功能、內裝舒適度和安靜度，為進一步的品牌開發奠定了堅實的基礎。公司開發了一種更專、內裝品質更高的汽車，關注點是乘客體驗的感受。

❺ 譯者注：美國1970年頒布的防止大氣汙染法。

代	總工程師（CE）	引述	大環境	理念
第四代：1979—1983年	揚妻文夫，Corona和Mark II的車體設計專家，擔任CE後加入Corolla團隊。	「一個有吸引力的設計，是超前於其時代的高水準設計。」設計必須具有原創性，並表達明確的信息。	日本正從石油危機中恢復，專注點是生活品質。	豐田正在生產一款高端的家庭汽車：「豪華汽車的狀態和性能、優異的燃油經濟性。」豐田在造型方面的國際視野和前景正在成長。
第五代：1983—1987年	揚妻文夫，開發了第四代Corolla之後，留下來繼續負責第五代。	「Corolla一直是世界上許多國家人民的『謀生之道』。」揚妻文夫強調對乘客影響最大的基本領域，即使他們可能很低調。	日本變得富裕的生活方式導致了對高檔產品的喜好。年輕一代探索範圍更廣的生活方式，因此他們的價值觀呈現多樣化。	豐田追求前輪驅動，「努力確保其作為全球戰略車型優質、高檔家庭汽車的地位，並加強其國際競爭力。」「FF設計追求高速時的直線穩定性、操縱性能和寬敞的內部空間」。
第六代：1987—1991年	齋藤明彥，在加入Corolla第五代開發團隊之前，他參與了振動測試和底盤設計工作，之後負責第六代皇冠的開發。	「提供高品質的時光。」客戶尋求周到的關注、充足的空間、駕駛的興奮感和家庭聚焦於感覺——視覺、聽覺、觸覺和嗅覺——從而創建對品質的高靈敏度。	客戶的需求已從對擁有的滿足，轉變為享受生活並透過擁有而提高他們的個人生活。	自我實現是產品性能的一部分，超越了基本的運輸需求。CE透過尋求呈現感官的吸引力來尋求皇冠（最高級車型）中的安靜和駕乘舒適感。

代	總工程師（CE）	引述	大環境	理念
第七代：1991—1995年	齋藤明彥，在成功開發第六代之後，繼續擔任第七代Corolla的開發領導。	「當汽車的基本功能和性能遠遠超過預期時，汽車給人的印象首先被開發出來。」齋藤尋求「鼓舞靈魂的印象」。	第七代進入市場時，正達日本經濟大幅下滑。	Corolla系列是全球領先的家庭汽車，團隊尋求再次處於領先地位。齋藤讓團隊專注於基本的車輛性能，如駕駛、轉彎、停車。
第八代：1995—2000年	本多孝康，最初在底盤部門，之後加入Corolla和Sprinter開發團隊。參加了之前四代Corolla的開發工作之後，他成為了第八代Corolla開發領導。	「用美麗的外形傳達苗條、健康的形象。」他在追求顯著減輕車重的同時，也保證安全性、車身剛性及提升安靜和燃油效率。	1995年，日本經濟仍然波弱，重點是環保和經濟性能。	這輛車被減輕以提升效率，這意味著車身剛度的提高。在環保方面進行了仔細考慮，如可回收性和更清潔排放的柴油引擎。
第九代：2000—2006年	吉田健，最初從事車體設計工作，之後負責Corolla的規劃。在泰國擔任Soluna的CE之後，他加入Corolla團隊並成為第九代CE。	「從頭開始。」Corolla「不能失敗」的地位使工程師調度保護過去的設計。吉田強調要擺脫過去，建立「新的緊湊型汽車全球標準」。	在日本，由於經濟狀況不佳，新車銷量持續下降。客戶的口味逐漸從轎車轉向休旅車。	為應對品牌實力的下降，他們進行了激進的重新設計，引入大房間開發戰略根深蒂固的開發習慣，尋求突破性的呈現、風格和品質。先前的性能指標受到了新技術的大力攻擊。

代	總工程師（CE）	引述	大環境	理念
第十代：2006—2011年	奧平總一郎，最初從事雨刷和車門鎖等功能性零件的設計工作，然後到美國研究碰撞安全技術趨勢。在成為Brevis和Scion的CE之後，他負責第十代Corolla的開發。	「Corolla的唯一對手是Corolla本身。」總是嘗試把最好的要素融入一輛已經是頂級車的車上。	豐田已經成為一家真正的全球化公司，在第一代之後40年，它改變了對Corolla的思考。	專注點集中在進入車內啟動瞬間的良好感覺。豐田正計劃推出一款全球車型，在美國市場上考慮到客艙空間的友好性。
第十一代：2011年—2018年	安井慎一，曾在車體設計室和企劃室工作，在第十代Corolla擔任概念規劃師，然後成為第十一代Corolla的CE。	「我相信這個新車型清晰地呼吸著Corolla 47年來所繼承的DNA」。	為了在全球市場競爭，Corolla需要更多的興奮靈感，就像遇到一位新朋友、到達比賽的終點、觀看體育比賽時收穫超出預期的感覺那樣。	豐田極大地提高了動態駕駛性能（靈活性和燃油經濟性），並取得了可觀的金錢價值。

表 8.1：豐田 Corolla 11 代車型的演進

把汽車的傳統與時代精神聯繫起來，成為給每位工程師指路的北極星。

隨著每代車型都做到了以下兩點，價值也隨之形成：

1. **提供相同的核心價值**：每一代的駕駛者都會尋找一輛負擔得起的家庭轎車，並擁有一些豪華的性能。

2. **以不同方式提供這種價值而改善**：性能會對當前的品位和生活方式偏好做出反應，即使它們的演進是不可預知的。

如果「陽」的進取性新功能和「陰」的穩定設計標準取得平衡，產品就會大大地成功。這種平衡很容易被忽視，公司可能會失去產品的目標，就像豐田的一家歐洲競爭對手那樣。這家汽車製造商以其大膽造型而聞名，但在面臨品質問題的抨擊時，選擇了在品質方面進行大幅改善作為回應——以犧牲造型為代價。車子在品質方面無疑是更好的，但是對於那些注重造型的顧客來說，這是一個徹底的失敗，而那些尋找品質的顧客也沒有理由轉向該品牌。如果引入了沒有說服力、不確定的新性能，就很容易犯錯，就像大眾汽車在排放標準欺騙大眾所致的失敗那樣。

8.2 價值是由以人為本的解決方案形成的

豐田公司很難被認知為大膽的設計或激進的創新。的確,穩健性和品質仍然是品牌實力的驅動因素。事實上,車子是由總工程師的動態視野與每一個功能的總經理(如車身工程、內裝、底盤和電子設備),對安全或實用考慮的混合結果。雖然乍看起來這似乎是一個經典的矩陣組織,但事實並非如此。總工程師對設計師個人沒有直接的權力(儘管有相當大的影響力)。設計工程師只有一個老闆:他們部門的總經理。總工程師是每個部門的客戶,不能要求事情按自己的方式去做——他/她必須說服而不是強加。另外,總工程師對每一項戰略性能和技術決策都有最終決定權。

任何新發展都是真正的以人為本,因為它是總工程師的心血結晶——也得益於公司的技術傳承,因為必須維持標準。因此,該產品是總工程師對改善和重塑的熱情,與部門總經理對偏離標準的謹慎之間對話的結果。這不是一個衝突,因為總工程師很清楚地意識到堅持工程標準的必要性,但對於新車型中應該包含哪些新特徵、哪些不應該改變,需要展開持續討論。

豐田公司經常以成功的產品打入市場,取得此一成果的一大部分原因在於,這種討論發生在開發流程的初期,甚至在繪圖階段之前。總工程師和部門主管必須就細節設計之前的彈性和解決方案達成一致,通常是總工程師會在他的團隊和供應商所進行實驗的基礎上提供

概念的證明。

　　客戶生活方式在改變，B2B 情況下的產業環境也在改變。因此，我們應該幫助他們解決他們在每個特定情況下的問題。最理想的是為每個人訂製產品，但這顯然難以在負擔得起的價格下做得到。不過，不管困難與否，這都是理想。抱持著這樣一個理想，就不會把所有的努力都集中在最唯利是圖的環節，精實戰略將對每一個問題環節做出回應，它有一種方法使這個環節有利可圖（見圖 8.2）。只要回應了客戶問題，每個環節都被認為是有價值的。事實上，公司將以固定的節奏提供更多價值——更好的解決方案。根據我們汽油泵的實例，有節奏地發布新產品，精實戰略在以下幾個層面上組織工程工作：

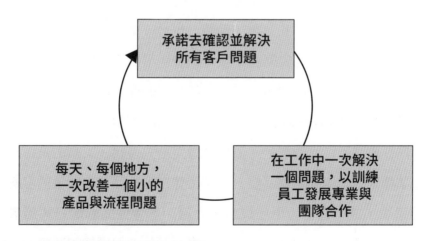

圖 8.2：精實戰略對每個環節做出回應

1. 目前在生產透過工程補綴解決產品的品質問題（或添加客戶要求的選項）。
2. 藉由工程改善定期導入的產品更新，以保持客戶（加油站）對翻新的興趣。
3. 透過精巧的工程對策減少工作內容，以降低製造成本。
4. 諸如對儀表、汽油泵等關鍵性能進行逐步改善，以保持市場領先地位。進行諸如互聯性、VGA 螢幕和大資料診斷等技術突破，發明未來的加油機。

8.3 以人為本的解決方案需要從做中學

埃哈·蓋爾頓是幫助克雷瑞克兄弟轉型銷售和服務的老師，早些年之前在擔任公司製造和工程主管時，也曾經與他自己的老師面臨同樣的產品問題。在公司併購穩定後，他接手了公司的製造部門，要面對的是一份精簡的產品清單——以及無止盡的權衡取捨，沒有一臺加油機能夠完全滿足所有國外當地市場和監管機關的特殊要求。

作為精實製造界的老手，蓋爾頓清楚地知道要在工廠內做什麼：他在某種程度上需要修復品質，並讓工件在選配品種和數量的混亂中流動起來。這不容易，但他以前做到過。難倒他的問題是更深層次的：對於加油機來說，價值意味著什麼？並且，他們如何能幫助工程

部門處理無數的修改清單，銷售和服務運營部門要求的新選配，以及發布新產品的壓力？

在過去的三年中，加油槍銷售額（這是公司衡量其單位銷售額的方法，因為一臺機器可以有 1 到 8 個加油槍）一直持續衰退，在 2003 年達到低點。常識告訴該公司的管理階層，特別是在歐洲老而飽和的市場中，銷售是防守型的，而真正的擴張將在新的亞洲市場上發生。最後的「明星」產品沒有得到市場的廣泛認可，工程部門充斥著來自世界各地修復和調整的需求。銷售和服務部門要求銷售價格每年降低 4%。蓋爾頓以前從未處理過如此複雜的問題，他相信改善會揭露工廠中的實際問題，但他不確定工程部門應該從何開始。

蓋爾頓面臨了 5 個不同的問題：

1. **誰是我們的客戶？** 客戶是在加油站拿起加油槍並裝滿油箱的最終使用者嗎？客戶是加油站加油並收費的管理人員嗎？客戶是擁有自己的加油站網絡並保護自己品牌（加油站商標）的石油公司嗎？客戶是需要在產品中加入特殊性能以在本地市場銷售的銷售和服務（sales and service, S&S）經銷商嗎？客戶是否是需要變更設計以進行具有成本效益的生產的製造商？或上述所有都是嗎？理解誰是真正的客戶而不做草率的選擇，是支持品質的第一步。

2. **這些客戶說他們想要什麼？** 銷售和服務的區域領導都根據客戶

要求提出了迫切的需求以獲得新訂單。這些需求不斷出現，而且非常響亮，而且從一個會議到另一個會議的聲音都不一樣。銷售和服務經理們真正想要的是更低的價格以及所有的選配，並且修正客戶在現場抱怨的問題。慘痛的教訓是，一旦你花費了工程部門的時間來開發一個客戶說他們絕對需要的新選配（如果沒有它，就不會下訂單），結果往往是……賣不出去。人們說他們想要的和他們實際購買的，二者通常截然不同。

3. **這些客戶真正使用的是什麼？** 在任何產品或服務中所提供的無數選項中，大多數客戶傾向於只看重其中的少數。困難在於了解是哪些選項及何時需要。例如，豐田公司對移動快感和內心平靜押下重注——他們的主導假設是，客戶最希望從汽車上獲得的是安全性、使用方便性和可靠性，這是很強的假設。其他汽車製造商則賭上造型或平穩乘車或駕駛樂趣。不是所有的功能都無關緊要，但產品和服務是複雜的事情，需要做出權衡。了解客戶在產品中真正使用的東西是理解價值的一大步。

4. **工程師們想做什麼？** 如果工程師們不太清楚他們想要用什麼樣的技術做什麼事情，那麼他們就不會做得很好。當然，問題在於是否提供更好的價值來服務客戶或者只是習慣性的盲目力量。蘋果的賈伯斯癡迷於文字藝術，透過隱喻來表達技術，挑剔設計細節，他的這些執著都轉化為專注於細節的大量工程時間，而這些細節是其他工程師認為對客戶不重要的。他去世

後，iOS7 受到蘋果粉絲的冷落，他們覺得新的作業系統是對賈伯斯不懈邁向極限的退步。工程師想做的事情很重要，因為如果他們對客戶不斷變化的口味有正確的感覺，這將帶來領先的產品；如果工程師對客戶的趨向進行了保守的（或者更糟糕、錯誤的）猜測，這可能導致跟風產品的出現。正如亨利‧福特打趣地說：「如果我問人們想要什麼，他們會說更快的馬。」福特想透過製造汽車來減輕農民的工作量，比爾‧蓋茨則想要在每張桌子上都放一臺個人電腦，賈伯斯希望打破科技與人之間的隔閡。「輸入方式」──意指具有根據客戶對產品或服務的反應形成強大工程意見的能力──是一個關鍵的性能或價值。當蓋爾頓設想重新設計一個在客戶中表現不佳的新產品時，其新產品領導有著強烈的「簡化」感，這影響了迄今的產品設計。

5. **你的環境要求你做什麼？** 儘管當時這樣說是不明智的，但新產品有這麼多問題的原因之一，是強調「良好」的專案管理──強調科層制「因循打勾（夠好就好）」的產品開發方法，要求正確的流程、關卡評估、管理許可等，卻不夠關注客戶或產品。監管機關的變化也對產品開發有極大的影響，如因此突然啟動的翻新活動等，就像一些技術變化──包括燃料中一定程度的乙醇在用戶看來是無害的，但它對液壓系統有重大的影響。

精實戰略從品質開始，然後是穩定週期時間，接下來是逐步增加品種。蓋爾頓面對的是這樣一種情況，品質問題很不容易查明，製造加油機的週期時間不可能穩定，因為每個市場各有不同的具體要求而無法簡化這個問題，因此導致巨大的差異性。雖然沒有明確的前進道路，但蓋爾頓決定咬緊牙關，藉由找出真正的問題來應對品質的挑戰。他的第一步，是透過在生產和工程中啟動一些改善活動來找出最根本的課題，進而解決問題。在這一系列的改善活動中，他對業務單位進行了幾次漸進的改變。

改變 1：追蹤所有品質問題

公司的營運基地是各種收購和合理化改革的大雜燴結果。生產總部設在蘇格蘭和法國，品質專家則坐鎮在荷蘭，而在不久前還是競爭對手的所有團體之間互相厭惡。蓋爾頓的首要任務是建立一個來自客戶現場的投訴，及品質團隊檢測品質問題的整體資料庫——例如到貨品質可以衡量加油機遇到的問題，它們從工廠發貨時是「良好」的，但到達銷售和服務部門時卻有明顯的缺陷。

這第一個大改變是重新專注於製造，然後以工程措施解決品質的問題。這種改變的第一個明顯影響是在工廠的最後管制中加強品質檢查。當蓋爾頓鑽研客戶的投訴時，他發現加油機的問題似乎非常大。機器必須在各種條件下工作，從寒冷的北部海濱城鎮到炎熱的亞熱帶非洲。儘管如此，他的第一步是與荷蘭的品質部門合作，系統性地收

集客戶投訴，並將其張貼在網站上。他還專注於荷蘭配送中心的驗收檢測，與蘇格蘭主廠的最終控制之間的差異。他沒有把重點放在難以捉摸的 20%「帕累托頭部」（head of the Pareto）問題上，而是針對每一個品質課題建立了嚴格的衡量系統。

改變 2：清理生產的「視窗」

　　蓋爾頓聘請了他信任的幾位顧問在工廠內開始進行改善活動，其目的是消除明顯的變異來源，並逐步向連續流動方向發展。這個看似簡單的任務非常複雜，因為不同型號加油機的工作內容差別很大。例如，某個型號的安裝管道工作量可能很低，但配線則需要很大的工作量，而另一個則是相反的。由於對特定型號的需求不穩定，因此組織流動的順序比預期的要複雜得多——但仍然取得了早期成果。隨著生產單元進行改善活動，品質課題開始變得更加清晰。

　　一旦在現場建立了一個基本流動，生產經理就被要求在流程內建立嚴格的「品質檢驗關卡」，以在分段的流程（此時它看起來離流動生產線還很遠）下控制品質。這樣做的好處是縮小工作類型和產品類型帶來的品質問題。當他們鑽研問題清單時，許多問題看似無法解決（惡劣氣候條件下的鏽蝕問題）或不可預知（在不可思議的情況下突然發生然後又消失，有可能影響許多加油機的一次性投訴）。每個管理團隊都含蓄地認為，某些客戶將不得不忍受某些問題，因為：①他們過去就是這樣做的；②對這些問題沒有簡單的解決辦法；③調查費

用太高。在關於品質問題的會議中，相互指責的事情會變得清晰：生產和工程部門必須學會互相交流。在框定自己的產業問題時，蓋爾頓把工程和生產之間的合作定位為一個關鍵的——也是迫切的——改善範圍。

在剛開始重新設計項目以穩定這個備受矚目的產品時，蓋爾頓在現場建立了一個戰情室，並定期召開週二早會（還提供免費早餐），讓工程部門向生產部門發表他們對產品的想法。產品工程師和生產經理的主管開始逐步共同解決問題。生產經理史蒂夫‧波以德同樣努力地改善工廠流動，這意味著要解決許多品質問題。在許多工業流程中，產品是透過合理的流動順序裝配的，但當諸如缺少零件或出現品質問題時，它們就會被擱在旁邊。於是有問題的產品之後需要在流程中回流，嚴重破壞工廠的流動。波以德把內建品質的想法銘記於心，並逐步開始在流程的每一步驟中修復品質問題以改善流程。這依序又產生了一系列要修復的工程問題，而工程師們已經忙於設計新產品以及客戶的定制化設計。

這個問題的構思如下：一臺機器能否從裝配的開始到結束都不會發現缺陷？在早期，每臺機器都發現了幾個缺陷。經過幾年的努力，平均每臺機器的缺陷數少於 1——於是品質問題的計量單位提高了。之後是計算每 10 臺加油機的缺陷數，到了 2010 年提高到每 100 臺加油機的缺陷數。

改變 3：加油機型號的品質責任名義上由工程師負責

工程部門常常充斥著層出不窮來源的需求，從新產品的開發，到解決銷售與服務部門主管的立即修復需求（他們的客戶通常心急如焚），再到區域經理所要求的新性能，他們聲稱不這樣做就無法完成大訂單，等等。蓋爾頓對工程部門所收到需求的複雜性和多樣性掙扎了一番，但他逐步創建了一個總工程師系統，讓工程師對一籃子產品負起名義上的責任。第一個要求是，他們要協調工廠以支援「他們的」產品，即使這意味著要與其他專業工程師合作──例如，負責產品 A 的機械工程師必須將他產品上的電子問題交給電子工程同事，並跟進問題的解決。

蓋爾頓發現自己面臨組織工程需求的棘手問題。幾個月來，他曾要求工程師們追蹤自己的時間，試圖了解他們在何處投入了精力，但這似乎並不能弄清楚全貌。從整體上來看，工程部門處理了四種基本類型的需求：①產品演進直至向客戶提供全新的產品；②以新的性能來提升現有產品；③根據具體的銷售和服務部門需求進行客製化；④來自生產部門改善裝配品質或簡化供應鏈的工程變更需求。無論蓋爾頓用哪種方式切割問題，他總是發現自己的工程負荷大於可用的工程資源。實際的工作時間表顯示了一件事：都市傳說似乎是真的，當工程部門的負荷超過 80% 的時候，即意味著它將停止產出。

最後，蓋爾頓只好圍繞著產品領導者來組織工程部門。每位高

級工程師負責一條產品線，他必須平衡產品更新、客製化選項和請求生產變更的需求。全新產品的夢想暫時擱在一邊，每個人都有權力做出判斷。優先問題的棘手性質很快就顯示出來了。根據誰的聲音最大，產品領導者之間的關係，哪些是他們的強項和弱項，工程師們在他們解決的問題和避免的問題上做出了截然不同的選擇。與它聽起來相反，這並不是一個糟糕的結果。隨著時間的推移，品質問題得到了解決（生產經理和他的老闆、工廠經理，的確知道要怎樣吵才夠大聲），性能被添加或細化，客製化也得到了改進。測試臺上的品質從根本上得到改善，從每臺加油機發現幾個缺陷，到每百臺加油機才測量得到缺陷，銷售量也隨之而來。

改變 4：在採購中內建品質

隨著全貌愈來愈清晰，事實證明許多品質問題都是由於供應商的變更或與供應商的溝通不良所造成的。採購部門現在被要求加入工廠現場的工作坊及工廠在工程方面的支持工作，並在發展供應商的活動中發揮更積極的角色。傳統的採購角色主要在給予價格壓力，同時考量到各零件的變異和其無法準時交貨所帶來的隱藏成本，這樣的工作本來就不容易，現在更加看重整體加油機的品質，對於這些不同元件的特性會造成不同程度的品質影響，價格不再是唯一重要的考量。

改變 5：從頭開始重建液壓系統

　　隨著時間的推移，蓋爾頓和他的工程部門經理羅倫特·波蒂爾可以看到，透過系統地使用產品標準和檢查清單及 A3 問題解決，隨著客戶在產品上遇到的問題逐漸減少，產品得到了加強。然而，該產品的基本沒有多大進展，他們也沒有設計出更接近總部、銷售和服務部門要求的「新」機種。透過觀察和討論加油機的設計結構，他們看到這個機器基本上是一個儀表（這樣加油站就知道你自助加了多少油）和一個油泵（透過管道和軟管以很好的速度輸送汽油）。

　　這聽起來很明顯，但當你被客戶抱怨的小問題所淹沒時，就會常常忽略一些顯而易見的重大問題（房間裡的大象）。重大問題就是：蓋爾頓和他的工程經理意識到，在正常消耗及公司易手和重組的過程中，解決產品核心功能所需的核心液壓能力已經被侵蝕到幾乎沒有任何優勢。他們發現了一個核心問題，就是他們需要面對核心競爭力中出現的一個漏洞，然後他們著手一個重新聘用和再培訓液壓專家的專案，以從根本上提升儀表的性能。

　　多年來，由於退休和各種變動，以及在持續削減成本的壓力下，公司內世界一流的液壓工程師數量已經減少到只剩一位，而他甚至還開始身兼多職。然而，這通常是企業管理團隊中大家都不願意面對的情況。蓋爾頓逐漸意識到這個課題，如果優質的加油機是組織的果實，那麼它的根正在枯萎，他們必須要採取一些行動。

最後他就此問題挑戰了 CEO，在一系列非常緊張的討論之後，他成功地讓 CEO 簽署預算重建液壓部門，這就意味著必須在供不應求的就業市場中找到並雇傭液壓專家。這個新的液壓團隊開始致力於改善機器的儀表——這是加油機的一個基本功能，用於測量賣給汽車駕駛人的燃油。液壓團隊最終建造出了一個優秀的儀表，為公司帶來了明顯的競爭優勢並提高了銷售額，但由於問題難以解決，所花的時間比預期要長很多。當蓋爾頓一直在因為沒有「兌現承諾」而遭受攻擊時，他必須堅持住自己的立場。

首先是解決品質問題，然後是 2010 年引入新的「無浮動」儀表所帶來的性能改善的動力（見圖 8.3），品質改善提升了銷量。然而，公司的領導仍然把銷售業績歸因於銷售結構，並不斷要求削減工程成本，而蓋爾頓不得不一次又一次堅定不移地挺住。做中學並不容易。

到 2008 年年底，單位產品銷售額比 2002 年的最低點成長了60%，但該公司即將受到 2009 年大蕭條的重創。在解決品質問題的所有進展中，工程部門並未提供「新」產品來「拯救」公司。到達退休年齡後，蓋爾頓繼續作為老師幫助他的繼任者和工程部門經理，他們三人推出了新款儀表。這款新型儀表被市場認定為優秀的無浮動儀表（浮動是指隨著儀表老化，能檢測到的燃油量愈來愈少），於是銷量飆升。到了 2012 年，當蓋爾頓停止為該業務單元工作時，銷售額比2008 年成長了 30%。由於採用了典型的精實生產方式，大部分的產量增加都是由蘇格蘭工廠所吸收而不需擴張。從 2009 年到 2012 年，生

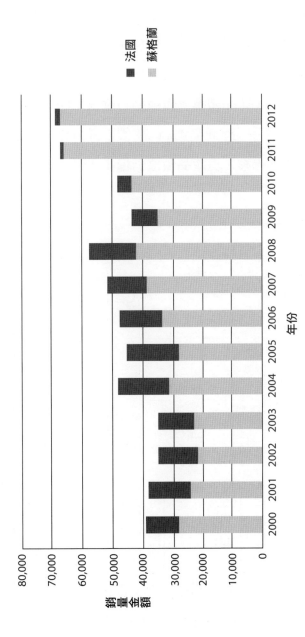

圖 **8.3**：品質改進與浮動儀表之後的銷量結果圖

產效率增加了 25%，工作量下降了約 30%。銷售額成長，提高了生產效率，資本利用率上升，結構性產品成本下降——這是經典的精實成果（見圖 8.4）。

一方面，產品領導者繼續努力解決問題，並不斷地增加性能或當地選配，同時堅持每年 4% 的售價下降目標。這是一個混亂的、有時令人擔憂的過程，但產品價值仍穩步成長。改革後的液壓部門新主管

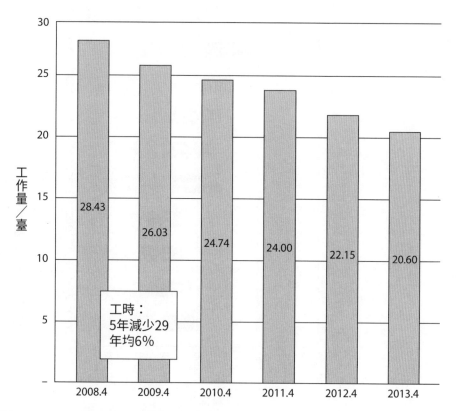

圖 8.4：2008—2013 年工作量／臺成果圖

拿出了一個更好的儀表，他現在已經準備好了去處理油泵的問題。兩個都是產品的核心功能（測量和配送）及與客戶產生摩擦的眾多原因，正透過產品領導者與功能性專業負責人的緊密合作來解決。這不是很好的專案管理，但它奏效了。產品在以下幾個層面演進：

1. 型號更新，通常由主要貿易展的節奏來設定，以添加或改變性能。
2. 持續解決品質的問題。
3. 局部客製化以滿足特定客戶的需求。
4. 當離線創新被充分開發與測試以導入客戶產品時，技術發生了深刻的變化。

因此，產品領導和工程團隊一直專注於逐一解決特定問題，他們在物理性能或可製造性方面解決了這些問題，而不僅僅是在電腦螢幕上解決它們。同時，蘇格蘭廠的生產經理繼續堅持不懈地改善流程並支持作業員團隊所做的改善。逐步地，透過現場工程師、產品負責人和功能工程師之間的合作，用現有的供應鏈（如有可能）在現有的生產線上裝配出了更好的產品。針對共同問題的正式問題解決方式，使這些不同的群體能夠更加了解和理解彼此，最終學會真正的合作。藉由減少整個系統的浪費，以降低成本的方式提供額外的客戶利益。

專任於產品形式的工程師及工程和生產部門之間的合作，促使另

一個棘手問題得以緩慢解決：為產品系列的每個產品創建流動生產線。無法預測的需求波動，以及從一個選配到另一個選配的巨大工作內容變化，使擁有專用的產品生產線變得完全不切實際——所有加油機原來都是在製造廠房的專門區域裝配的。然而，隨著選配和工作內容之間的聯繫被更好地理解，於是建立了第一條流動生產線，然後另一條，直到工廠根據產品系列來確定價值流。下一步是再次混線生產，以平準生產線的負荷。

精實之旅沒有終點，因為在現場實踐精實的目的不是為了精實，而是要繼續學習如何進一步精實整個企業。精實思考模式是學習實施決策以促進改善。改善透過改善流動和第一次就做對來改善技術流程的績效。更佳的技術流程績效既降低了企業的總成本，又為工程師提供了改善產品或服務的新機會。這樣做，我們可以完成閉環，並藉由豐富產品和服務將這些價值改善傳遞給客戶。反過來，更好的性價比創造了客戶的忠誠度，從而提高了盈利能力。

這種精實引擎是強大的，但它不能光靠自己去工作，還需要不斷的管理其動能才能持續前進。神奇之處在於改變態度，告訴別人他們應該做些什麼來改善，和他們一起探索他們認為在自己的情況下改善意味著什麼。若要有效地實施這樣的做法，需要管理者學會如何管理個人（然後是集體）的學習曲線，學習如何引導這種以人為本的機制。

第九章

From Kaizen to Innovation

從改善到創新

透過持續、重複地改善管理學習曲線，用新的解決方案更好地解決當前問題。

　　小幅度營運面的技術改善如何帶來大規模的技術突破？事實上，這個問題可以反過來問：突破不能以一小步一小步的改善而取得嗎？管理者的普遍想法是，對既有技術的改善加強了對它們的依賴性，使得真正的創新無處冒出頭。事實並非如此。創新是個人能力逐步融入組織能力的結果。沒有能力，創新的點子就只是一廂情願的想法。

　　當賈奇要求他的工程團隊開發一個突破性產品時，他發現，製造產品是工程知識和製造技術的結果。若步伐太大，就會遭到現實的反擊；步伐太小，工程師只需搬弄他們熟悉的技術，透過他們現有知識的新應用來尋求漸進式變革，而不是去處理新的、不熟悉的技術。實驗有兩種形式：

- **吸收**：將新資訊放入已知的範圍內，擴展我們所知道的領域。
- **適應**：改變我們所知（或認為我們知道的）背後的假設，以適應新的資訊。

　　適應新技術需要有韌性——一次又一次地嘗試，直到新想法奏效為止。相反地，對既有技術的依賴是在第一次挫折後就放棄實驗的結果。柯達並沒有放棄對數位技術的追求，因為它不知道如何使其發揮作用。它拒絕跨越鴻溝，因為管理層不想耗時耗力去幫已經賺錢的膠捲技術弄一個內部競爭者出來。它未能解決任何組織都會面臨的最重要挑戰：自我淘汰，而不是讓別人來淘汰你。

　　當前對創新的主流說法是**破壞**和**擴散**：某位天才有了一個全新的想法，他／她跟朋友們在車庫裡透過一個雛形產品成功展示了新技術的全部潛力，然後吸引資金發展出商業上可行的版本，之後如暴風般地獲得市場，甚至隨著人們學習將新應用融入他們的生活，並將它與其他已經在用的應用結合起來而進一步擴散，諸如此類。破壞被視為新事物的突然出現──最具代表性的時刻是賈伯斯推出 iPhone（不再是一個手機，而是能打電話的個人電腦）。擴散被認為是沿著「技術成熟度曲線」（Gartner curve of hype）傳播，先是早期採用者熱烈討論這個新發明，然後期望值從非理性繁榮的高峰墜落。接下來，我們看到了從幻滅低谷中走出來的緩慢進展，隨著主流用戶開始採用現已完善的產品，曲線也從啟蒙上升期走向生產效率的高原期。

　　正如破壞性創新理論的發明者自己所解釋的那樣，這種虛構故事大多忽略了破壞點，也就是學習曲線。破壞是一個過程，而不是一個突發事件。❶

　　任何技術都不是天生就具有破壞性──除非它的支持者學會：①提升性能，直到它可以與市場上現有替代品進行可行的競爭；②找出新的商業模式，使新技術在商業角度上對客戶和生產者具有吸引力，而不僅僅只是因為技術很酷。創新的現實是，它總是建立在緩慢、有

---

❶ C. Christensen, M. Raynor, and R. MacDonald, "What Is Disruptive Innovation?" Harvard Business Review, December 2015.

彈性和堅韌不拔的學習上。

傳統的定義—決定—推動—處理的心理模型在很大程度上將破壞視為一項事件。在這種思維方式中，公司掌舵的偉大領導者定義其公司的「創新缺口」（或請顧問為他定義），決定投資什麼，推動創新項目直到新產品或服務出現，然後處理統計學上極其冷漠的市場接受度。例如，最近一項研究顯示，美國一家零售商廣泛銷售約 9,000 種新產品，其中僅有 40% 三年後仍在出售。❷ 廢棄的範圍非常驚人。透過發現—面對—框定—形成的框架進行思維創新，讓我們對創新有了非常不同的看法。

首先，我們不是尋找「創新缺口」去填補，而是尋找解決客戶問題的方法。當豐田公司開始認真開發油電混合動力技術時，該技術本身在行業內其實已經是眾所周知，但由於沒有市場性，使得大多數企業對它不予考慮。有趣的是，第一輛 Prius 的豐田開發者也認為這款車賣不出去，但他們覺得這是他們必須解決的問題。豐田公司在 1992 年宣布了其《地球憲章》，概述了開發與銷售最低排放量車輛的目標，工程師們必須面對這一挑戰並有所作為。

其次，我們不期望計畫——無論多大或資金多充足——都能自行提供創新。相反，我們學會把問題作為替代方案來框定。豐田公司的低排放挑戰探索包括氫燃料電池（現已在 Mirai 車型中商業化）和全

❷ D. Simester, *Why Great New Products Fail*, MIT Sloan Management Review, March 15, 2016.

電動汽車（他們與特斯拉〔Tesla〕合資在 RAV4 車型中進行嘗試，後來撤出），以及混合動力、生物燃料、天然氣（見表 9.1）。

最後，我們明白，真正的創新將來自與工程師和客戶一起學習、一起形成解決方案並讓其發揮作用，同時我們也明白管理層的工作是以某種方式指導和支持這一學習曲線。據說，在首次向記者發表 Prius 時，系統工程師都在汽車後面維持軟體的運行。管理學習曲線意味著要意識到並非所有問題都是「已結案」的，也並非所有問題都有解決辦法——有些問題仍然是「開放性的」：我們不知道它們是否有解決方案。只有透過與他人一起以各具特色的方法看待問題，才能從開放問題的環境中找到解決問題的方法，並周而復始地學習（見圖 9.1）。

每一個新週期都應該要提升性能。這從來就不容易，因為首先我們必須從毫無頭緒中開始學習，我們必須努力在最基礎的層面上進行

	電動EV	氫燃料CV	生物燃料內燃機	天然氣內燃機
從油井到車輪的一氧化碳	差到優	差到優	差到優	好
供應量	優	優	差	好
續駛里程	差	優	優	好
加燃料／充電時間	差	優	優	優
專用的基礎設施	好	差	優	好

表 9.1：替代燃料的特點

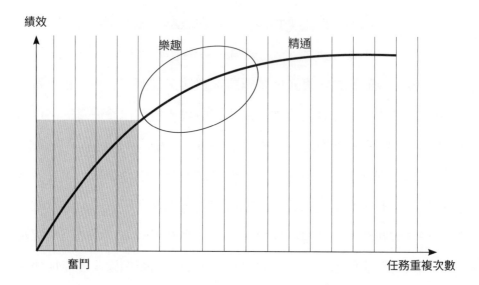

圖 **9.1**：看待課題的不同方式

投資；然後是一個快速的改善期，這是相當令人振奮的；最後是一個
漫長的延伸，這時候每一個小的績效成長都是透過許多重複迴圈而實
現。這是學習曲線的「精通」部分，將奧林匹克運動員與週末慢跑者
區分開來。它是產品真正適合市場的關鍵，需要意志力和專注力。提
升這個學習曲線既是一個技術問題（在每個重複的迴圈中發現新的技
術見解），也像是對一個人進行激勵（堅持直到突破）。創新不可能
無中生有。這是工作的結果。偉大的發現可能是偶然發生的，但發生
在那些幾十年來每天都在關注它們主題的人身上。

　　因此，精實創新理論與表面上的「破壞」說法截然不同。精實的
出發點是為了解決客戶現在所面臨的問題，而不是尋找新技術能為他

們帶來的新事物。一旦我們發現了一個可以解決的、更好的關鍵問題，第二步就是要面對這樣一個事實：我們確實需要這樣做，然而卻沒有一個可用的備選技術允許我們這樣做，逐步使用我們既有的專門知識，將無法使我們在合理的時間範圍內解決這個問題。面對用新想法解決問題的必要性，我們用可信的替代起點來框定和分解問題。

用可重複使用學習的術語來描述，我們要有①出發點和②明確的改善方向（產品性能、品質和成本），剩下的就是要管理一小步、一小步的學習曲線。當然，在這個階段，精通改善成為一種核心的組織能力，因為工程師們熟悉小幅度的方法，並且知道如何逐步形成解決方案並學習。

從改善到創新意味著管理學習曲線。學習曲線表現出經驗與學習間的關係。如果學習者認為新經驗只是證明他們已知的東西，那麼累積的經驗要不是導致陡峭的學習曲線，就是根本學不到。挑戰在於引導漸進式學習成為突破性學習。精實領導管理學習曲線，將改善與產品和流程創新連結起來，在小幅度的基礎上一點一點地改變流程（見

現場改善	技術學習	流程改善	產品改善
變化點	變化點	變化點	變化點

表 9.2：在一點一點的基礎上管理學習曲線

表 9.2）。

創新的核心課題，實際上不僅僅是創造力，更重要的是有能力提供更好的品質和更低的成本。目標不是做一些很酷的小工具，而是要盡可能有效果、有效率地為客戶解決問題。客戶對解決方案的容忍程度不同，那些「早期採用者」，實際上僅僅因為新事物是新的就喜歡它們，他們非常願意原諒品質和成本問題，因為他們可以搶先在其他人之前就接觸到新事物；其他人則截然相反，他們不會改變目前解決問題的首選方式，直到替代者的成本和品質明顯更優越。從一個新產品開發的角度來看，這意味著需要控制前者的提案，以使產品的演進可以滿足後者的客戶。

從客戶價值的角度來看，創新產品或服務要完成以下工作：

1. 幫助客戶把他們想做的事情做得更好。
2. 以一種以前沒有做過的方式。
3. 使用方便，成本效益高。
4. 最終造福社會。

若做不到這些，即使是最好的想法也不會帶來成功的產品（如賽格威電動平衡車 Segway）。創新是一個嚴厲的「工頭」，因為它需要深入了解客戶的生活方式，並要深刻的理解技術演進及可能性，還需要具備生產能力（如個人能力的總和）以履行承諾。當然，問題在

於，那些人花了一輩子成為了解客戶喜好及特定技術發展方向的專家，往往很難看到替代方法的好處。這就是為什麼精實的創新方法本質上是藉由新的解決方案更好地解決當前問題，並透過持續、重複的改善來開發這些新的解決方案。

這些如何在高科技環境中運作呢？我們在第二章提到的 Proditec，是一家製造尖端藥片視覺檢查設備的專業公司。該公司為客戶的迫切需求提供服務：由於品質問題，FDA 召回藥品的數量不斷增加，目前有許多處方藥供應面臨短缺。藥片或膠囊的最終檢查是藥品製造商面臨的一個核心挑戰，人工檢測不只花費人力，成本也很高。Proditec 公司設計和銷售的設備可以對傳送帶上快速移動的藥片拍快照、分析圖像，並將不合格片劑彈出。這對機械（對藥片軌跡的控制）、視覺（對小的、快速移動物體的快照）和軟體（「看出」缺陷）方面的要求很高。

雖然該公司在 2009 年金融市場急劇蕭條的衝擊下倖存，之後的銷售額仍穩步成長，但瑞布列與他的老師一起「清理視窗」後，得到三個發人深省的體認。首先，銷售仍在繼續，主要是因為在金融危機結束後，被擱置的已批准項目現在正在被結案；而主要的製藥公司正在實施更嚴格的投資控制，這將使資金密集型設備的銷售變得更加困難。其次，瑞布列發現公司的重複銷售愈來愈少。他確實是在賣更多的設備，但從未賣給同一個客戶。公司認為這是合理的，因為一臺這樣的設備就完全滿足了一個工廠檢測的需要，但 CEO 沒有認同這

一觀點。在客戶工廠看到客戶的檢測需求後，他想知道既然有潛在的收益，那麼為什麼他們沒有購買更多的設備？最後，東歐新的競爭者其技術水準趕上了公司當前的產品。瑞布列逐漸發現，當公司一直為了回應客戶需求而忙於開發特殊功能時，核心技術的發展就會變得滯後。

在日本對豐田公司進行了大開眼界的學習之旅後，瑞布列繼續與他的老師一起工作，並逐步認清他承擔的責任及定義—決定—推動—處理的領導方法，這讓他總是在發起一系列的修補工作以應對客戶問題，卻未能整體檢視對產品架構的影響。因此，在不知不覺中，形成了產品偏移（相當於「使命偏移」的後果），使得與領域內主要競爭對手的競爭差距逐漸增加。

瑞布列與他的技術團隊「清理視窗」解決每天的問題，因此逐漸使他們所需面對的關鍵戰略挑戰越顯清晰：

1. **品質挑戰**：產品在這個領域有太多的穩定性問題，妨礙了用戶使用他們的機器。一方面不斷地為一個客戶或另一個客戶訂製產品，以及解決局部的問題；卻沒有更清晰地定義出設備的模組架構，工程部門一直在製造一個需要整理以提高品質的混亂連結。

2. **性能挑戰**：產品在關鍵能力上失去了基礎，這些能力要求新技術的發展，以重新超越競爭對手，尤其是對新進入者的領導地

位，並向現有客戶提出額外提案。

當這些課題變得更加明朗化，CEO 意識到這意味著要管理技術
部門負責人的學習曲線，以防止他們試圖用已知的舊技術來解決新問
題，就像他們過去經常做的那樣。他們實際上需要學習新的技巧。經
過幾年的現場改善及逐點改變的經驗，瑞布列開始明白這可能同樣適
用於他的技術問題。

在技術環境中管理學習曲線的一個關鍵問題是，你永遠不會事先
知道解決方案究竟從何而來，或者它將以什麼樣的方式呈現。事實
上，許多災難故事都源於動機性推理（motivated reasoning）❸：專注
於解決方案，不顧事實而為它建立論點，這大大減緩了學習流程。解
決問題不是追趕和應用別人正在做的事情，而是探索、測試和掌握知
識。瑞布列看到他需要為他的視覺團隊、軟體團隊和人機界面團隊負
責人管理一個逐點的學習曲線。

偵測出有缺陷藥片的標準方法是，用低角度的氖氣管環形燈在藥
片表面產生陰影，攝像機會探測到雕刻圖像的邊緣，軟體會對它們進
行分析。即使是專家級水準，這種方法每次生產運行前都還是需要約
6 小時的設置時間，而且並不總是能夠檢測到那些較小的缺陷。為了

---

❸ 譯者注：動機性推理，motivated reasoning，指的是當我們對一個問題有著先入為
主的偏見時，我們會「下意識地」尋找論據來證明這個偏見。

讓工程師們學習，瑞布列讓他們專注於減少對客戶的明顯浪費：設置時間（我們為什麼要把這個強加給客戶）。沒有人知道如何做到這一點，但每個團隊的負責人都有明確的目標，這意味著跨專業團隊的合作，如表 9.3 所示。

結果是設置時間減少了 60%，機器變得更可靠。然而，仍然有未被發現的小缺陷，儘管許多元件受到了挑戰，但到目前為止技術基本是相同的──改善，而不是創新。

然而，作為這項工作的結果，瑞布列的技術團隊能更加理解到他

視覺團隊負責人	軟體團隊負責人	人機界面團隊負責人
目標： 穩定照明，以隨時確保檢測性能。	目標： 改善檢測性能。	目標： 提高易用性。
逐點學習： ◆ 燈光的參考目標：即時調整攝像機的靈敏度，以補償燈光的變化。 ◆ 消除燈光的變異，將氙氣燈改成具有更高穩定性和持久性的LED 燈。	逐點學習： ◆ 不是獨立地分析每個藥片，而是找到一個標準的雕刻圖像並儲存它。在分揀階段，每個藥片雕刻圖像都與標準圖像進行比對。 ◆ 將運算處理板的數量加倍，以獲得合適的處理能力，並在市場上尋找更便宜、更可靠的運算處理板。	逐點學習： ◆ 使用（改變處理板後）剩餘的運算處理能力，將參數的數量減少三分之一，以便用戶可更容易地進行設置。

表 9.3：檢測藥片的創新目標

視覺團隊負責人	軟體團隊負責人	人機界面團隊負責人
目標： 穩定照明，以隨時確保檢測性能。	目標： 改善檢測性能。	目標： 提高易用性。
逐點學習： ◆ 燈光的參考目標：即時調整攝像機的靈敏度，以補償燈光的變化。 ◆ 消除燈光的變異，將氖氣燈改成具有更高穩定性和持久性的LED燈。	逐點學習： ◆ 不是獨立地分析每個藥片，而是找到一個標準的雕刻圖像並儲存它。在分揀階段，每個藥片雕刻圖像都與標準圖像進行比對。 ◆ 將運算處理板的數量加倍，以獲得合適的處理能力，並在市場上尋找更便宜、更可靠的運算處理板。	逐點學習： ◆ 使用（改變處理板後）剩餘的運算處理能力，將參數的數量減少三分之一，以便用戶可更容易地進行設置。
◆ 用雷射光代替攝像機獲得來自藥片真實表面高度變化的真實三維圖像——不再依靠陰影圖像。	◆ 利用最先進的形狀雕刻分析方法簡化檢測運算法。	◆ 繼續將參數數量減少80%。
創新： 使用藍光雷射三維成像。	創新： 可使用在工業環境中的市購運算處理板。	創新： 谷歌風格的人性化界面設計。

表 9.4：檢測藥片的性能收獲

們期望的是什麼，公司的創新能力取決於他們自己的個人能力和繼續攀登這些學習曲線的動力。接下來的步驟相當驚人，如表 9.4 所示。

利用此設備可讓一個新手在幾分鐘而不是幾個小時內就可設置完成，不需要是專家等級，從而為客戶帶來極大的性能收穫。現在可以檢測到非常小的缺陷——這是給客戶帶來的另一項額外好處。隨著設備的穩健性提高，產品品質也獲得了改善，因為團隊一起學習如何透過更清晰的設備結構和介面控制，能夠更加理解功能性元件的交互影響。

管理學習曲線意味著循序漸進地產生**知識**。所有工程師都會很自然地傾向於透過調整所有已知的變數來完全解決他們的問題。工程師們透過一個特定的觀點來處理複雜的問題，接著就像一個人抓住大物體的手柄來舉起它們一樣，然後藉由將手柄從現有狀態移動到所需狀態來修正問題，他們通常會把所有其他變數都調整為一個，就像使用手柄那樣。瑞布列發現了這個吃力的方法，這種方法既危險（他們肯定會找到一些東西的，但在現實世界中的可行性有多大呢？）又不穩定（因為與其他部門的介面並不可靠）。透過施加一個逐點變化的規則，CEO 帶領他的工程師從他們當前的知識狀態移動到下一個最近發展區[4]（見圖 9.2）。

如果沒有任何發展能力的方法，創新只不過是一廂情願的想法。最終的能力頂多只是個人能力的總和。能力發展的祕訣在於生產知識和工作：解決問題只是其中一半，解釋如何解決（以及它如何在何處

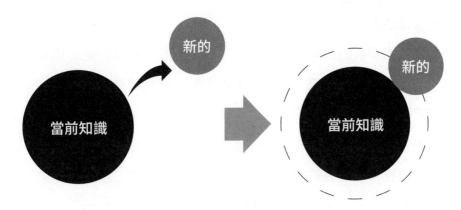

圖 9.2：從當前的知識狀態移動到下一個最近發展區

應用）才能獲取滿分。可重複使用的學習是從一種知識狀態轉移到另一種知識狀態的流程，這種知識可以從一個人傳遞到另一個人，從一種狀況傳遞到另一種狀況。為了可以重複使用，解決和新的學習必須適用於各種條件，而不是只能用於某種特定的情況。在 A3 問題解決的術語中就指出，直到因果模型得到闡明和驗證，問題才算得到解決。

正如瑞布列所發現的，幫助人們在學習曲線上前進，意味著要求

---

❹ 譯者注：維果斯基的「最近發展區理論」認為學生的發展有兩種水準：一種是學生的現有水準，指獨立活動時所能達到的解決問題的水準；另一種是學生可能的發展水準，也就是透過教學所獲得的潛力。兩者之間的差異就是最近發展區。教學應著眼於學生的最近發展區，為學生提供帶有難度的內容，調動學生的積極性，發揮其潛能，超越其最近發展區而達到下一發展階段的水準，然後在此基礎上進行下一個發展區的發展。

他們反覆地在不同條件下解決同樣的問題。例如,對於傳統設計使用訂製運算處理板的公司來說,使用市購運算處理板無疑是新技術。然而,這種能力並不是第一次嘗試就產生的。只有經過多次嘗試,在略有不同的條件下反覆解決同樣的問題,工程師才能真正了解市購運算處理板及如何操作它們——一種他們現在可以重複使用並傳遞給其他工程師的技術。經驗法則是,一個(大規模)問題必須連續解決五次才能理解問題,十次才能充分掌握對策。

這個想法不是要學習如何透過改變一切來解決一個特定的問題,相反地,如何反覆學習改變一件事情,直至獲得知識——然後理解它是如何影響系統的其他元素,從而使產品和流程共同進化並導致全面的創新。這種創新流程的願景,從根本上改變了管理工程師和設計(以及重新設計)產品的方式。創新已不再被視為一種無中生有、幸運時才會發生(不幸運時就不發生)的現象,而是透過詢問正確的問題(為什麼客戶需要在重新生產之前花那麼多時間來設置我們的機器?)來提供方向,以及推動重複的改善嘗試,為學習如何學習的有限混亂留下空間——雖然也還是混亂。

創新不是不切實際的一廂情願,也不是動機性推理及命令與控制式管理的結果,創新是從技術知識的日常改善中產生的學習流程。真正的創新是尋找新方法來解決現存的問題。複雜的問題很少是容易解決的,解決方案主要涉及新技術和新的商業模式或社會行為:技術和社會變革的融合就是創新——這是一個流程。在技術方面,此流程是

由獲得新能力（做事情的組織能力）的公司來維持，這些能力建立在個人能力之上。作為樹枝上的果實，一個成功的創新產品是新能力契合的結果，它們根植於個人學習。改善和逐步的改善，培訓人們學習和維持改善的能量。從精實的角度來看，改善是創新過程的燃料，而新產品就是其產出。

瑞布列在解決創新問題時，並不是先定義他的最大創新缺口，然後拉著他最好的工程師組成一個臭鼬工作室（Skunk Works）❺，讓他們設計新的解決方案，並予以實施。他以前確實一直都在這麼做，這種方法導致的複雜性成本會削弱了公司。與此相反，他學會了在關注現實、直接、具體的客戶問題的基礎上「清理視窗」，然後讓他的技術人員在日常工作中面對他們最大的弱點，和他們一起框定該採取何種解決方案來推動產品（和公司）前進，然後逐步透過管理學習曲線以達成解決方案。

你無法為創新而組織——儘管你肯定可以為停止創新而組織。創新來自人們所想得到的新想法和新實驗。它必須是一場認知革命，以增加點子的流動，並像北極星一樣，為我們試圖解決的各種挑戰和我們尋求的各種解決方案提供明確的方向。管理個人學習曲線，而不是控制對流程的依從性，這是一場真正的革命。這就是精實真正令人興

---

❺ 譯者注：臭鼬工作室，Skunk Works，是一個不受正常規則的約束，獨自開發專案產品，以研發關鍵性突破技術的創新中心。起源於洛克希德・馬丁公司的高級開發專案。

奮之處。而且，聰明人的加入使事情變得更有趣。一起前進就是最大
的動力。

第十章

Change Your Mind

改變你的想法

觀察員工與他們的工作，以及工作與顧客使用之間的關係，來創造有意義的工作。

進步確實是最好的動力。在日常中,不可避免地混合著成功和挫折,感覺自己正朝著有意義的目標邁出步伐,這就會讓你繼續前進。我們指的有意義,是對於你作為個人和參與集體努力的人都有意義的事情:有機會每天做你最擅長的事情,或是產生更大的影響力。有意義的工作本身就是一種回報。另一方面,用數字進行管理的泰勒階層制忽略人的因素,結果讓工作變得毫無意義,因為這種方式在做好工作的道路上,設置了令人沮喪的無盡障礙,迫使人們為了系統而不顧他們個人更好的專業判斷,最終斷開員工與他們的價值觀和他們與支持關係之間的連結。❶

精實思考模式將個人和團隊層面的改善與整個企業的戰略挑戰連結為一個整體,進而創造出意義。然而,這樣做需要我們在**認知**工作的管理心態上做深層的改變,也就是我們如何看待人和工作,以及我們如何看待公司和市場。

賈奇一直以自己是一個進取的老闆而自豪。他深信,如果員工在生活中感覺良好,他們在工作中也會感覺良好,因此他開拓了每一個新的法律機會,以獲得更彈性的時間和更多合作性的協議。然而,在他擔任 CEO 的 30 年中,他常常感到驚訝和沮喪,因為整體而言,他公司的勞資關係並沒有比其他許多公司明顯表現得更好。

---

❶ C. Bailey and A. Maiden, *What Makes Work Meaningful—or Meaningless*, MIT Sloan Review, Summer 2016.

　　當他開始實踐現場觀察，系統性地去拜訪業務中的每一個現場時，他看到員工經常陷入處理許多未解決問題的窘境，如困難的工作或不可靠的設備。他還看到一些中階經理在管理會議上似乎看起來不錯，卻不被他們的員工所喜歡。他也發現，一些未被部門主管認為具有高潛力的人，實際上卻受到他們團隊的高度尊重。最後，他還意識到，他所宣導的一些彈性做法對團隊合作產生了有害影響。例如作業員可以選擇他們每天上下班的時間，只要他們完成一天所規定的工時。因此，有些人會很早就來，提前結束；其他人會在開車送孩子上學後到達，所以也會晚一點下班。當菲昂賽特建立拉式系統時，很明顯，團隊只有在每個人都在一起時才具有生產力（這絲毫不令人意外）。但賈奇也看到，當事情出錯時，來得晚的人會責怪來得早的人，反之亦然。

　　隨著時間的推移，他逐漸明白他讓公司適應個人時間表的政策，產生的效果與他所期望的正好相反。他並沒有讓員工更忠於或更致力於自己的工作。相反地，他鼓勵他們覺得生活比工作來得更重要。當他開始每週和他的 COO 一起觀察改善工作的效果時，他注意到了一個變化：有愈來愈多的人熱衷於他們的工作並達成生產計畫，他們對工作更用心了，他們感到自豪及高興地展示了受助於設備維護團隊所完成的改善。如此多的管理課題被揭示之後，賈奇和菲昂賽特不得不做出真正的改變，開始制訂一個計畫來改善一線經理的管理技能。賈奇無意中發現了精實思考模式的真正祕訣，精實思考模式不是研究工

作，也不是研究人，而是為了理解**人們與自己工作之間的關係**，以及管理階層在發展這層關係中的作用。

精實的承諾是，將個人成功和公司成功擺在同一條線上，可以創造出表現更好的商業模式。透過支持員工撰寫他們自己的故事，並幫助你實現企業的總體目標，你可以改變企業的故事；並透過向競爭對手施加壓力，你也可以改變整個產業的故事。挑戰自己（並迫使競爭對手在後尾隨）而成為市場領導者，這是可持續和盈利成長的關鍵，即使在高度混亂的時候也是如此。精實思考模式是學習如何做到這一點的結構化方法。

然而，考慮到大量公司都在某些形式上採用了精實，但令人震驚的是其中卻很少有人真正理解它的承諾。「缺乏領導力承諾」是最常見的慣犯，但老實說，從我們親眼目睹的例子中，領導者都致力並支持他們的精實計畫——但這還不足以使這些計畫在獲得早期成果之後取得成功。當我們看著那些確實在幾十年裡靠精實獲得成功並堅持下去的領導者，突然發現他們都有一個共通點：他們已經改變了自己看待工作的方式。

精實思考模式並不僅僅專注於對工作的研究（如泰勒主義），也不僅僅是對人的研究（如激勵計畫），也不完全是對財務管理的研究。相反地，精實思考模式的重點是特別關注員工與工作之間的關係。員工如何理解他們的工作？如何理解工作的目的？他們對此有何看法？他們如何應對發生的問題？他們與同事之間合作得如何？這很

難。當我們觀察任何工作情況時，我們已經被訓練成要去觀察以下之
一：

◆ **流程**：例如它運作得夠好嗎？障礙在哪裡？成本是多少？
◆ **人**：例如他們的態度如何？他們稱職嗎？他們積極嗎？他們的經
　驗如何？他們有什麼人格特質？

　　但我們很少去了解人對工作的看法和感受——雖然看不到，但就
像漫畫人物頭頂上的卡通泡泡 O.S. 一樣，解釋他們下一步要做什麼。

　　這種觀點轉變是掌握精實思考模式的祕訣。人不是機器，他們會
自主地思考、決定和行動，並受情緒狀態和所處環境的影響。在他們
最好的情況下，人們可以做到難以置信的事情，一絲不苟、樂於助
人、願意支持、專注，以及有創造力——並且是一個有趣的共事者。
在最壞的情況下，被動攻擊和習得無助感❷會耗盡任何工作環境的能
量，並搞砸所有任務。人的工作方式並非是可設定好的。

　　精實傳統將真正的潛力（如果總是處於最佳狀態，一個人可以
做到什麼）與正常的表現（在一天、一週或一個月的過程中真正發

---

❷ 譯者注：被動攻擊，也稱「反應性攻擊」，指的是由一定的情境線索引起的攻擊
　行為，如由受捆綁或阻攔而激怒引起的攻擊行為、因懼怕而引發的攻擊行為、為
　維護自身身份或防禦對手而採取的攻擊行為等。「習得無助感」指因為重複的失
　敗或懲罰而造成的聽任擺布的行為。

生的）加以區分。精實思考模式也知道，與運動員一樣，除了自己以外，沒有人能夠改善這種表現。你無法改正別人，但你可以幫助他們更加了解在自己身上所發生的事情，更好地學習解決問題的戰略，並在應對成功和挫折時變得更有彈性和更細心。但是，你不能幫他們思考和學習。這就是為什麼傳統的精實工具認為向員工提供認知技能非常重要的原因，其目的是為了讓他們以不同的方式觀察自己的工作（見表 10.1）。

　　同樣，管理階層「問題第一」的基本態度是改變人們如何處理問題的關鍵。問題是我們建立員工與其工作關係的基本材料，它們代表了一種健康的挑戰，能夠有效地回應我們正在做的事情。從本質上來說，人類的注意力是受習慣影響的：在經歷了同樣的情況之後，我們停止關注，停止對任何刺激的反應，然後根據習慣而行動。這是一種自然的學習方式，可以讓我們釋出心思去做其他事情，但當情況並非如我們所想像時，也會因此導致心不在焉的反應。即使問題是非常重要的，它們也會變得如此的例行公事，我們的行為就好像不再關心一樣。

　　問題之所以令人不快，是因為它們打破了習慣——事情發生了變化，而習慣性的反應不是被打斷，不然就是並未帶來預期的結果。由於這是一種習慣，一種無意識的行為，因此這種障礙導致了挫折和另一次嘗試，新的嘗試需要更多注意力以便超越障礙。另一方面，人類注意力的另一個強大驅動力是好奇心，人的頭腦總是胡亂地想要追根

精實工具	可發現
7種浪費	在完成工作的過程中各種不必要的活動，如修正缺陷、在有需求之前生產、四處走動、搬運零件、過度加工、庫存或等待工作
標準作業	與理想的工作順序比較，工作是如何執行的？從而找出實際工作與我們目前所知最佳工作方式的差異
4M	分析實際工作與標準作業間的差異，觀察機器（Machine）如何運轉、人員（Man）是否訓練有素地勝任工作、材料（Material）和資訊是否夠好、目前的工作方法（Method）是否有效率
5S	現場的設置是否能讓人容易遵循標準作業，阻礙因素包括：物品溢出指定的場所、工具放錯地方或維護不好，或者現場使用後沒有進行例行的清理工作
單件流	專注於一件一件地進行工作，以發現與這個特定工作相關的困難，而不是從整個批量的角度去思考
義大利麵圖	從工作站到工作站的組裝工作（無論產品或文件是否通過不同的部門）的完整路徑圖
5個「為什麼？」	產生問題的系列原因的相互作用

表 10.1：向員工提供認知技能，讓他們以不同的方式觀察自己的工作

究柢。注意力不集中是因為我們在思考別的事情，我們在探索，無論是幻想還是事實。專注於工作的訣竅是把好奇心集中在工作中所遇到的問題上。問題是基本材料，除了要做的新事情之外，還可以讓我們形成做事的新方法。

　　創建一個將問題視為深入學習和卓越績效基石的工作環境，需要有堅強的領導力。把工作與人分離出來，可以讓我們把問題歸結為這些原因之一：

- **不完善的流程**：系統運作的方式有差錯，這就解釋了問題是當初建構做事方式的邏輯性結果。
- **粗心的人**：不稱職的員工沒有做好自己的工作，或者不能在短時間內想到情況已經出現問題。

　　這兩種情況都可能發生，但根據我們的經驗，它們很少發生。一般情況下，事情都能運作正常。問題突然出現主要是因為環境中的某些事情發生了變化，並且沒有設置好流程或人員可以來處理這個特定的事例。理解工作流程只不過是人們所做的事情，觀察員工與工作的關係，我們可以從不同的角度看待問題。通常情況下，員工被他們的工作環境所誤導，在應該做出不同反應的情況下，只是習慣性地應對──一個過於僵化的流程（電腦系統會讓事情更糟）不會讓他們去尋求不同的反應方式。

　　另一方面，如果管理者鼓勵員工立即解決他們自己的問題，而且員工有機會和同事一起改變工作流程，他們就會愈來愈重視自己的工作。關心他們工作環境的行為會加深他們與工作的關係，進而加深他們對工作的理解。從這個意義上來說，改善是精實思考模式的主要研

究對象。改善使人與工作之間的關係變得清晰，而你作為一個經理，最能透過你自己的態度來影響它（見表 10.2）。

這種關注點的改變對管理角色產生了深刻且變革性的結果。傳統

步驟	推理	員工	管理人員
視覺化管理以直覺地了解現狀，而不是想當然爾	發現	注意問題，而不是讓習慣性思維忽視它	挑戰視覺化程度及事情未達標準的原因
改進工作績效的機會	面對	選擇工作的一個部分，探索如何改進他們的績效	提問：為什麼是這個部分？釐清這個部分的績效與企業總體目標之間的視野
研究當前的工作方法	框定	選擇一種分析方法來支持好奇心於深入探究事物實際運作的細節，而不是我們認為它們如何進行	提問：為什麼是這個分析方法？釐清觀察這個問題的整體方法，加深對根本原因的探索
提出新的想法	形成	鬆開習慣的掌控，創造性地思考不同的工作方式，處理分析中發現的差距	對不奏效的想法和奏效的想法同樣感興趣——失敗的實驗可能隱藏正確的直覺和新的思路——讓他們嘗試
提出測試方案並批准	形成	在實踐中測試想法，與同事一起工作，以獲得他們的投入和承諾	提問：你檢查過某某事嗎？召開過與專家或關鍵人物的會議，以獲得他們的支持嗎？

步驟	推理	員工	管理人員
實施並測量影響	形成	與團隊一起，結合必要的支援，在工作流程中進行改變，並檢查影響	對實施流程及其結果感興趣嗎？必要時提供支援，並考慮其中揭示的其他問題
評估新的方法	形成到再度發現……	區分已經奏效（並將被保留）的和未奏效而需要更加強的，並提出改變程序的建議	支援改變程序，思考為了保持這種改變而需要解決的其他問題，並考慮相同的學習還可以應用在何處

表 10.2：使用改善來揭示員工與工作之間的關係

上，管理者是這樣工作的：首先組織他們部門的活動，並提出行動計畫，簡言之，是在紙上解決問題，其次將解決方案分解為下屬要執行的元件。然後，他們要管理**人員**，這主要是在他們的權責下，對每個人進行激勵（鼓勵、支持、獎勵）和約束（控制、評估、懲罰）。員工只是執行計畫的有用工具，而不是系統的動態部分。

改變管理的關注點，觀察員工如何看待他們的工作，加深他們與工作的關係，在很大程度上重新定義了以下角色：

◆ **工作環境有助於做好工作嗎？** 或者是日復一日地與完成工作的障礙起摩擦，讓員工放棄了盡力而為？

◆ **團隊是否穩定並互相支持？** 員工期待著在早上見到他們的同事

嗎？他們是否覺得自己可以摘下「公司臉」而當自己，並與同事討論問題，不必冒遭責備或批評的風險而採取行動？

◆ **對更大的目標和總體規畫有清晰的視野嗎？**除了給工作帶來意義之外，對預期結果（並不是立即的產出）的清晰理解，使自主決策、意想不到條件下的主動性和改善的創造性思維成為可能，從而有助於整體結果。

◆ **他們能在做日常工作的同時學習和進步嗎？**員工是否有機會在一個認可他們的努力和奮鬥，並指導他們深入掌握自己的工作環境中，去練習他們感興趣的技能或者他們希望獲得的新技能？

◆ **領導者能從基層的改善中學習嗎？**他們是否向所有人證明了他們的努力是如何促進共同利益的？他們的貢獻和努力得到了認可和相應的回報嗎？

在實踐中，這種清晰的改變需要「一人一個計畫」：根據每個人的角色診斷他／她所處的位置，哪些方面他／她可以自主處理，哪個方面是下一個最近發展區，再分配給他／她一個問題，讓他／她展示自己的長處並拓展其責任感（但不要因為期望太高而傷害他／她）。這種領導方式對人是非常尊重的，它盡最大努力傾聽每個人的觀點，充分開發每個人天生的能力，並在日常工作中尋找機會，體驗創造新方法的樂趣，並為團隊和公司的改善做出貢獻。就像訓練一支運動團隊一樣，每個運動員的個人發展及團隊的凝聚力都是成功的關鍵。

更根本的是，這種方法意味著改變一個人的決策模式，從以往在紙面上優化狀況，然後配置人員作為工具去「做到這一點」，轉變為把每個人放到自己解決問題的位置——並支持他們的學習經驗（有時容易，有時艱苦）。決策的關鍵基礎在於，它是否為團隊成員或整個團隊創造了學習空間，而不是由自己解決問題，把員工僅僅當作解決問題的工具。

為了做到這一點，精實領導者實際上必須接受不再有個人管控的感覺。這種轉變可能涉及精實思考模式的管理實踐中要求較高的改變之一——這也是精實管理者經常提出問題卻很少給出答案的原因。然而，精實學習系統為管理者提供了一種具體的、有條不紊且實用的方法，來學習如何將重點從命令和控制轉變為指導和改善。精實管理者詞彙中最重要的四個字是：「你怎麼看？」

在最高的戰略層級，同樣也需要深刻的視角轉變：從不斷創造並優化壟斷及將資源貨幣化的靜態戰略思維來觀察市場和技術，到專注於**客戶關係**。二十世紀的企業旨在從客戶那裡**獲取**價值，目標是賺錢，用的是剝削式的手段：向客戶硬性推銷，工人背負硬性的生產力任務，對供應商施加硬性成本壓力。市場是被征服的。金錢是唯一指標——一切都可以用銷售額成長、標準成本和盈利能力來表示。在這場比賽中取得成功，意味著保護自己的創新並創建嚴格的流程，從而以真正的可口可樂或麥當勞方式向世界各地推廣。領導者要找到他們可以聚焦資源的「搖錢樹」（cash cow）產品，讓新客戶確信他們真

的需要該產品並以對公司最有利可圖的價格購買。隨著客戶收入的成長，他們的需求也隨之成長，總是有一些新設備或奢侈品需要購買。

二十一世紀的成功企業旨在為客戶**增加**價值。所有事情都已經改變了。已開發國家的消費者已經擁有了一切，他們的收入也沒有成長。即使是許多公司遠赴尋找新成長機會的新市場，如遠東地區，也正在快速飽和。現在必須說服客戶更換現有的產品和服務，而不是繼續使用它們。轉換成本總是比較低。

資訊是如此充足，公司需要說服現在的客戶繼續使用公司的產品或服務。持續地精煉不再是可持續的，在新的世紀，持續成長需要為客戶的生活**增加**價值，而不是從他們身上榨取金錢來維持。在新遊戲中，成功的關鍵是透過不斷為客戶更新所提供的產品或服務並解決問題，使客戶可以維持他們想要的生活方式，從而專注於留住現有客戶。這意味著每天都要有更好的品質、更多的品種和更低的成本——與以前的戰略完全相反。客戶將更新他們的手機，因為他們所選擇的品牌源源不斷地為他們提供了他們覺得有用的 app——而且是免費提供。此一時，彼一時：現在是買方市場，不再是賣方市場。

精實思考模式抓住了比許多人所相信的還要更深層的變革關鍵。豐田公司有機性的發展出學習如何學習，以應對改變的系統，專注於公司所提供的一系列產品以及與其客戶保持的關係。精實是在你自己的公司內發展這種能力的方法。精實不是讓你當前的組織更有效率，而是從根本上改變管理者的思考方式——從傳統的定義—決定—

推動—處理迴圈，到精實思考模式的發現—面對—框定—形成的方法——藉由持續改善，讓企業在不斷地更新和改變中成長。我們尋求的並不是對當前公司結構和管理方式的優化，而是管理思想的全面革命。要理解這種轉變有多深，我們需要後退一步，把眼光放得更遠一點。

我們的社會建立在技術、組織和政治改變的大雜燴之上。例如，早在十九世紀初，蒸汽逐漸成為快速工業化國家的主要能源（取代風力和水力）。在同一時期，亞當・斯密（Adam Smith）於 1776 年在一家製針廠所描述的勞動分工和任務專門化創造了工坊，工人們在那裡可以完成一項小型的、專門的工作，而不是一個人製造整個產品，從而大大提高了產量。蒸汽動力機器可以接管一些作業，而蒸汽動力和勞動分工的結合使建立集中化的工廠成為可能，大大降低了製造成本，創造了巨大的消費市場。由於工業化，城市中心在十九世紀最初的幾十年裡呈指數型發展，而由此產生的劇變帶來了巨大的政治變革和快速的民主化，建立了我們當前的自由民主和福利國家系統——在社會層面上產生了令人難以置信的快速改變，但在個人層面還是比較緩慢（雖然一個人在有生之年必須學會適應一到兩個大規模的社會轉變）。

技術、組織或政治上的突破確實快速地發生在歷史紀錄中，但並不是那麼輕易，至少需要經過一兩個世代才能成為事實。

眾所周知的組織性改善是亨利・福特著名的移動裝配線。製品由

輸送帶傳送給作業員，而不是由作業員去製品的地方作業。這必須將一些技術和組織因素結合起來，才能使之成為可能。第一，要有十分普遍的電力供應。以前，機器是用蒸汽驅動的，這意味著它們必須在一個動力軸下對齊；而電動機器可以沿著流程放置。第二，零件必須標準化，以便可以任意地從容器中取出及組裝而不需要進行修磨。第三，作業員的任務必須是專業化和標準化，以使工作可以符合輸送帶的速度——腓德烈·泰勒的組織創新使之得以實現。電力最初用於照明，並且花費了幾十年時間將工廠設備從蒸汽動力軸驅動改造為電動設備。這需要一個世代的時間……我們現在正經歷另一場這樣的劇變。電腦伴隨著我們長大，但到目前為止，我們還在用電腦經營為二十世紀業務而設計的公司。網際網路發明於 1989 年，也就是鐵幕倒塌的那一年。亞馬遜、蘋果或谷歌等公司是最早一批圍繞以網路為基礎的搜尋引擎而設計的公司，Amazon.com 圍繞其網站建立了一個物流供應鏈，蘋果的 iPhone 和 iPad 是攜帶式的 app 平臺，而谷歌則為其搜尋引擎裝上了輪子使其跑得更順暢。這些技術平臺的變革正處於前所未有的全球化和市場飽和時期。其結果是，網路公司為客戶提供持續的免費價值，以說服他們回購。二十世紀的公司旨在向世界上每個人推廣黑色福特 T 型車，而二十一世紀的公司則是藉由持續更新以保持對客戶的吸引力，因為他們有可能不加思索或突發奇想地就想換掉供應商。這是一場全新的球賽（見表 10.3）。

　　與我們一起成長的組織，旨在為世界提供穩定的產品。例如麥當

技術創新	組織創新	公司設計
蒸汽	勞動分工	自上而下的科層制
電力	標準化流程	幕僚－直線功能結構
數位化	持續改善	團隊的價值流

表 10.3：技術和組織創新及公司設計的演變

勞首先進行任務專業化，因為麥當勞兄弟專注於銷售漢堡包，他們意識到這是他們大部分利潤的來源；然後是雷・克洛克（Ray Kroc），他本來是向麥當勞漢堡店銷售奶昔機，後來他決定在全國範圍內特許經營這些餐廳。與此同時，汽車的成功使得很多人搬到郊區，這開創了特許經營的擴張空間，克洛克執著地尋求標準化和自動化，以使麥當勞的金拱門特許經營維持其品質和成本的平衡，並在世界各地擴展。

這一時期的主要模式是為創新提供專利保護，標準化流程，透過閃電式行銷活動、以軍事手段攻擊所有市場，然後進行千篇一律的複製。經理會從產品線的角度考慮，銷售給細分市場的客戶，透過逐項任務專業化、極端標準化的供應鍊來保證交貨的成本和品質——並且採用 IT 系統來推動這一切，這也讓 IT 系統變得無所不在。這非常有效。唯一的不利因素是，像麥當勞這樣的公司至今仍在艱難前行，是因為它無法很好地應對多樣化。供應鏈是複雜的，流程是僵硬的，改變從本質上來說是一個問題，而 IT 常常會把問題變得更複雜。

傳統的直線科層結構存在著明顯的缺陷，創造出有著情報流不順暢的功能孤島。腓德烈·泰勒提出了一個概念，「最好的方法」可以由工程師來定義，並作為標準化的流程被採納。他的假設是，工人不能既完成他們的工作，又思考他們自己的工作方法——這本應是監督他們的工程師的工作。他的解決方案在整個二十世紀被廣泛採用，並設立了幕僚部門來運作直線科層結構，這產生了臭名昭彰的矩陣式結構，矩陣中的每個人既有直線的上級（部門），又有功能的上級（如銷售、財務、物流、品質或精實）。這樣的組織執迷於流程標準化，並且幕僚部門常常表現如一座孤島，只從他們的角度解決他們自己的問題，給部門經理帶來愈來愈多的限制。

豐田公司的論證是從一個非常不同的角度出發。豐田的領導者意識到，隨著公司的成長，它將發展所謂的「大公司病」：把注意力從客戶轉移到內部事務——對科層制的關注將超過員工在現場的問題，自滿情緒助長不必要的投資和自恃既有的技術。豐田的領導者不擔心是否擁有完美的組織，而是將重點放在為客戶增加價值，並鼓勵人們用健康的偏執心理看待落後的客戶期望和競爭對手的能力。豐田開發了一個基於表 10.4 所示的持續動態性的商業模式。

在一直尋求能更理解公司與客戶之間的關係，以及如何改善和深化這種關係的過程中，這種動態的價值觀得到了發現、面對、框定和形成的持續實踐的支持。信任驅動客戶忠誠度，忠誠度支持利潤成長。❸透過將現場的改善與客戶價值聯繫起來，豐田公司開創了一種

價值	價值分析	價值工程
了解客戶體驗並確保根據客戶的特殊喜好提供價值，以支持他們的生活方式	改進目前生產中的產品和服務，以提高客戶價值，並了解目前交貨過程中存在的問題	以創新的解決方案解決目前問題，並建立未來的能力，設計新的性能和功能，從而為客戶提供更多的價值

表 10.4：豐田公司基於持續動態性的商業模式

完全不同的企業模式，可以完全適應當今的商業環境。阿爾弗雷德・斯隆（Alfred Sloan）的一個大觀念是，只要數字不錯，你在營運企業時就不需要知道企業的具體細節。這帶來了一個透過財務帳目來協調工作關係的世界，並最終將人們和他們的產品視為毫無意義——僅是可買入、賣出和再融資的黑盒子。

精實思考模式之所以是一種更強有力的競爭模式，正是因為其管理的重心是企業與客戶之間及員工與其工作之間的關係。這是一個動態的關係，能夠隨著更細節的問題得到解決而日益加深，並且隨著世界的變化——以及人們對它的期望和需要——而每天持續地進化。

---

❸ F. Reicheld, *The One Number You Need to Grow*, Harvard Business Review, December 2003.

結論

Toward a Waste-Free Society

走向一個無浪費的社會

精實戰略比上個世紀陳舊的數字式管理策略更適合這個破壞性
——同時也遭破壞——的世界。首先,注重方向和團隊彈性,使精實
戰略更加敏捷,更能適應快速變化的環境;其次,精實戰略成本要低
得多,因為不涉及基於「老闆最懂」的準則而投入於巨大的賭博。因
為逐步建立能力的做法,精實戰略不太可能將優質資金用於無法成功
的孤注一擲。精實戰略包括革命性的心態轉變。超過四分之一個世紀
以來,戰略取決於邁克爾‧波特(Michael Porter)所掌握的 5 個關鍵
問題:

1. 如何回應客戶的議價能力?
2. 如何提高我們對供應商的議價能力?
3. 如何應對替代產品或服務的威脅?
4. 如何應對新進入者的威脅?
5. 如何在當前的競爭中占據更好的位置?

透過這種思考模式構架戰略的企業,首先考慮的是能力和定位的
最大化。他們把企業看作一個黑箱,其活動是一種商品,是成長公式
中的一個常數,而非動態變數。他們透過外部因素而尋求成長,無論
是對他們全球足跡的癡迷(賣出哪個部門,買入哪家公司——為了獲
得市場或技術的立足點);還是對降低營運成本的冷眼(畢竟,如果
活動是商品,就應該有更便宜的方式獲得相同的產出);或者投機的

方法，運用金融工程作為在市場上優化企業的手段，就像用賭場作為資金來源那樣。

對此我們只有一個問題：那對你有什麼用嗎？至少可以說，這種做法的整體結果是有問題的。如今企業的持久性比以往任何時候都更加脆弱。最新資料顯示，標準普爾 500 指數上面的公司平均壽命從 1960 年的 60 年下降到 1980 年的 25 年，如今下降到了 18 年。雖然財務估計值保持高位，EBITDA（營運效率的指標）卻繼續下跌。創新最多只能算是停滯不前，從管理的角度來看，過去的 20 年是災難性的。據估計，只有不到 30% 的員工有投入工作的感覺，82% 的人不信任他們的老闆，50% 的人因為他們的經理而辭職，60% 至 80% 的領導者的行為是有破壞性的。[1]

在她強大的新書 *Makers and Takers* 中，記者 Rana Foroohar 提出警告：金融激進主義成為企業利潤不斷成長的源泉，而其興起實際上將資源、注意力和承諾從那些藉由製造更好產品讓事情變得更好的公司身上轉移。[2] 這與以波特理論為基礎、機械的、利潤優化的戰略觀點一致，贏家是那些在公司或部門被買賣時，不管這些公司實際創造的價值如何，都能投機取巧、在市場上獲利的金融家。毫不奇怪，這種

---

[1] Thomas Chamorro-Premuzic, *What Science Tells Us About Leadership Potential*, Harvard Business Review, September 2016.

[2] Rana Foroohar, *Makers and Takers: The Rise of Finance and the Fall of American Business*, Crown Business, New York, 2016.

戰略模式同時伴隨著股東積極主義的興起，以及公司價值是由其股價，而非其提供給客戶的價值、其長期盈利能力或其品牌實力所決定的觀念。

　　儘管處於這樣的環境，豐田公司透過採取一種截然不同的方式——按照華爾街分析師的說法，這事實上是一種「非戰略」——逐漸占據了汽車市場的主導地位。豐田的領導者選擇回答以下 5 個不同的問題：

1. 如何提高客戶滿意度以建立品牌忠誠度？
2. 如何發展個人技能以提高勞動生產率？
3. 如何改善跨職能部門（以及其他合作夥伴）的合作以提高組織效率？
4. 如何鼓勵解決問題以提高員工參與度並發展人力資本？
5. 如何支持有利於相互信任的環境，並培養優秀的團隊以培育社會資本？

　　豐田和任何一家擁有完全精實戰略的公司都不把企業及其活動視為一個黑箱。它們把企業活動看作有機的、有生產力的、動態的成長和更新的源泉。這些活動被看作非常適合市場的根源，藉由以緊密和彈性的方式跟隨客戶、與供應商建立夥伴關係進行創新，以及在關鍵技術問題上挑戰自己，藉以對競爭對手施加無情的壓力。傳統戰略假

定你能想得出最好的戰略「計畫」，然後購買營運的「最佳實踐」去執行。但是我們完全拒絕戰略與執行之間的區別：你無法透過交易買到這樣的品質，你必須不斷地加以培育。

主流戰略模式強調領導者的宏偉願景和組織的執行紀律。能想到的最好例子是傑克‧威爾許（Jack Welch）的能力，他透過更換 60% 的業務（走出產業並專注於金融服務）、裁員 40% 為自己創造財富，他讓古板老舊的 GE 公司變身為「成長股」。此後，GE 不得不重新回到產業界，透過採用……精實思考模式。

相反地，精實戰略以完全不同的假設為基礎。

首先，執行不是中層管理者實施的結果，而是透過改善中的不斷努力，謹慎開發增值團隊的自主性和彈性。管理層的作用是支持和維持培訓及改善，使團隊自己逐步找到更好的方法來工作和支持組織滿足客戶的使命。

其次，戰略方向不僅是領導者大膽設想的結果，而是與一線團隊耐心討論以發現如何透過開發日常能力在實踐中實現高層次意圖的產物。

精實戰略以精實學習系統為基礎，時時處處與每個人一起，精心打造更好的方式。

這種戰略學習發生在 3 個層面：

◆ 基於團隊的敏捷性可以更容易地接收客戶信號並更快地回應，從

而讓連續流程適應客戶的實際使用。

◆ 改善活動和管理學習曲線創造了一個反省性的學習環境，開發主題被謹慎地處理，以便將改善的收益再投資到技術和團隊學習中。

◆ 這兩個層面的學習活動形成學會學習的戰略能力：如何透過實驗進入市場，如果實驗奏效就快速跟進，如果沒有就原路返回而無損失，以及面對困難問題和探索新領域以不斷向客戶提供新的、未被發現的價值的能力。

怎樣才能獲得這種「學會學習」的戰略能力呢？你們在這個旅途中遇到的 CEO 們，在經濟大蕭條和隨之而來的殘酷市場動盪之後都不得不改變他們的戰略。這要求他們改變思考模式，摒棄傳統的定義—決定—推動—處理的管理推理模式（見圖 1）。

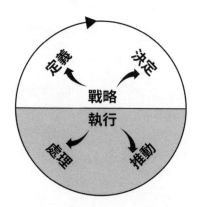

圖 1：傳統的定義—決定—推動—處理（4D）管理推理模式

　　這迫使他們接受以工作現場為基礎、從根本上進行戰略思考的發現—面對—框定—形成（見圖2）。

　　這接著需要他們有意識地致力於學習。我們對精實改革工作的20年研究顯示，成功精實的 CEO 們有 3 個罕見的特質：

1. **他們發現一個老師**：在針對工作現場和專案的改善實驗後，在某一時刻他們尋找並發現一個老師與他們一起工作。

2. **他們接受老師規定的練習**：雖然有些任務似乎有悖常理或者不容易與當前被認為緊急的事務聯結，但他們同意去探索和發現並參與實際練習，在做中學。

3. **他們明確地致力於學習——他們的團隊和他們自身**：到了某個點之後，他們的考量超出了改善活動的直接結果（這是團隊回饋更好反應的標誌，因此仍然重要），他們追求學習（無論

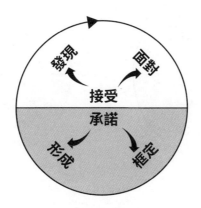

圖 2：發現—面對—框定—形成（4F）模式

實驗成功或失敗，教了什麼？誰獲得教導？下一步是什麼？）
（見圖3）。

對戰略的這種系統化和動態化方法的需要日益迫切。兩個世紀以來，西方社會一直在教育精英解決抽象問題；在這其中，最佳解決方案省去了外部成本。然而，我們正處在一個製造事物的真正成本不再被排除在方程式之外的時刻。

當面對一個被剝奪資源的世界，獲得資本的管道有限，最有價值的資源莫過於每個員工心智中的驚人潛力。豐田公司基於一種不同的思考方式，重新發明了一種節儉的競爭方式。精實思考模式的 TPS 模型首先是為了在小問題出現時就解決它們，創建抽象的因果模型，並

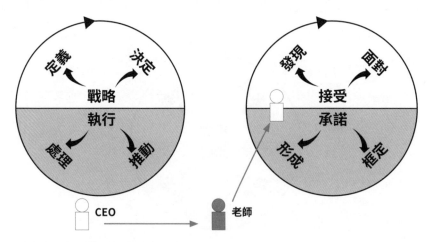

圖3：從 4D 模式到 4F 模式

返回到具體的解決方案，直到出現新的洞見。持續這種良性迴圈多年，然後是幾十年，幫助創造出這個世界上極具活力和生產力的組織之一，也就是豐田。

它還指出了一個更好的思考和行動系統。這種謹慎的解決問題方法體認轉移未解決問題的負擔總是以浪費的形式而重回。它還體認挑戰始終是解決問題，而非將負擔轉嫁給其他人，無論是作業員、供應商還是資源生產者。

每天的進步提供了很大的日常動力來源，即使在員工或公司難以想像更大勝利的時候。每天和團隊成員一起改善，為管理層和員工創造了激勵的空間。他們可以共同慶祝工作順暢，透過努力為客戶而更認真工作並與競爭對手競爭；也透過建立客戶忠誠度資本、勞動生產率、組織生產力、人力資本和社會資本，而非從較弱的合作夥伴那裡獲取更多價值。

這種進步和安樂的感覺實際上有助於解決更大的問題，而不只是日常工作中深切而又瑣碎的挑戰。面對3大挑戰——對環境愈來愈大的壓力、愈來愈飽和的市場，以及蔓延的結構性不平等，愈來愈多的人藉由物質消費尋求西方的幸福理想。這些壓力中的每一種都會以某種形式在日常生活中觸及我們所有人。我們應該像某些人建議的那樣，放棄我們的生活方式，回到……什麼呢？或者像其他人一樣，忽略這個問題，並假設神話般的「自由市場」將以某種方式修復一切。

我們相信精實戰略提供了一條更好的道路。透過觀察我們每個人

在工作的過程中做出在創造價值的同時產生浪費的選擇，我們可以想像一個更好、更有希望的方向：一個沒有浪費的社會，一個我們大家都可以享受「無成長的繁榮」❸的社會。

這場革命始於我們。面對勢不可擋的全球性挑戰，我們很容易感到無能為力，於是低下頭，按照別人所說的去做。另外，採用精實戰略為我們提供了一個藉由改變我們自己的故事而改變更大故事的方法。精實學習系統教會我們如何以不同的方式思考日常情況──可以說是顛覆性的，因為它在遇到主流思考模式時會產生摩擦。及時化和自働化是一套尺寸太小的衣服，因此它會揉捏、擠壓你，告訴你應該在哪裡減肥，並且建議這樣做的鍛鍊計畫。精實思考模式解放了我們，讓我們自由地思考，書寫我們自己的故事。

實踐精實思考模式為我們提供了一個指南針，它不告訴我們該做什麼或去哪裡，而是告訴我們什麼在上升，什麼在下降，以及我們的下一步應該朝著什麼方向才能邁向無浪費社會的這顆北極星。在改變思考模式時，我們在改變自己。在改變自我的過程中，我們建立了一種目標為協調的新行為模式：協調業務與客戶，協調員工與他們的工作，協調公司與外部合作夥伴。從更深刻的技術理解和更強大的跨職能障礙團隊合作這兩個維度，每天實踐精實思考模式，也會增強

---

❸ Tim Jackson, *Prosperity Without Growth: Economics for a Finite Planet*, Earthscan, London, 2009.

對能力和信心的其他認知，我們將藉此二者解決問題，而非與其相悖
──這是信任的兩個支柱。藉由塑造勇氣、創造力和合作以面對挑戰
的決心，我們在衝突中取得平衡，影響了時代精神。這麼一來，當每
個人都努力和用心地一起工作時，我們透過重新定義什麼是可能的而
改變世界。這個戰略產生了一個更具彈性的公司（為現在的經濟所需
要），一個更具創新性的公司（在每一種定義中，從數位到其他一切
工作方式，創新對於公司而言都不可或缺），以及更有效利用資源的
公司（更有效利用資本和資源；在這個時代，企業必須在製造更少浪
費的同時，更妥善地與自己的員工相處）。

　　精實戰略既是個人的（學會學習），也是全面性的（學會領
導）。在這方面，它提供了希望，讓我們可以重構今天看起來不可能
解決的問題，讓我們可以建立我們所需要的關係來面對看似不可能的
勝算，最終一步一步地占據上風。要想走得快，首先必須自己走；然
後要走得遠，就必須必須一起走。我們可以自豪地回顧過去我們作為
一個社會所取得的成就，並相信如果我們學會學習，我們就能面對今
天的挑戰，並用我們將於明天提出的解決方案來讓自己驚奇。

國家圖書館出版品預行編目資料

臨界戰略：利用精實創造競爭優勢、釋放創造
　力、創造持續性成長／邁可‧伯樂（Michael
　Ballé）等著；宋杰譯. -- 初版. -- 臺北市：麥
　格羅希爾, 2019.10
　　面；　公分. -- （經營管理；BM223）

譯自：The lean strategy : using lean to create
　　　competitive advantage, unleash innovation,
　　　and deliver sustainable growth

ISBN　978-986-341-424-7（平裝）

1. 生產管理　2. 工業管理　3. 組織管理

494.5　　　　　　　　　　108017023

經營管理　BM223

臨界戰略：利用精實創造競爭優勢、釋放創造力、創造持續性成長

作　　　者　邁可·伯樂（Michael Ballé）

　　　　　　丹尼爾·瓊斯（Daniel Jones）

　　　　　　賈奇·卻思（Jacques Chaize）

　　　　　　歐瑞思特·弗姆（Orest Fiume）

譯　　　者　宋杰

審　　　閱　李兆華

特 約 編 輯　郭湘吟、高純蓁

業 務 經 理　李永傑

出 版 者　美商麥格羅希爾國際股份有限公司台灣分公司

地　　　址　台北市10488中山區南京東路三段168號15樓之2

讀 者 服 務　Email: mietw.mhe@mheducation.com

　　　　　　客服專線：00801-136996

法 律 顧 問　惇安法律事務所盧偉銘律師、蔡嘉政律師

亞 洲 總公司　McGraw-Hill Education (Asia)

　　　　　　1 International Business Park #01-15A, The Synergy Singapore 609917

　　　　　　Tel: (65) 6863-1580 Fax: (65) 862-3354

　　　　　　Email: mghasia.sg@mheducation.com

製 版 印 刷　信可印刷有限公司

電 腦 排 版　林婕瀅

出 版 日 期　2019年10月（初版一刷）

定　　　價　450元

原 著 書 名　The Lean Strategy: Using Lean to Create Competitive Advantage, Unleash Innovation, and Deliver Sustainable Growth

ISBN： 978-986-341-424-7